南京农业大学

羊业科学研究进展
（2015）

◎ 王 锋 主编

中国农业科学技术出版社

图书在版编目（CIP）数据

羊业科学研究进展.2015 / 王锋主编.—北京：中国农业科学技术出版社，2015.10
ISBN 978-7-5116-2237-2

Ⅰ.①羊… Ⅱ.①王… Ⅲ.①羊-饲养管理-中国-文集 Ⅳ.①S826-53

中国版本图书馆CIP数据核字（2015）第202021号

责任编辑	张国锋
责任校对	贾海霞
出 版 者	中国农业科学技术出版社
	北京市中关村南大街12号　邮编：100081
电　　话	（010）82106636（编辑室）　（010）82109702（发行部）
	（010）82109709（读者服务部）
传　　真	（010）82106631
网　　址	http：//www.castp.cn
经 销 者	各地新华书店
印 刷 者	北京富泰印刷有限责任公司
开　　本	787mm×1 092mm　1/16
印　　张	17.5
字　　数	470千字
版　　次	2015年10月第1版　2015年10月第1次印刷
定　　价	78.00元

━━◣版权所有·翻印必究◢━━

《羊业科学研究进展（2015）》
编　委　会

主　　编　王　锋
副 主 编　张艳丽　万永杰　聂海涛
编　　委　(以姓氏笔画为序)
　　　　　万永杰　王　锋　王子玉　王立中
　　　　　王利红　左北瑶　应诗家　宋　辉
　　　　　张国敏　张艳丽　孟　立　庞训胜
　　　　　周峥嵘　聂海涛　黄明睿　樊懿萱
　　　　　潘晓燕

前　言

我国是养羊大国，绵、山羊存栏量及出栏量、产肉量均居世界之首，然而，养羊过去作为我国的一个传统产业，从品种、养殖、疫病防控到产品加工，从生产技术到经营方式等都比较落后，经济效益不高。近些年来，随着农业产业结构调整和市场对优质羊肉需求的增加，在政府部门的大力支持下，羊业科学的研究水平和标准化养殖水平有了较大的提高，养羊产业正朝着标准化、规模化高效方向发展。

南京农业大学养羊学团队长期挂靠在动物繁育学科，曾偏重于湖羊、黄淮山羊等地方羊品种资源的保护和杂交利用。2001年，随着校级动物胚胎工程技术中心的成立，极大地促进了该团队在羊胚胎移植、克隆、转基因等胚胎工程方面的研究。2008年，本人有幸入选新启动的国家现代肉羊产业技术体系，被聘为饲养管理岗位专家，带领团队比较系统地开展了肉羊营养需要及调控方面的研究，从而使本团队形成了固定的、具有鲜明特色的3个研究方向，并先后获准建立了南京农业大学羊业科学研究所、江苏省肉羊产业工程技术研究中心和江苏省家畜胚胎工程实验室等研发平台，目前，还受命主持江苏省"十三五"草食动物产业创新链的编制工作。

特别是自2010年以来，在国家和省部级项目的大力支持下，经过团队成员和历届硕士、博士研究生的共同努力，紧密围绕羊的繁育、胚胎工程与营养及其对繁殖调控等方向进行了比较系统的研究，建立了"产学研政"合作机制，特别是在肉羊营养需要和体细胞克隆方面进行了一系列创新性研究，先后在国内外重要学术期刊上发表了数十篇学术论文。为了阶段性总结经验和促进学术交流，纪念历届同学的努力，也为进一步深入研究提供借鉴，特编辑出版本书。在编辑分类过程中，按照3个研究方向分为三大部分：第一部分为繁殖与育种，主要包括生殖相关基因的表达分析、候选基因筛选、卵泡发育与胚胎移植等；第二部分为胚胎工程与基因工程，主要包括体细胞克隆、转基因羊生产、多能干细胞等技术与机理;第三部分为营养与繁殖营养调控,主要包括不同阶段肉羊营养需要以及不同营养水平对繁殖性能的调控等。每部分又分为两小部分,第一小部分全文收集2010年以来中文核心期刊发表文章;第二小部分摘要收集2008—2009年中文核心期刊发表文章与2010年以来发表的SCI文章。

在本书编辑过程中,得到本团队许多毕业生和在校生的大力支持,在此感谢他们的辛勤劳动。

由于作者水平所限,不足之处在所难免,敬请批评指正。

王锋

南京农业大学教授、博士生导师

国家肉羊产业技术体系岗位专家

江苏省家畜胚胎工程实验室主任

江苏省肉羊产业工程技术研究中心主任

目　录

第一部分　羊繁殖与育种研究进展

湖羊不同发育阶段卵泡内代谢产物和激素含量的比较研究
……………………………………………………………… 应诗家，王昌龙，贾若欣等（3）
高繁殖力黄淮山羊大卵泡颗粒细胞上调表达基因的研究
……………………………………………………………… 庞训胜，王子玉，应诗家等（12）
山羊卵巢颗粒细胞差异表达基因消减文库的建立 ……… 庞训胜，王子玉，应诗家等（22）
湖羊 Lrh-1 基因 cDNA 序列及组织表达谱分析 ……… 王利红，高勤学，张　伟等（31）
德国肉用美利奴羊 $BMPR$-IB、$BMP15$ 和 $GDF9$ 基因 10 个突变位点的多态性检测分析
……………………………………………………………… 左北瑶，钱宏光，刘佳森等（44）
绵羊 LHR 基因 PCR-SSCP 多态性与繁殖性状的关联分析
……………………………………………………………… 王利红，高勤学，张　伟等（55）
湖羊促黄体素受体基因（LHR）外显子 11 多态性与繁殖性能相关性研究
……………………………………………………………… 王利红，张　伟，高勤学等（66）
绵羊 $BMP15$ 基因的多态性及其与湖羊产羔数的相关性
……………………………………………………………… 吴勇聪，应诗家，闫益波等（73）
绵羊 $LH\beta$ 基因多态性与繁殖性能的相关性 ………… 刘　源，应诗家，吴福荣等（81）
NRF-1 和 PGC-1α 在山羊卵巢卵泡发育中的作用研究 …… 周峥嵘，万永杰，张艳丽等（90）
PGC-1α 和 NRF-1 在山羊卵泡发育和闭锁过程中表达变化的研究
……………………………………………………………… 张国敏，万永杰，张艳丽等（92）
湖羊 17β 羟基类固醇脱氢酶基因的分子克隆与表达研究
……………………………………………………………… 王昌龙，应诗家，王子玉等（94）
湖羊 Lrh-1 基因分子特性与表达研究 …………………… 王利红，张　伟，吉俊玲等（96）
湖羊 LHR 基因在发情周期非性腺组织中的表达研究 …… 王利红，张　伟，高勤学等（98）
巴音布鲁克羊 $BMPR$-IB 基因的研究 …………………… 左北瑶，钱宏光，王子玉等（100）
高低极端繁殖力黄淮山羊在发情周期和卵巢摘除后外周血液孕酮和雌二醇浓度变化的比较
……………………………………………………………… 庞训胜，王子玉，祝铁刚等（102）
绵羊角蛋白中间丝 I 型基因多态性及其与羊毛性状的关系
……………………………………………………………… 应诗家，王　锋，石国庆等（104）
湖羊 $GnRH$ 受体基因的单核苷酸多态性研究 ………… 刘　源，应诗家，祝铁钢等（105）
三个山羊群体抑制素 – α 5′区的单核苷酸多态性分析 … 王瑞芳，祝铁钢，庞训胜等（106）
长江三角洲白山羊 $GDF9$ 基因第二外显子 SSCP 分析 … 张寒莹，丁晓麟，应诗家等（107）

第二部分 羊胚胎与基因工程进展

人乳铁蛋白 cDNA 基因乳腺表达载体的构建与鉴定 …… 孟　立，张艳丽，许　欣等（111）
奶山羊胎儿成纤维细胞的分离培养及脂质体法转染研究
　………………………………………………………… 张艳丽，许　丹，庞训胜等（122）
转绵羊 IRF-1 基因牛胎儿成纤维细胞的 BVDV 抗性研究
　………………………………………………………… 齐巍巍，唐泰山，王子玉等（131）
山羊 DAZL 基因的克隆及在山羊骨髓间充质干细胞中的表达
　………………………………………………………… 张艳丽，钟部帅，樊懿萱等（140）
miRNA 介导山羊胎儿成纤细胞 MSTN 基因沉默的研究
　………………………………………………………… 钟部帅，张艳丽，闫益波等（151）
体细胞核移植方法制备 Myostatin 基因打靶山羊 ……… 周峥嵘，钟部帅，贾若欣等（153）
Scd1 乳腺特异性表达载体构建及在奶山羊耳成纤维细胞过表达的研究
　………………………………………………………… 王立中，游济豪，钟部帅等（155）
奶山羊乳腺上皮细胞的分离培养及荧光报告系统的建立
　………………………………………………………… 王立中，任才芳，游济豪等（157）
外源 hGCase 基因转染对奶山羊供体细胞周期、活力和 mRNA 表达的影响
　………………………………………………………… 张艳丽，万永杰，王子玉等（159）
体细胞核移植技术生产转入溶酶体 β-葡萄糖苷酶基因奶山羊胚胎的研究
　………………………………………………………… 张艳丽，万永杰，许　丹等（161）
供体细胞准备和受体卵母细胞来源对于转 hLF 基因核移植奶山羊生产效率的影响
　………………………………………………………… 万永杰，张艳丽，周峥嵘等（163）
健康和死亡转基因克隆山羊肺脏在生长调节、基因印记和表观遗传转录相关基因表达的
　差异 ………………………………………………… 孟　立，贾若欣，孙艳艳等（165）
成纤维细胞来源的 5 只人乳铁蛋白转基因克隆山羊生产及其 IGF2R 和 H19 印记基因的
　甲基化分析 ………………………………………… 孟　立，万永杰，孙艳艳等（168）
不同类型绵羊胚胎体外发育率的比较研究 …………… 潘晓燕，杨　梅，王正朝等（171）
盘羊－绵羊异种核移植胚胎的构建和体外发育研究 … 潘晓燕，张艳丽，郭志勤等（172）
性成熟前山羊卵母细胞减数分裂进程的研究 ………… 武建朝，王　锋，洪俊君等（174）
山羊卵母细胞老化过程中基因表达变化的研究 ……… 张国敏，顾晨浩，张艳丽等（175）
影响新疆细毛羊羔羊超排及体外受精效果的研究 …… 吴伟伟，哈尼克孜，田可川等（178）
山羊骨髓间充质干细胞的分离、鉴定与基因修饰研究
　………………………………………………………… 张艳丽，樊懿萱，王子玉等（180）
过表达 DAZL 基因及外源诱导物 RA、BMP4 对山羊骨髓间充质干细胞向生殖细胞分化的
　影响 ………………………………………………… 颜光耀，樊懿萱，李佩真等（182）
山羊成纤维细胞重编程为诱导性多能干细胞的研究 … 宋　辉，李　卉，黄明睿等（185）

第三部分 羊营养与调控研究进展

4～6月龄杜湖羊杂交 F_1 代母羔净蛋白质需要量 ……… 聂海涛，肖慎华，兰　山等（189）
杜泊羊和湖羊杂交 F_1 代公羊能量及蛋白质的需要量 … 聂海涛，施彬彬，王子玉等（203）
育肥中后期杜泊羊湖羊杂交 F_1 代公羊能量需要量参数
　………………………………………………… 聂海涛，游济豪，王昌龙等（214）
不同营养水平对湖羊黄体期血液理化指标及卵泡发育的影响
　………………………………………………… 应诗家，聂海涛，张国敏等（230）
营养水平对波杂羔羊产肉性能和羊肉品质的影响 ……… 王　锋，孙永成，王子玉等（240）
不同采食量水平对杜湖 F_1 代羊肉品质的影响 ………… 聂海涛，王子玉，应诗家等（247）
日龄对 20～50kg 杜湖杂交 F_1 代母羊维持和生长能量需要量的影响
　………………………………………………… 聂海涛，万永杰，游济豪等（254）
杜湖杂交 F_1 代羔羊能量、蛋白质需要量的确定及性别因素对营养需要量的影响
　………………………………………………… 聂海涛，张　浩，游济豪等（256）
杜湖杂交羊微量元素净维持和生长需要量及其在主要体组织的分布情况
　………………………………………………… 张　浩，聂海涛，王　强等（258）
限饲对未性成熟雌性绵羊卵巢发育、RFRP-3 以及下丘脑－垂体－卵巢轴的影响
　…………………………………………………… 李　卉，宋　辉，黄明睿等（260）
短期饲喂对湖羊黄体期卵泡发育、卵泡液和血浆中乳酸脱氢酶、葡萄糖浓度以及
　激素的影响 ………………………………… 应诗家，王子玉，王昌龙等（262）
黄体期不同饲喂水平对湖羊血液理化和卵巢类固醇激素调节基因表达的影响
　………………………………………………… 应诗家，肖慎华，王昌龙等（264）
营养水平对不同 RFI（剩余采食量）组母羊生长性能、血液代谢指标和生长轴基因
　表达量的影响 ……………………………… 聂海涛，王子玉，兰　山等（266）
采食量水平对杜湖杂交 F_1 代羔羊骨骼肌 *MSTN*、*IGF-I* 和 *IGF-II* 基因表达量的影响
　………………………………………………… 邢慧君，王子玉，钟部帅等（269）

第一部分 羊繁殖与育种研究进展

湖羊不同发育阶段卵泡内代谢产物和激素含量的比较研究[*]

应诗家[**]，王昌龙，贾若欣，吴勇聪，王子玉，
聂海涛，张国敏，何东洋，王　锋[***]

（南京农业大学羊业科学研究所，南京　210095；
南京农业大学胚胎工程技术中心，南京　210095）

摘　要：本试验旨在研究代谢产物、代谢激素和生殖激素在湖羊黄体期不同发育卵泡内的变化。选用体重40kg左右的湖羊11头，同期发情结束后第12天屠宰，按不同大小卵泡，分离卵泡液。试验结果表明，与≤2.5mm卵泡相比，>2.5mm卵泡内葡萄糖浓度显著提高（$P<0.05$），胰高血糖素浓度显著降低（$P<0.05$），乳酸脱氢酶活性和睾酮浓度极显著降低（$P<0.01$），雌二醇浓度极显著提高（$P<0.01$），而血氨、游离脂肪酸、尿素、胰岛素和孕酮浓度差异不显著。雌二醇浓度与LDH活性极显著负相关（$P<0.01$），与葡萄糖浓度显著正相关（$P<0.05$），与胰高血糖素浓度显著负相关（$P<0.05$），与睾酮浓度极显著负相关（$P<0.01$），与孕酮浓度接近正相关（$P=0.051$）。试验结果表明代谢产物和激素共同参与调节卵泡发育。

关键词：代谢产物；代谢激素；生殖激素；卵泡发育；卵泡液；湖羊

---

[*] 基金资助：国家肉羊产业技术体系（nycytx-39）；江苏省高校重点实验室开放基金（YDKT0801）；
[**] 作者简介：应诗家（1984— ），男，安徽巢湖人，在读博士生，研究方向：动物生殖生理与营养调控。E-mail：ysj2009205007@yahoo.com，Tel：025-84395381；
[***] 通讯作者：王锋（1963— ）；男，教授，博导，研究方向：动物胚胎工程、动物生殖调控和草食动物安全生产。E-mail：caeet@njau.edu.cn，Tel：025-84395381

A Comparative Study of Follicular Fluid Metabolism and Hormone Concentrations from Different-sized Follicles in Hu Sheep

Ying Shijia, Wang Changlong, Jia Ruoxin,
Wu Yongcong, Wang Ziyu, Nie Haitao,
Zhang Guomin, He Dongyang, Wang Feng

(Institute of Sheep & Goat Science, Nanjing Agricultural University, Nanjing 210095, China; Center of Animal Embryo Engineering & Technology, Nanjing Agricultural University, Nanjing 210095, China)

Abstract: This study was conducted to investigate the follicular fluid metabolism, metabolic hormones and reproductive hormones concentrations form different-sized follicles in Hu sheep during the luteal phase. 11 cast age Hu sheep of proven fertility were used. After estrus synchronization, all ewes were slaughtered and follicular fluid was collected according to different-sized follicles on day 12 of estrous cycle. There were no significant effects of follicle size on serum ammonia, NEFA, urea, insulin and progesterone concentrations. Compared with follicles ≤2.5mm in diameter, the follicular fluid glucose and estradiol concentrations in follicles >2.5mm in diameter were increased ($P<0.05$) and the testosterone and glucagon concentrations and LDH activity were decreased ($P<0.05$). The follicular fluid concentration of estradiol was positively correlated with glucose ($P<0.05$) and progesterone ($P=0.051$) and negatively correlated with LDH ($P<0.01$), glucagon ($P<0.05$) and testosterone ($P<0.01$). In conclusion, follicle development was co-regulated by intrafollicular metabolites and hormones.

Key words: metabolism; metabolic hormone; reproductive hormone; follicle development; follicular fluid; Hu sheep

下丘脑、垂体和卵巢内分泌系统调控有腔卵泡发育，而卵泡内代谢产物和代谢激素对卵泡微环境稳态维持，卵母细胞成熟，颗粒细胞分化及激素分泌具有重要的作用[1]。卵泡液由通过血管－卵泡屏障的血浆成分和卵泡内分泌物和代谢物组成[2-4]。卵泡微环境改变直接影响卵母细胞发育和颗粒细胞增殖[5]，随着卵泡发育，卵泡液增多，卵泡液内物质的动态变化对微环境稳态维持具有重要的意义。绵羊黄体期短期补饲（4～6天）没有引起血液促卵泡素和雌二醇改变，但促进卵泡发育，增加了排卵率，这种黄体期促排卵效应机制可能是升高的葡萄糖、胰岛素和瘦素直接作用于卵巢，减少了黄体溶解后闭锁卵泡数量，促进更多的卵泡排卵[6]，而卵泡期补饲没有促排卵效应[7]，因此，研究黄体期不同发育阶段卵泡内微环境的差异，对进一步研究营养影响繁殖机制奠定基础。卵巢黄体形成和退化，以及卵泡发育的动态变化是处于黄体期的成年母羊最大的生理特点之一。绵羊黄体期卵泡内代谢产物和激素间应具有内在相关性，这种相关性维持卵泡微环境稳态，确保卵泡正常发育。因此，研究黄体期不同发育阶段卵泡内代谢产物和激素的变化具有重要的意义。虽然不同发育阶段卵泡内代谢产物和激素的变化已有相应报道[3,8-10]，但仅局限于单独的代谢产物或生殖激素的变化，没有在同一营养和生理状态下系统的研究卵泡内代谢产物，代谢激素和类固醇激素的变化特点及其内在的关系。

绵羊发情周期不同阶段卵巢类固醇激素分泌具有不同的特点。不同营养水平影响血液代谢产物和代谢激素含量[11-13]，而不同大小卵泡内化学成分对血液成分具有不同的反应性[3]。因此，本试验在样本处于同一营养水平和生理阶段下，研究湖羊不同发育卵泡内代谢产物、代谢激素和生殖激素的变化，为卵泡发育的代谢机理、代谢与内分泌互作以及营养影响繁殖的机理研究奠定理论基础。

1 材料与方法

1.1 试验设计

于2010年5月至7月在徐州申宁羊业有限公司选择体重40kg，体况中等，3~4岁的经产健康母羊11头。体重维持（M）预饲7天后同期发情处理，发情结束第6天按1.5倍体重维持需要量饲喂（母羊配种前正常饲喂量[14]），第12天屠宰，取卵巢。

1.2 试验日粮

参照国内肉羊饲养标准（2004），按照其中推荐的体重为40kg的空怀母羊每只每天维持需要量（ME = 6.69 MJ/d，CP = 67g/d）设计饲料配方，由连云港舜润公司制成全价颗粒饲料（TMR）。

1.3 同期发情处理

上午8点阴道埋植孕酮海绵栓，12天后上午8点撤栓，次日公羊试情，每天6点和18点试情，直至发情结束。

1.4 饲养管理

半封闭式羊舍单栏饲养（单栏大小：长2.55m，宽1.27mm），自由饮水，自然光照。每天分别于9点和17点饲喂两次，体重维持需要量饲喂时，每次520g，1.5倍体重维持需要量饲喂，每次780g。

1.5 卵泡液收集

同期发情结束后第12天16点后颈静脉放血屠宰，取卵巢于冰预冷的D-PBS中，参考Somchit等的方法[10]，分离可视大于1.0mm的卵泡，放入含D-PBS的塑料培养皿中，培养皿下放一个方格纸栅格（精确到1mm）测量卵泡直径，按Moor等[15]的方法剔除闭锁卵泡。分离的卵泡分别按<2.0mm，2.0~2.5mm和>2.5mm 3组放在含1mL D-PBS的24孔培养皿中，其中<2.0mm和2.0~2.5mm卵泡卵泡液各放一组，>2.5mm卵泡卵泡液单独分析，眼科剪对半切开卵泡，4℃，13 000rpm离心10min，取上清液，-20度保存。每头羊卵泡液在 30min 内分离完成，且在生物冰上操作。

1.6 指标分析

卵泡液葡萄糖，尿素，乳酸脱氢酶分析试剂盒购自南京建成生物工程研究所；卵泡液孕酮，睾酮，雌激素，胰岛素和胰高血糖素放免分析试剂盒购自北京福瑞生物科技有限公司。

1.7 统计分析

卵泡液按≤2.5mm 和 >2.5mm 两组分析，卵泡液体积[9] $V = 0.52 (D)^{2.7}$，V 表示体积（mm），D 表示直径（mm）。采用 SPSS13.0 软件线性混合模型统计分析，每头羊为随机变量，数据结果以"平均值±标准误"表示。卵泡液指标相关性分析采用 Pearson's 或 Spearman's 方法。

2 结果与分析

2.1 卵泡液代谢产物变化

卵泡液代谢产物变化见表1。其中 >2.5mm 卵泡内葡萄糖平均浓度显著高于≤2.5mm 卵泡内葡萄糖平均浓度（$P < 0.05$）；不同大小卵泡内血氨，游离脂肪酸和尿素平均浓度差异不显著（$P > 0.05$）。

表1 绵羊卵泡液内代谢产物、代谢激素和内分泌激素水平
Table 1 Metabolites, metabolic hormones and endocrine hormones levels in ovine follicular fluid

	≤2.5mm 卵泡[2] SFF[2]	>2.5mm 卵泡[2] LFF[2]	P 值[1] P value[1]
卵泡数[3] Number of follicles[3]	138	28	
血氨 Plasma ammonia (mmol/L)	3.17 ± 0.73	2.89 ± 0.78	0.790
游离脂肪酸 NEFA (mmol/L)	23.85 ± 6.82	26.16 ± 6.61	0.810
尿素 Urea (mmol/L)	37.77 ± 2.44	34.32 ± 3.88	0.460
葡萄糖 Glucose (mmol/L)	1.27 ± 0.13	1.73 ± 0.12*	0.018
胰岛素 Insulin (μIU/mL)	228.92 ± 20.91	178.05 ± 26.87	0.151
胰高血糖素 Glucagon (ng/mL)	4.63 ± 0.54*	2.66 ± 0.45	0.011
乳酸脱氢酶 LDH (kU/L)	5.64 ± 0.74**	1.29 ± 0.36	<0.001
孕酮 Progesterone (ng/mL)	11.08 ± 1.31	20.81 ± 4.61	0.053
睾酮 Testosterone (ng/mL)	35.18 ± 3.89**	11.66 ± 3.80	<0.001

（续表）

	≤2.5mm 卵泡[2] SFF[2]	>2.5mm 卵泡[2] LFF[2]	P 值[1] P value[1]
雌二醇 Estradiol（ng/mL）	2.84 ± 0.72	24.24 ± 2.90**	<0.001

1）同行肩标 * 表示差异显著（$P<0.05$），** 表示差异极显著（$P<0.01$）。2）SFF 表示直径≤2.5mm 的卵泡，LFF 表示直径>2.5mm 卵泡。3）138 个 SFF 中包含 108 个 1.0~2.0mm 和 28 个 2.0~2.5mm

1） * indicates significant difference in the same row（$P<0.05$）, ** indicates extremely significantly different（$P<0.01$）.

2）SFF indicates follicles ≤2.5mm in diameter, LFF indicates follicles >2.5mm in diameter.

3）Of 138 SFF, the number of follicles 1.0~2.0mm and 2.0~2.5mm in diameter is 108 and 28, respectively

2.2 卵泡液代谢激素和 LDH 活性变化

卵泡液代谢激素和 LDH 活性变化见表 1。其中≤2.5mm 高于>2.5mm 卵泡内胰岛素平均浓度，但差异不显著（$P>0.05$）；>2.5mm 卵泡内胰高血糖素平均浓度显著低于≤2.5mm 卵泡内胰高血糖素平均浓度（$P<0.05$）；>2.5mm 卵泡内乳酸脱氢酶（LDH）活性极显著低于≤2.5mm 卵泡内乳酸脱氢酶活性（$P<0.01$）。

2.3 卵泡液生殖激素变化

卵泡液生殖变化见表 1。>2.5mm 卵泡内孕酮平均浓度高于≤2.5mm 卵泡内孕酮平均浓度，但差异不显著（$P=0.053$）；>2.5mm 卵泡内睾酮平均浓度极显著低于≤2.5mm 卵泡内睾酮平均浓度（$P<0.01$）；>2.5mm 卵泡内雌二醇平均浓度极显著高于≤2.5mm 卵泡内雌二醇平均浓度（$P<0.01$）。

2.4 卵泡内代谢产物和激素相关性

卵巢内代谢产物和激素相关性分析结果见表 2。分析表明尿素与游离脂肪酸（$r=0.508$；$P=0.016$）、血氨（$r=0.446$；$P=0.038$）和胰岛素（$r=0.425$；$P=0.049$）显著相关；乳酸脱氢酶与雌二醇（$r=-0.553$；$P=0.008$）、胰高血糖素（$r=0.676$；$P=0.001$）和睾酮（$r=0.597$；$P=0.003$）显著相关相关；雌二醇与葡萄糖（$r=0.434$；$P=0.044$）、胰高血糖素（$r=-0.486$；$P=0.022$）和睾酮（$r=-0.563$；$P=0.006$）显著相关；胰岛素和胰高血糖素具有相关性（$r=0.501$；$P=0.018$）显著相关；孕酮与睾酮呈显著负相关（$r=-0.457$；$P=0.032$），与雌二醇接近显著相关（$r=0.421$；$P=0.051$）。

表2 卵泡内代谢产物、代谢激素和生殖激素间相关性。
Table 2 Correlation coefficients among intrafollicular metabolites, metabolic hormones and endocrine hormones.

	相关性 (r) Correlations (r)									
	尿素 Urea (mmol/L)	乳酸脱氢酶 LDH (kU/L)	游离脂肪酸 NEFA (mmol/L)	血氨 Plasma ammonia (mmol/L)	葡萄糖 Glucose (mmol/L)	孕酮 Progesterone (ng/mL)	雌二醇 Estradiol (ng/mL)	胰高血糖素 Glucagon (ng/mL)	胰岛素 Insulin (μIU/mL)	睾酮 Testosterone (ng/mL)
尿素 Urea (mmol/L)	1.000	0.223	0.508*	0.446*	0.109	0.196	-0.061	0.337	0.425*	-0.071
乳酸脱氢酶 LDH (kU/L)	0.223	1.000	-0.046	0.339	-0.185	-0.138	-0.553**	0.676**	0.418	0.597**
游离脂肪酸 NEFA (mmol/L)	0.508*	-0.046	1.000	0.072	0.070	0.142	0.144	-0.053	-0.125	-0.275
血氨 Plasma ammonia (mmol/L)	0.446*	0.339	0.072	1.000	0.051	0.028	0.173	0.404	-0.174	-0.156
葡萄糖 Glucose (mmol/L)	0.109	-0.185	0.070	0.051	1.000	0.257	0.434*	-0.106	0.078	-0.236
孕酮 Progesterone (ng/mL)	0.196	-0.138	0.142	0.028	0.257	1.000	0.421[A]	0.036	0.251	-0.457*
雌二醇 Estradiol (ng/mL)	-0.061	-0.553**	0.144	0.173	0.434*	0.421[A]	1.000	-0.486*	-0.413	-0.563**
胰高血糖素 Glucagon (ng/mL)	0.337	0.676**	-0.053	0.404	-0.106	0.036	-0.486*	1.000	0.501*	0.211
胰岛素 Insulin (μIU/mL)	0.425*	0.418	-0.125	-0.174	0.078	0.251	-0.413	0.501*	1.000	0.271
睾酮 Testosterone (ng/mL)	-0.071	0.597**	-0.275	-0.156	-0.236	-0.457*	-0.563**	0.211	0.271	1.000

* 表示显著性相关 ($P<0.05$), ** 表示极显著性相关 ($P<0.01$), [A] 表示接近显著相关 ($P=0.051$)。
* indicates significant correlation ($P<0.05$), ** indicates extremely significantly correlation ($P<0.01$) and [A] indicates approximate correlation ($P=0.051$).

3 讨论

3.1 不同发育卵泡内代谢产物变化与卵泡发育关系

卵泡内存在特异的葡萄糖转运载体 GLUT1 和 GLUT4[16]，因而葡萄糖作为卵巢内能量物质参与卵泡发育[17]。本试验 >2.5mm 卵泡内葡萄糖平均浓度显著高于≤2.5mm 卵泡内葡萄糖平均浓度（$P<0.05$），这与 Nandi 和 Somchit 研究结果类似[2,8,10]。随着卵泡增大，葡萄糖浓度增加，说明大卵泡需要更多的能量维持代谢。不同大小卵泡内血氨，游离脂肪酸和尿素平均浓度差异不显著，可能由于血氨，游离脂肪酸和尿素在有腔卵泡内自由扩散。

3.2 不同发育卵泡内代谢激素和 LDH 变化与卵泡发育关系

胰高血糖素促进糖异生和糖原分解，通过间接提高血液葡萄糖和胰岛素影响繁殖性能[18]。Hansen 等研究发现卵巢内存在胰高血糖素受体[19]。本研究发现 >2.5mm 卵泡内胰高血糖素平均浓度显著低于≤2.5mm 卵泡内胰高血糖素，说明胰高血糖素参与调节卵泡发育。卵巢内胰岛素一方面通过 GLUT4 通路[16]提高卵巢内葡萄糖吸收能力，促进卵泡发育，增加潜在排卵卵泡数[20,21]，另一方面特异的影响颗粒细胞和膜细胞功能[22,23]。本研究发现虽然大卵泡和小卵泡间胰岛素平均浓度差异不显著，但小卵泡胰岛素平均浓度高于大卵泡胰岛素平均浓度，说明胰岛素有促进小卵泡发育的可能。卵巢大量颗粒细胞凋亡引起卵泡闭锁[24]。本研究发现小卵泡 LDH 活性极显著低于大卵泡内乳酸脱氢酶活性（$P<0.01$），这与卵泡发育过程中小卵泡更易闭锁且闭锁的卵泡 LDH 活性增加这一经典理论一致[8,25]。

3.3 不同发育卵泡内内分泌激素与卵泡发育关系

>2.5mm 卵泡内雌二醇平均浓度极显著高于≤2.5mm 卵泡内雌二醇平均浓度（$P<0.01$），>2.5mm 卵泡内睾酮平均浓度极显著低于≤2.5mm 卵泡内睾酮平均浓度（$P<0.01$）这与 Somchit 研究结果一致[9,10]，随着卵泡发育，大卵泡对 FSH 敏感性增强，引起雌二醇分泌增加，而卵泡内高水平雌二醇抑制睾酮分泌[26]，因而大卵泡睾酮分泌受到抑制，分泌下降，小卵泡雌二醇分泌能力弱，对睾酮抑制作用小，因而睾酮分泌多。黄体期卵泡发育主要受孕酮抑制，>2.5mm 卵泡内孕酮平均浓度高于≤2.5mm 卵泡内孕酮平均浓度，但差异不显著，表明孕酮可能更倾向于影响大卵泡的发育。

3.4 不同发育卵泡内代谢产物和激素的相关性与卵泡发育关系

尿素和血氨是蛋白代谢产物，对机体具有毒害作用[27]，升高的游离脂肪酸降低繁殖性能[3]，而胰岛素具有促卵泡发育作用[28]，胰高血糖素具有恢复奶牛负营养平衡时降低的繁殖性能[18]。本试验相关性分析发现尿素与游离脂肪酸（$P=0.016$）、血氨（$P=0.038$）和胰岛素（$P=0.049$）显著正相关，而胰岛素和胰高血糖素显著正相关（$P=0.018$），表明胰岛素促卵泡发育的一个原因可能是与胰高血糖素协同作用降低尿素，游离脂肪酸和血氨对颗粒细胞和卵母细胞的损害作用。卵巢类固醇激素反馈调节卵泡激素生成的同时，卵泡内环境也具有自调节系统，卵泡内升高的雌二醇抑制雄烯二酮合成，进而减少睾酮和雌激素含量[26]。本研究中雌二醇，睾酮和孕酮间的显著相关性进一步说明卵泡内激素间自调节系统对卵泡发育具有重要作用。雌二醇与葡萄糖显著相关（$P=0.044$）说明葡萄糖对雌激素合成有重要的作用。乳酸脱氢酶是评价细胞完整性的重要指标，凋亡或死亡细胞数越多，卵泡液乳酸脱氢酶活性越强。本研究乳酸脱氢酶与雌二醇（$P=0.008$）极显著负相关，而与睾酮（$P=0.003$）极显著正相关，说明卵泡内睾酮对卵泡发育具有抑制作用。

4 结论

（1）随着卵泡增大，卵泡内葡萄糖和雌二醇平均浓度显著增加，胰高血糖素和睾酮平均浓度以及乳酸脱氢酶平均活性显著下降。

（2）卵泡内代谢产物和激素间具有显著的相关性，共同参与调节卵泡发育。

参考文献

[1] Avery B, Strobech L, Jacobsen T, et al. In vitro maturation of bovine cumulus-oocyte complexes in undiluted follicular fluid: effect on nuclear maturation, pronucleus formation and embryo development [J]. Theriogenology, 2003, 59 (3-4): 987-999.

[2] Nandi S, Girish Kumar V, Manjunatha B M, et al. Follicular fluid concentrations of glucose, lactate and pyruvate in buffalo and sheep, and their effects on cultured oocytes, granulosa and cumulus cells [J]. Theriogenology, 2008, 69 (2): 186-196.

[3] Leroy J L, Vanholder T, Delanghe J R, et al. Metabolite and ionic composition of follicular fluid from different-sized follicles and their relationship to serum concentrations in dairy cows [J]. Anim Reprod Sci, 2004, 80 (3-4): 201-211.

[4] Li R, Norman R J, Armstrong D T, et al. Oocyte-secreted factor (s) determine functional differences between bovine mural granulosa cells and cumulus cells [J]. Biol Reprod, 2000, 63 (3): 839-845.

[5] Fortune J E, Rivera G M, Yang M Y. Follicular development: the role of the follicular microenvironment in selection of the dominant follicle [J]. Anim Reprod Sci, 2004, 82-83: 109-126.

[6] Scaramuzzi R, J,, Brown H, M,, Dupont. Nutritional and metabolic mechanisms in the ovary and their role in mediating the effects of diet on folliculogenesis: a perspective [J]. Reprod Dom Anim, 2010, 45 (Suppl. 3): 32-41.

[7] Viñoles C. Effect of Nutrition on Follicle Development and Ovulation Rate in ewe [J]. Doctoral Thesis, 2003: 109.

[8] Nandi S, Kumar V G, Manjunatha B M, et al. Biochemical composition of ovine follicular fluid in relation to follicle size [J]. Dev Growth Differ, 2007, 49 (1): 61-66.

[9] Carson R S, Findlay J K, Clarke I J, et al. Estradiol, testosterone, and androstenedione in ovine follicular fluid during growth and atresia of ovarian follicles [J]. Biol Reprod, 1981, 24 (1): 105-113.

[10] Somchit A, Campbell B K, Khalid M, et al. The effect of short-term nutritional supplementation of ewes with lupin grain (Lupinus luteus), during the luteal phase of the estrous cycle on the number of ovarian follicles and the concentrations of hormones and glucose in plasma and follicular fluid [J]. Theriogenology, 2007, 68 (7): 1037-1046.

[11] Viñoles C, Forsberg M, Martin G B, et al. Short-term nutritional supplementation of ewes in low body condition affects follicle development due to an increase in glucose and metabolic hormones [J]. Reproduction, 2005, 129 (3): 299-309.

[12] 周东胜, 吴德, 卓勇, 等. 能量水平和来源对后备母猪血液代谢产物、激素分泌及卵泡液成分的影响 [J]. 畜牧兽医学报, 2009, 40 (5): 683-690.

[13] 高峰, 侯先志, 刘迎春. 妊娠后期限饲母羊血液理化指标变化对其胎儿生长发育的影响 [J]. 中国科学（C辑: 生命科学）, 2007, 37 (5): 562-567.

[14] Pisani L, Antonini S, Pocar P, et al. Effects of premating nutrition on mRNA levels of developmentally-relevant genes in sheep oocytes and granulosa cells [J]. Reproduction, 2008.

[15] Moor R M, Hay M F, Dott H M, et al. Macroscopic identification and steroidogenic function of atretic follicles in sheep [J]. J Endocrinol, 1978, 77 (3): 309-318.

[16] Williams S A, Blache D, Martin G B, et al. Effect of nutritional supplementation on quantities of glucose transporters 1 and 4 in sheep granulosa and theca cells [J]. Reproduction, 2001, 122 (6): 947-956.

［17］Scaramuzzi R J, Campbell B K, Souza C J, et al. Glucose uptake and lactate production by the autotransplanted ovary of the ewe during the luteal and follicular phases of the oestrous cycle［J］. Theriogenology, 2010, 73（8）: 1 061 – 1 067.

［18］Bobe G, Ametaj B N, Young J W, et al. Exogenous glucagon effects on health and reproductive performance of lactating dairy cows with mild fatty liver［J］. Anim Reprod Sci, 2007, 102（3 – 4）: 194 – 207.

［19］Hansen L H, Abrahamsen N, Nishimura E. Glucagon receptor mRNA distribution in rat tissues［J］. Peptides, 1995, 16（6）: 1 163 – 1 166.

［20］Munoz-Gutierrez M, Blache D, Martin G B, et al. Folliculogenesis and ovarian expression of mRNA encoding aromatase in anoestrous sheep after 5 days of glucose or glucosamine infusion or supplementary lupin feeding［J］. Reproduction, 2002, 124（5）: 721 – 731.

［21］Scaramuzzi R J, Campbell B K, Downing J A, et al. A review of the effects of supplementary nutrition in the ewe on the concentrations of reproductive and metabolic hormones and the mechanisms that regulate folliculogenesis and ovulation rate［J］. Reprod Nutr Dev, 2006, 46（4）: 339 – 354.

［22］Campbell B K, Scaramuzzi R J, Webb R. Induction and maintenance of oestradiol and immunoreactive inhibin production with FSH by ovine granulosa cells cultured in serum-free media［J］. J Reprod Fertil, 1996, 106（1）: 7 – 16.

［23］Yen H W, Jakimiuk A J, Munir I, et al. Selective alterations in insulin receptor substrates-1, – 2 and – 4 in theca but not granulosa cells from polycystic ovaries［J］. Mol Hum Reprod, 2004, 10（7）: 473 – 479.

［24］Matsuda-Minehata F, Inoue N, Goto Y, et al. The regulation of ovarian granulosa cell death by pro-and anti-apoptotic molecules［J］. J Reprod Dev, 2006, 52（6）: 695 – 705.

［25］Wise T. Biochemical analysis of bovine follicular fluid: albumin, total protein, lysosomal enzymes, ions, steroids and ascorbic acid content in relation to follicular size, rank, atresia classification and day of estrous cycle［J］. J Anim Sci, 1987, 64（4）: 1153 – 1169.

［26］Taniguchi F, Couse J F, Rodriguez K F, et al. Estrogen receptor-alpha mediates an intraovarian negative feedback loop on thecal cell steroidogenesis via modulation of Cyp17a1（cytochrome P450, steroid 17alpha-hydroxylase/17, 20 lyase）expression ［J］. FASEB J, 2007, 21（2）: 586 – 595.

［27］Laven R A, Wathes D C, Lawrence K E, et al. An analysis of the relationship between plasma urea and ammonia concentration in dairy cattle fed a consistent diet over a 100 – day period［J］. J Dairy Res, 2007, 74（4）: 412 – 416.

［28］Downing J A, Joss J, Scaramuzzi R J. The effect of a direct arterial infusion of insulin and glucose on the ovarian secretion rates of androstenedione and oestradiol in ewes with an autotransplanted ovary［J］. J Endocrinol, 1999, 163（3）: 531 – 541.

原文发表于《畜牧兽医学报》，2012，43（2）：180 – 185.

高繁殖力黄淮山羊大卵泡颗粒细胞上调表达基因的研究

庞训胜[1,2]**，王子玉[1]，应诗家[1]，张艳丽[1]，吴勇聪[1]，
闫益波[1]，孟立[1]，钟部帅[1]，王　锋[1]***

(1. 南京农业大学羊业科学研究所，南京　210095；2. 安徽科技学院，凤阳　233100)

摘　要：在卵泡发育和排卵过程中，卵巢内相关基因的表达具有严格的时空特异性，然而，目前对于山羊卵巢有腔卵泡发育中基因表达的特点并不完全清楚。本研究应用抑制消减杂交技术，对黄淮山羊卵泡期卵巢非闭锁大卵泡（6mm）和小卵泡（4mm）颗粒细胞内差异表达基因进行了研究，建立了消减cDNA文库，通过斑点杂交分析，从正向文库中随机挑取96个克隆进行差异表达的筛选。结果显示，共有8个与已知功能基因高度相似，12个全新的表达序列标签。这些基因可能影响着山羊卵泡的发育成熟和排卵。

关键词：黄淮山羊；卵泡颗粒细胞；抑制消减杂交；表达基因

Study on Different Gene Expression in Follicular Granulose Cells of Huanghuai Goats with High Prolificacy

Pang Xunsheng[1,2]**, Wang Ziyu[1], Ying Shijia,[1], Zhang Yanli[1],
Wu Yongcong[1], Yan Yibo[1], MengLi[1],
Zhong Bushuai[1] and Wang Feng[1]***

(1. Institute of Sheep and Goats Industry, Nanjing Agricultural University, Nanjing　210095, China; 2. Anhui University of Science and Technology, Fengyang　23310, China)

Abstract: The genes in ovary involving follicle development and ovulation are regulated strictly with temporal and spatial specificity. However, the characteristics of gene expression during the goat antral follicle development are not clearly understood

---

* 基金项目：国家科技支撑计划课题（2008BADB2B04）；江苏省高技术研究项目（BG2007324）；
** 作者简介：庞训胜（1966—　），男，安徽砀山县人，副教授，博士，主要从事动物遗传育种与繁殖教学与研究，E-mail：pangxunsheng@163.com；
*** 通讯作者：王锋，教授，博士生导师，主要从事羊业科学和动物胚胎工程技术研究，E-mail：caeet@njau.edu.cn

now. Different expressed genes in granulosa cells between non-latching large follicles (LF, 6mm) and small follicles (SF, 4mm) during follicular phase of Huanghuai goat ovary were studied using suppressive subtractive hybridization (SSH), and reduction cDNA library were also established. Furthermore, 96 clones randomly picked from the forward library were screened for differential expression by dot blot analysis, The results showed that eight clones were highly similar to the known genes, and twelve clones were new expressed sequence tags (ESTs). These genes may influence the maturation and ovulation of goat follicle.

Key words：Huanghuai goat；granulose cell；suppressive subtractive hybridization；gene expression

母羊的多胎性主要取决于排卵前卵泡的发育及其排卵率。现已证实，绵羊和山羊排卵率的增加与母羊在卵泡期排卵泡募集时间的延长有关，卵巢次最大化卵泡有可能发育成为排卵卵泡，卵泡闭锁率降低[1,2]。在牛上排卵前的优势卵泡明显抑制其他卵泡的发育。但是，在山羊卵泡期，卵泡发育可能并不存在优势化，或根据 Gonzalez-Bulnes 等人的观点，山羊卵泡优势化现象较绵羊更不明显[2]。这些研究表明，山羊的多卵泡发育可能具有特殊的调控机制。由于颗粒细胞在卵泡的组织结构中介于卵母细胞和卵泡膜细胞之间，而卵泡发育是颗粒细胞、卵母细胞和膜细胞通过促性腺激素等内分泌和局部生长调节因子以自分泌和旁分泌方式进行控制和协调[3-5]，因此，许多在颗粒细胞中表达的基因将以直接或间接方式参与卵泡的发育和凋亡调控。目前，已经发现影响动物繁殖性能的相关基因和受体近 100 个，已被证实的有骨形态发生蛋白系统、IGF 系统、促卵泡素和促黄体生成素受体等与卵泡发育和排卵密切相关[6,7]。然而，人们并不清楚高繁殖力山羊卵巢卵泡发育基因调控的机制。

以 Diatcheuko 等人于 1996 年设计出的以抑制性 PCR 和消减杂交技术为基础的抑制性消减杂交技术（suppression subtractive hybridization，SSH），在寻找和鉴定差异表达基因方面，是目前最具应用前景的研究工具之一[8]。通过 SSH 对牛和绵羊优势卵泡与小卵泡基因差异表达的研究[9,10]，已使人们深入地了解母牛和母羊卵泡发育的调控机制，并发现颗粒细胞中新基因的表达。由于卵泡内生长因子表达的时空模式在种间存在很大差异，因此，为了揭示高繁殖力山羊卵泡发育的调控特点，本试验应用 SSH 技术在单卵泡水平上，研究了黄淮山羊卵泡期不同直径的非闭锁卵泡颗粒细胞的上调表达基因。

1 材料与方法

1.1 试验材料

1.1.1 动物的选择

选择繁殖性能正常、第 4 胎次的空怀、健康的高繁殖力黄淮山羊 2 只（窝产羔数≥5 羔），体重 24～40kg，年龄 4～5 岁。

1.1.2 试剂盒

下列试剂盒均为 Clontech USA 产品：提取和纯化微量 RNA 的 Absolutely-RNA® microprep kit；cDNA 合成扩增用 Advantage® 2 PCR Kit 和 Advantage™ cDNA Polymerase Mix；探针和核苷酸分别分离和纯化用 CHROMA SPIN + TE – 100 Columns 和 CHROMA SPIN + TE –

400 Columns；scDNA 分离和纯化用 NucleoSpin® RNA II Kit；cDNA 消减杂交用 PCR-Select™ cDNA Subtraction Kit；cDNA 差异表达筛选用 PCR-Select-Differential Screening Kit；cDNA 扩增与纯化用 Super-SMART™-PCR-cDNA Synthesis Kit。

细胞凋亡检测用 In-Situ-Cell-Death Detection Kit，POD 购自 Roche 公司产品。提取和纯化 DNA 片断用 Wizard® SV Gel and PCR Clean-UP System 和 cDNA 连接质粒用 pGEM®-T-Easy-Vector System I 均购自 Promega 公司。

1.1.3 试验用菌株和放射性同位素

菌株 TOP10，购自南京天为生物公司；[$\alpha^{-32}P$] dATP 购自 PerkinElmer 公司，产品号 NEG512H500UC。

1.1.4 工具酶及分子量标准

反转录酶 PrimeScript™-Reverse Transcriptase、核糖核酸酶抑制剂、150 – bp DNA Ladder Marker 和 1 Kbp DNA Ladder Marker 均购自 TaKaRa 公司。

1.2 试验方法

1.2.1 动物的处理和取样

试验母羊肌内注射 0.1mg/只氯前列烯醇，40h 后颈部放血致死，取卵巢，计数卵泡并测量卵泡直径，置于 DEPC 处理的生理盐水中洗去血渍。按照 Spicer 等人（2008）采集卵泡颗粒细胞的方法[11]，剔除卵丘卵母细胞复合体，留下颗粒细胞转至 0.2mL PCR 反应管内，同时剪取取样后的卵泡部分组织，一并置于投入液氮内保存。从试验羊开始宰杀到反应管置入液氮的时间控制在 20min 之内。

颗粒细胞用于 RNA 提取；部分卵泡组织，经冰冻切片后，采用 TUNEL 检测法用于鉴定卵泡是否闭锁。本试验 cDNA 消减杂交的检测子（Tester）和驱动子（Driver）为同一只羊同侧卵巢非闭锁卵泡颗粒细胞的核苷酸。作为检测子的卵泡直径6mm，驱动子的卵泡直径4mm。

1.2.2 颗粒细胞总 RNA 提取及其 cDNA 的合成与纯化

按照 Absolutely RNA microprep kit 提供的操作步骤提取颗粒细胞内总 RNA；利用 Super SMART™PCR cDNA Synthesis Kit 合成和扩增 cDNA；并利用 CHROMA SPIN + TE-400 Column 去除 <100bp 的核苷酸。

1.2.3 抑制性消减杂交

应用 PCR-Select TM cDNA Subtraction Kit 提供的试剂对双链 cDNA 进行 RsaⅠ酶切，以 Wizard© SV Gel and PCR Clean-UP System 纯化酶切后的 cDNA。对检测子 cDNA 分别进行 Adaptor 1 和 Adaptor 2 的接头连接，驱动子 cDNA 不作连接。在两轮消减杂交后，对 cDNA 进行两轮 PCR 扩增。

1.2.4 大卵泡颗粒细胞上调表达基因消减 cDNA 的克隆及斑点杂交分析

根据 pGEM-T Easy Vector System I 提供的方法进行消减 cDNA 的质粒转化，以化学转化感受态大肠杆菌 TOP10。

参照 PCR-Select Differential Screening Kit 说明书进行菌落阵列斑点杂交膜和杂交探针的制备。将标记探针与尼龙膜上排列的菌落克隆进行杂交。

1.2.5 差异表达基因的生物信息学分析

根据斑点杂交所获得的信息，将点有 96 个正向消减 cDNA 文库菌落的 2 张尼龙膜分别与正向和反向消减 cDNA 探针进行杂交,凡是与正向消减 cDNA 探针杂交且杂交信号明显强于反向消减 cDNA 探针(信号比值大于 2.0)的克隆,即为基因上调表达的 EST。挑选阳性克隆,采用 SP6/T7 作引物,在 ABI3730 测序仪上初步进行单向测序。

将测得的序列提交 UniVec 数据库(http://www.ncbi.nlm.nih.gov/VecScreen.html),比对去除两端载体和接头序列。然后与公共数据库 GenBank nonredundant database 用 BLAST 作序列同源性比对,若与 GenBank 中已知基因同源性大于 80%,同源片段长度大于 100bp 的即为同源序列。

2 结果与分析

2.1 卵泡颗粒细胞取样和凋亡鉴定

由图 1 可见,本试验取样同侧卵巢大小卵泡各 1 个,通过 TUNEL 方法进行原位细胞凋亡检测,在荧光显微镜下观察,颗粒细胞未出现荧光的卵泡均属健康未闭锁卵泡。

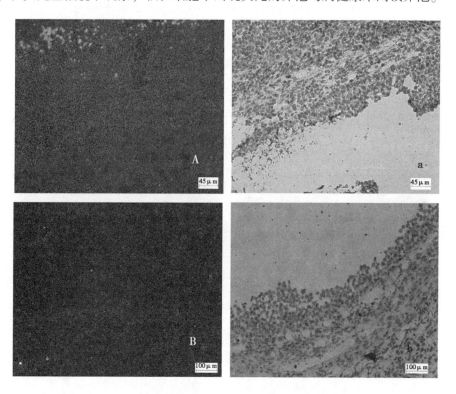

图 1 卵泡颗粒细胞凋亡的荧光观察和 H.E 染色

Fig. 1 Morphological character of apoptosis and comparison apoptosis under fluorescence with light microscope.

A、a:卵泡;B、b:小卵泡。A、B:荧光显微镜观察;a、b:H.E 染色后光学显微镜观察。

A、a: Large follicles; B、b: small follicles. A、B: Observation under fluorescence microscope.
a、b: under light microscope after section dyed by H.E.

2.2 消减杂交效率分析

由图2可见,以消减杂交和未消减杂交Tester第2轮PCR产物为模板,利用管家基因G3PDH特异性G3PDH3'引物和G3PDH5'引物进行PCR扩增,凝胶电泳图的结果表明,未经消减杂交的cDNA,在33循环出现明显的PCR产物条带,而经消减杂交的cDNA在38循环时可见明显条带。表明经过两次杂交和两次抑制PCR已将Driver和Tester共有序列较大幅度的消减。

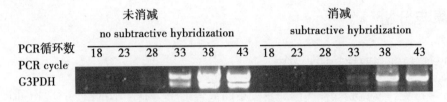

图2 通过G3PDH丰度变化的消减效率的PCR分析
Fig. 2 Reduction of G3PDH abundance by PCR-Select subtraction.

2.3 正向消减cDNA文库菌落斑点杂交分析

将正向消减cDNA文库菌落的两张尼龙膜,分别与正向和反向消减cDNA探针进行杂交,放射自显影的结果表明,与正向消减cDNA探针杂交的克隆,其信号明显强于该克隆与反向消减cDNA探针杂交信号,可能含有卵泡发育的上调表达基因克隆共有58个(图3)。

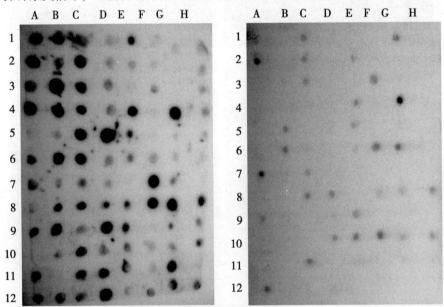

图3 正向斑点杂交差异筛选
Fig. 3 The results of differential screening with forward dot blot.

A:正向消减探针与正向消减文库斑点杂交;B:反向消减探针与正向消减文库斑点杂交。
A: Dot blots of forward-subtracted library hybridized with cDNA probes made from forward-subtracted cDNA.
B: Dot blots of forward-subtracted library hybridized with cDNA probes made from reverse-subtracted cDNA.

2.4 差异表达基因生物信息学分析

对其阳性克隆进行测序。根据 Unique gene 和 Single sequence 对这些 EST 进行组装后的序列为 36 个。通过与 GenBank 中 nr 数据库和 EST 数据库进行 BLAST 比对，对照相关文献 EST 类标准，发现其中有 8 个与已知功能基因相似的上调基因（表 1）和 12 个全新的 EST（表 2）。

表 1　大卵泡颗粒细胞中上调表达基因
Table 1　Identity of up-regulated genes differentially expressed in goat granulose cells of large follicle

频率 Frequency	基因鉴定 Identity[a]	基因登陆号 Genbank No.[b]	数据库号 Blast database No.	序列配对 Base pairs sequence
2	低密度脂蛋白受体相关蛋白 8 BT low density lipoprotein receptor-related protein 8, polipoproteine receptor (LRP8)	AY364441.1	NM_ 001097565.1	92% (518/562)
20	谷胱甘肽 S-转移酶 A1 BT glutathione S-transferase A1 (GSTA1)	BC102540.1	NM_ 001078149.1	97% (330/340)
11	丝氨酸蛋白酶抑制因子 E2 BT serpin peptidase inhibitor, clade E (nexin, plasminogen activator inhibitor type 1), member 2 (SERPINE2)	AF251153.1	NM_ 174669.2	96% (570/588)
1	间隙接头蛋白 1 型 BT gap junction protein, alpha 1, 43kDa (GJA1)	BC105464.1	NM_ 174068.2	97% (343/352)
1	卵泡抑素 BT follistatin (FST)	BC133637.1	NM_ 175801.2	98% (604/613)
1	生长因子受体结合蛋白 14 BT growth factor receptor-bound protein 14 (GRB14)	NM_ 001011681	NM_ 001011681.3	98% (353/359)
24	抑制素 A PREDICTED: PT inhibin beta A, transcript variant 2 (INHBA)	XM_ 001138446	XM_ 001138446.1	87% (655/747)
4	肿瘤坏死因子 α 诱导蛋白 6 BT tumor necrosis factor, alpha-induced protein 6 (TNFAIP6)	AJ854251.1	NM_ 001007813.1	97% (538/552)

[a]牛，猩猩。[b]羊的抑制消减杂交差异表达基因登陆号。

[a]BT, Bos Taurus; PT, Pan troglodytes. [b]GenBank accession number of differentially expressed ovine SSH cDNA clones.

表2 新提交ESTs的登陆号
Table 2 Accession No. of ESTs submitted novelly to GenBank[a]

GT736401	GT736402	GT736403	GT736404
GT736405	GT736406	GT736407	GT736408
GT736409	GT736410	GT736411	GT736412

[a] 山羊。

[a] GT, Goat.

3 讨论

本研究首次应用SSH研究山羊大卵泡颗粒细胞的上调表达基因。在所筛选的一些差异表达基因中，与类固醇激素合成相关的有LRP8和GSTA1。LRP8属于低密度脂蛋白受体蛋白家族成员，其受体均位于细胞表面，具有调节细胞摄取细胞外脂质的作用，还可转导细胞外信号，进而激活细胞内酪氨酸激酶的信号转导[12]。Fayad和Tania等人对母牛的研究结果表明，LRP8可能在排卵前卵泡发育和优势化过程中，通过增加胆固醇的摄取而促进卵泡类固醇激素的合成；而在这种生化反应中所释放的自由基具有激发GSTA基因表达的作用[9,13,14]。GST是一类关联蛋白超基因家族，GSTA1可通过参与自由基的清除，缓解细胞氧化应激，抑制细胞凋亡，维持卵泡的发育[15,16]。因此，在山羊的卵泡发育中，LRP8和GSTA1基因上调表达可能与大卵泡类固醇激素分泌增多有关。然而，相关研究表明，LRP8在颗粒细胞中，还可通过对细胞骨架成分的作用而调节细胞活性[9,13]。

间隙连接是相邻细胞之间胞质相连的通道，一些无机物、第二信使和小的代谢产物可以通过细胞间这种圆筒结构完成交流[17]。对小鼠卵泡发育的研究表明，GJA1在颗粒细胞上表达不足，可减缓卵母细胞的发育，导致形态结构异常，减数分裂难以维持，进而使卵母细胞失去受精能力[18]。由于在卵母细胞中特有表达的GDF9（growth/differentiation factor-9）可促使颗粒细胞的增殖和分化，而Joanne等人的研究证实，由GJA1介导的间隙连接对于GDF9促使卵泡发育的反应最大化必不可少[19,20]。因此，山羊颗粒细胞GJA1基因上调表达，表明GJA1有可能对大卵泡颗粒细胞层与卵母细胞之间的相互作用，以及颗粒细胞的发育发挥作用。

SERPINE2是一种丝氨酸蛋白激酶抑制因子。研究证实[21]，SERPINE2 mRNA在牛卵泡颗粒细胞内的表达呈时空特异性，优势化卵泡和排卵前卵泡该基因mRNA水平显著增高。应用牛非黄体化颗粒细胞进行体外培养研究表明[22]，FSH、IGF-1和BMP-7可促进SERPINE2分泌，E2水平和SERPINE2分泌高度正相关，但是，E2对SERPINE2的表达无影响。因此，山羊颗粒细胞SERPINE2基因的上调表达，表明SERPINE2可能同样是作为卵泡发育中的抗凋亡因子。

山羊大卵泡颗粒细胞INHBA和FST mRNA的强表达，其结果与绵羊卵泡发育中颗粒细胞基因差异表达相同[10]。现有研究表明，在绵羊大卵泡颗粒细胞抑制素的合成过程中，INHBA有可能是抑制素合成的限速环节[23,24]。抑制素和FST对垂体FSH的分泌均起负反馈作用[24]。INHBA以旁分泌角色参与颗粒细胞的增殖，并对从属卵泡发育起着抑制作用[25]；FST可通过中和活化素，发挥对卵泡发育的调节[26]。然而，目前并不清楚山羊卵巢在卵泡期的基因表达与绵羊的基因调控机制是否存在差异。

对于大多数哺乳类，排卵前的卵丘细胞将合成大量的多糖透明质烷（polysaccharide hyaluronan，HA），这个过程被称为卵丘扩张或黏液化[27]。体内和体外的研究表明[28]，在卵母-卵丘细胞复合体扩张中，由血清衍生而来的交互α胰蛋白酶抑制因子（inter-alpha-trypsin inhibitor，IαI）的重链（heavy chains，HCs）以共价键形式与透明质烷结合，进而促成卵丘基质的构成。现已证实[29]，TNFAIP6的不足将使HC共价转移至HA的过程发生困难，导致卵丘基质的形成受阻以至于难以受精。大量研究表明[29,30]，这种由TNFAIP6介导HC共价转移至HA的机制，对于哺乳类具有普遍意义。因此，在山羊大卵泡发育和成熟中可能同样存在这种机制。

GRB14属于GRB7蛋白家族成员[31]。据报道，对于不同受体酪氨酸激酶，GRB14通过SH2（Src Homology 2）区域调节受体的结合，这些受体包括纤维母细胞生长因子受体1（fibroblast growth factor receptor 1）、PDGF（platelet-derived growth factor）受体、表皮生长因子受体（epidermal growth factor receptor, and insulin receptor）和胰岛素受体等[32,33]，但是，目前对GRB14功能的了解十分有限。

4 结论

通过卵泡发育过程中大卵泡颗粒细胞上调表达基因的研究，发现了8个与已知功能基因相似的上调基因和12个全新的EST，这些基因参与了自由基的清除，促进颗粒细胞与卵母细胞之间的相互作用，抑制细胞凋亡和对从属卵泡发育的抑制等，有助于我们进一步探讨山羊多卵泡发育、选择、优势化和排卵机制。然而，对于本研究所揭示的高繁殖力母羊表达基因，尚需进一步研究其时空表达模式及其蛋白水平。

参考文献

[1] Ginther O J, Kot K. Follicular dynamics during the ovulatory season in goats [J]. *Theriogenology*, 1994, 42 (6): 987－1 001.

[2] Gonzalez-bulnes A, Diaz-delfa C, Garcia-garcia R M, et al. Origin and fate of preovulatory follicles after induced luteolysis at different stages of the luteal phase of the oestrous cycle in goats [J]. *Animal Reproduction Science*, 2005, 86: 237－245.

[3] Richards J S, Russell D L, Ochsner S, et al. Novel signaling pathways that control ovarian follicular development, ovulation, and luteinization [J]. *Recent Progress in Hormone Research*, 2002, 57: 195－220.

[4] Markstrom E, Svernsson Ech, Shao R, et al. Survival factors regulating ovarian apoptosis-dependence on follicle differentiation [J]. *Reproduction*, 2002, 123: 23－30.

[5] Silva J R V, Van Din Hurk R, Van Tol H T A, et al. Gene expression and protein localisation for activin-A, follistatin and activin receptors in goat ovaries [J]. *Journal of Endocrinology*, 2004, 183: 405－415.

[6] 姜运良, 吴常信. Booroola Merino绵羊多胎基因FecB的研究 [J]. 中国畜牧杂志, 1999, 35 (4): 51－53.

[7] Philippe Monget, Stephane Fabre, Philippe Mulsant, et al. Regulation of ovarian folliculogenesis by IGF and BMP system in domestic animals [J]. *Domestic Animal Endocrinology*, 2002, 23: 139－154.

[8] Diatchenko L, Lau Y F, Campbell A P, et al. Suppression subtractive hybrization: a method for generating differentially regulated or tissue specific cDNA probes and libraries [J]. *Proc Natl Acad USA*, 1996, 93: 6 025－6 030.

[9] Fayad T, Levesque V, Sirois J, et al. Gene expression profiling of differentially expressed genes in granulose cells if bovine dominant follicles using suppression subtractive hybridization [J]. *Biol Reprod*, 2004, 70: 523－533.

[10] Qin Chen A, Zheng Guang Wang, Zi Rong Xu, et al. Analysis of gene expression in granulosa cells of ovine antral growing follicles using suppressive subtractive hybridization [J]. *Animal Reproduction Science*, 2009, 115: 39－48.

[11] Leon J Spicer, Pauline Y Aad, Dustin T Allen, et al. Growth Differentiation Factor 9 (GDF9) Stimulates Proliferation

and Inhibits Steroidogenesis by Bovine Theca Cells: Influence of Follicle Size on Responses to GDF9 [J]. *Biology of Reproduction*, 2008, 78: 243 - 253.

[12] Strickland D K, Gonias S L, Argraves W S. Diverse roles for the LDL receptor family [J]. *Trends Endocrin Met*, 2002, 13: 66 - 74.

[13] Tania Fayad, Rejean Lefebvre, Johannes Nimpf, et al. Low-Density Lipoprotein Receptor-Related Protein 8 (LRP8) Is Upregulated in Granulosa Cells of Bovine Dominant Follicle: Molecular Characterization and Spatio-Temporal Expression Studies [J]. *Biology of Reproduction*, 2007, 76: 466 - 475.

[14] Rabahi F, Monniaux D, Pisselet C, et al. Qualitative and quantitative changes in protein synthesis of bovine follicular cells during the preovulatory period [J]. *Mol Reprod Dev*, 1991, 30: 265 - 274.

[15] Hayes J D, Strange R C. Potential contribution of the glutathione S-transferase supergene family to resistance to oxidative stress [J]. *Free Radic Res*, 1995. 22: 193 - 207.

[16] Flora Rabahi, Sophie Brûlé, Jean Sirois, et al. High Expression of Bovine a Glutathione S-Transferase (GSTA1, GSTA2) Subunits Is Mainly Associated with Steroidogenically Active Cells and Regulated by Gonadotropins in Bovine Ovarian Follicles [J]. *Endocrinology*, 1999, 140: 3 507 - 3 517.

[17] Harris A L. Emerging issues of connexin channels: biophysics fills the gap [J]. *Quart. Rev. Biophys*, 2001, 34: 325 - 472.

[18] Ackert C L, Gittens J E I, O'brien M J, et al. Intercellular communication via connexin 43 gap junctions is required for ovarian folliculogenesis in the mouse [J]. *Dev. Biol*, 2001, 233: 258 - 270.

[19] Mcgrath S A, Esquela A F and Lee S J. Oocyte-specific expression of growth/differentiation factor - 9 [J]. *Mol. Endocrinol*, 1995, 9: 131 - 136.

[20] Joanne E I, Gittens, Kevin J Barr, et al. Interplay between paracrine signaling and gap junctional communication in ovarian follicles [J]. *Journal of Cell Science*, 2005, 118: 113 - 122.

[21] Bédard J, Brûlé S, Price C A, et al. Serine protease inhibitor-E2 (SERPINE2) is differentially expressed in granulosa cells of dominant follicle in cattle [J]. *Mol. Reprod. Dev*, 2003, 64: 152 - 165.

[22] Cao M, Nicola E, Portela V M, et al. Regulation of serine protease inhibitor-E2 and plasminogen activator expression and secretion by follicle stimulating hormone and growth factors in non-luteinizing bovine granulose cells in cells in vitro [J]. *Matrix Biol*, 2006, 25: 342 - 356.

[23] Barid D T, Campbell B K. Follicle selection in sheep with breed differences in ovulation rate [J]. *Mol. Cell. Endocrinol*, 2001, 145: 89 - 95.

[24] Rohan R M, Rexroad C E Jr, Guthrie H D. Changes in the concentration of mRNAs for the inhibin subunits in ovarian follicles after administration of gonadotropins to progestin treated ewe [J]. *Domest Anim Endocrinol*, 1991, 8: 445 - 454.

[25] Hynes A C, Kane M T, Sreenan J M. Partial purification from bovine follicular fluid of a factor of low molecular mass with inhibitory effects on the proliferation of bovine granulosa cells in vitro and on rat follicular development in vivo [J]. *J Reprod Fertil*, 1996: 108: 185 - 191.

[26] De Jong F H. Inhibin [J]. *Physiol Rev*, 1988, 68: 555 - 607.

[27] Russel D L, Salustri A. Extracellular matrix of the cumulus-oocyte complex [J]. *Semin Reprod Med*, 2006, 24: 217 - 227.

[28] Chen L, Mao S J T, Larsen W J. Identification of a factor in fetal bovine serum that stabilizes the cumulus extracellular matrix [J]. *J Biol Chem*, 1992, 267: 12 380 - 12 386.

[29] Fulop C, Szanto S, Mukhopadhyay D, et al. Impaired cumulus mucification and female sterility in tumor necrosis factor-induced protein-6 deficient mice [J]. *Development*, 2003, 130: 2 253 - 2 261.

[30] Sayasith K, Dore M, Siros J. Molecular characterization of tumor necrosis alpha-induced protein 6 and its human chorionic gonadotropin-dependent induction in theca and mural granulosa cells of equine preovulatory follicles [J]. *Reproduction*, 2007, 133: 135 - 145.

[31] Daly R J, Sanderson G M, Janes P W, et al. Cloning and characterization of GRB14, a novel member of the GRB7 gene family [J]. *J. Biol. Chem*, 1996, 271: 12 502 - 12 510.

[32] Reilly J F, Mickey G, Maher P A. Association of fibroblast growth factor receptor 1 with the adaptor protein

Grb14. Characterization of a new receptor binding partner [J]. *J. Biol. Chem*, 2000, 275: 7 771 – 7 778.

[33] Hemming R, Agatep R, Badiani K, et al. Human growth factor receptor bound 14 binds the activated insulin receptor and alters the insulin-stimulated tyrosine phosphorylation levels of multiple proteins [J]. *Biochem. Cell Biol*, 2001, 79: 21 – 32.

原文发表于《畜牧兽医学报》，2010，41（8）：955 – 961.

山羊卵巢颗粒细胞差异表达基因消减文库的建立[*]

庞训胜[1,2**]，王子玉[1]，应诗家[1]，张艳丽[1]，
闫益波[1]，吴勇聪[1]，孟 立[1]，王锋[1***]

(1. 南京农业大学羊业科学研究所，南京 210095；
2. 安徽科技学院动物科学学院，凤阳 233100)

摘 要：为了从单卵泡水平建立非闭锁大小卵泡颗粒细胞基因表达的消减文库，选择繁殖性能正常、空怀高繁殖力黄淮山羊2只，以氯前列烯醇处理后40 h后取卵巢，计数卵泡并测量卵泡直径，钝性分离采集卵泡颗粒细胞，置于液氮内保存，取样后的卵泡部分组织采用TUNEL进行闭锁鉴定。选择直径6mm和4mm非闭锁卵泡，提取颗粒细胞mRNA，扩增cDNA，监测抑制消减杂交及其文库构建的试验环节。结果表明：消减文库的阳性克隆测序成功率100%，从正向文库中随机挑取96个克隆进行差异表达的筛选，发现12个全新表达序列标签；应用RT-PCR对已知序列的 *INHBA* 基因和 *GSTA*1 基因进行表达水平测定，证实了颗粒细胞两个基因mRNA的表达模式与差异显示的结果相同。该文库为进一步研究高繁殖力母羊卵泡发育的基因表达特点及其发育机制奠定了基础。

关键词：山羊；卵巢；颗粒细胞；基因表达；消减文库

Construction of Subtractive Library of Different Gene Expression in Follicular Granulose Cells of Goat Ovary

Pang Xunsheng[1,2], Wang Ziyu[1], Ying Shijia,[1], Zhang Yanli[1],
Yan Yibo[1], Wu Yongcong[1], Meng Li[1], Wang Feng[1***]

(1. Institute of Sheep and Goats Industry, Nanjing Agricultural University,
Nanjing 210095, China; 2. Animal Science college, Anhui University of
Science and Technology, Fengyang 23310, China)

Abstract: In order to construct subtractive cDNA library with different gene expres-

---

* **基金项目**：国家科技支撑计划课题（2008BADB2B04）；江苏省高技术研究项目（BG2007324）；
** **作者简介**：庞训胜（1966— ），男，安徽砀山县人，副教授，博士，主要从事动物遗传育种与繁殖教学与研究，E-mail：pangxunsheng@163.com；
*** **通讯作者**：王锋，教授，博士生导师，主要从事羊业科学和动物胚胎工程技术研究，E-mail：caeet@njau.edu.cn

sion in follicular granulose cells between a single of large and small unatresia follicles of goat ovary, two of Huanghuai goats with normally reproductive ability and high prolificacy during estrous cycle were selected, the ovaries were taken out after treament with prostaglandin 40 hours, follicles were counted and their diameters were measured, then granulosa cells of follicular antrum were collected by bluntly scraping and preserved in liquid nitrogen. After sampling, a part of the follicle tissue were cut to detect atresia by TUNEL, and mRNA of granule cells from 6mm and 4mm diameter of unatresia follicles was extracted respectively, cDNA was then amplified, the experiments of suppression subtractive hybridization (SSH) and its library construction were monitored. The results showed that: success ratio of the positive clones samples in SSH library were sequenced 100%. 96 clones randomly picked from the forward library were screened for differential expression by dot blot analysis and there were twelve of new expressed sequence tags (ESTs). Level of INHBA and GSTA1 genes expressing in the follicles were determined by RT-PCR, confirming the same expressing pattern comparing with that by dot blot analysis on the two genes respectively. The library provided bases for further study on genes expression characteristic and mechanism of follicles development in goats with high prolificacy.

Key words: goat; ovary; granulose cell; gene expression; subtractive library

母羊繁殖性能的高低主要取决于卵巢卵泡发育成熟和排卵的生理状况。在卵泡的组织结构中，颗粒细胞位于卵母细胞和卵泡膜细胞之间。在卵泡发育中，颗粒细胞、卵母细胞和膜细胞通过促性腺激素等内分泌和局部生长调节因子以自分泌和旁分泌方式进行控制和协调[1,2]，因此，许多在颗粒细胞中表达的基因，将以直接或间接方式参与卵泡的发育和凋亡调控。卵泡发育具有时空特点，即使在同一卵巢的不同卵泡，其生理阶段可能存在不同[2,3]，因此，结合卵泡生理状态的鉴定进行单卵泡研究可能最具基因表达时空特异性的优势。但是，由于单卵泡颗粒细胞 mRNA 量十分有限，目前，一些相关研究往往集中数个卵泡的颗粒细胞进行基因表达探讨[4]，因此，卵泡生理状态的差异无疑将增加结果的复杂性。Diatcheuko 等[5]于 1996 年设计出的抑制消减杂交技术（suppression subtractive hybridization，SSH），在寻找和鉴定差异表达基因方面，是目前最具应用前景的研究工具之一[6]。但是，SSH 所需要 cDNA 的起始量为 0.5~2μg，单卵泡颗粒细胞 mRNA 反转录 cDNA 难以满足试验需要[7]。本研究将 Spicer 等[8]采集单卵泡颗粒细胞的方法与卵泡闭锁鉴定相结合，扩增 cDNA，建立了高质量的消减文库。

1 材料与方法

1.1 试验材料

1.1.1 动物的选择

选择繁殖性能正常、第 4 胎次的空怀、健康的高繁殖力黄淮山羊 2 只（窝产羔数≥5羔），体重 24~40kg，年龄 4~5 岁。

1.1.2 试剂盒

下列试剂盒均为 Clontech USA 产品：提取和纯化微量 RNA 的 Absolutely-RNA® microprep kit；cDNA 合成扩增用 Advantage® 2 PCR Kit 和 Advantage™ cDNA Polymerase Mix；分别分离和纯化探针和核苷酸的 CHROMA SPIN + TE – 100 Columns 和 CHROMA SPIN + TE – 400 Columns；scDNA 分离和纯化用 NucleoSpin® RNA II Kit；cDNA 消减杂交用 PCR-Select™ cDNA Subtraction Kit；cDNA 差异表达筛选用 PCR-Select-Differential Screening Kit；cDNA 扩增与纯化用 Super-SMART™ PCR cDNA Synthesis Kit。

细胞凋亡检测用试剂盒、POD 购自 Roche 公司。提取和纯化 DNA 片断用 Wizard® SV Gel and PCR Clean-UP System、cDNA 连接质粒 pGEM®-T 均购自 Promega 公司。

1.1.3 其他主要材料

菌株 TOP 10 购自南京天为生物公司；[α-^{32}P] dATP 购自 PerkinElmer 公司，产品编号 NEG 512 H 500 UC。反转录酶、核糖核酸酶抑制剂、150bp 和 1kb DNA 标准品均购自 TaKaRa 公司。

1.2 试验方法

1.2.1 动物的处理和取样

每只母羊肌内注射 0.1mg 氯前列烯醇，40h 后颈部放血致死，取卵巢，计数卵泡并测量卵泡直径，置于 DEPC 处理的生理盐水中洗去血渍，按照 Spicer 等[8]采集颗粒细胞的方法，用组织钝性分离针分离和收集卵泡腔内容物，置于培养皿内，在显微镜下剔除卵丘卵母细胞复合体，取少许悬浮液作涂片，将颗粒细胞转至 0.2mL PCR 反应管内封闭，于液氮内保存，同时剪取取样后的卵泡组织于样品管中，与涂片一并投入液氮内保存。将开始宰杀试验羊到样品置入液氮的时间控制在 20min 之内。

采用 TUNEL 检测法对卵泡组织冰冻切片和涂片进行鉴定以确定卵泡是否闭锁。选择非闭锁卵泡颗粒细胞用于 RNA 提取。本试验 cDNA 消减杂交的检测子（tester）和驱动子（driver）分别为同一只羊同侧卵巢非闭锁大小卵泡颗粒细胞的核苷酸，检测子的卵泡直径 6mm（large follicle, LF），驱动子的卵泡直径 4mm（small follicle, SF）。

1.2.2 颗粒细胞总 RNA 提取及其 cDNA 的合成与纯化

按照 Absolutely RNA microprep kit 提供的操作步骤提取颗粒细胞内总 RNA；利用 Super SMART™ PCR cDNA Synthesis Kit 合成 cDNA 第一链，采用 LD PCR 扩增 cDNA，应用乙醇沉淀法浓缩 PCR 产物；利用 CHROMA SPIN + TE – 400 Column 去除长度小于 100bp 的核苷酸。

1.2.3 抑制性消减杂交

应用 PCR-Select TM cDNA Subtraction Kit 对 dcDNA 进行 *Rsa* I 酶切，以 Wizard® SV Gel and PCR Clean-UP System 纯化酶切后 cDNA，应用乙醇沉淀法浓缩 cDNA 至 300ng/μL。

对检测子 cDNA 分别进行 Adaptor 1 和 Adaptor 2 的接头连接，参照 PCR-Select TM cDNA Subtraction Kit 的方法进行连接效率分析。对 cDNA 两轮消减杂交后进行两轮 PCR 扩增，应用 Wizard® SV Gel and PCR Clean-UP System 进行 cDNA 纯化，用 PCR 分析消减效率。

1.2.4 消减 cDNA 的克隆及斑点杂交分析

根据 pGEM®-T Easy Vector System I 的方法进行消减 cDNA 的质粒连接，以化学法转化感受态大肠杆菌 TOP 10，鉴定文库滴度。

参照 PCR-Select Differential Screening Kit 说明书进行菌落阵列斑点杂交膜和杂交探针的制备，测定已纯化标记探针的比活性，使之大于 10^7cpm/100ng。将标记探针与尼龙膜上排列的菌落克隆进行杂交。

1.2.5 差异表达基因的生物信息学分析

根据斑点杂交所获得的信息,采用总信号值均一化方法分析杂交数据,计算杂交信号比值。将点有 96 个正向消减 cDNA 文库菌落的 2 张尼龙膜分别与正向和反向消减 cDNA 探针进行杂交,凡是与正向消减 cDNA 探针杂交,且杂交信号明显强于反向消减 cDNA 探针(信号比值大于 2.0)的克隆,即为基因差异表达的 EST。挑选阳性克隆,采用 SP 6/T 7 作引物,初步进行单向测序。

1.2.6 差异片段表达的实时荧光定量

PCR 鉴定在大小卵泡颗粒细胞 cDNA 合成与纯化物中,选择已知序列 *GSTA1*(引物 F5'-ACAAACCGCTATCTCCCTG-3';R5'-GGTCCAGCTCTTCCACATAG-3')和 *INHBA*(引物 F5'-CCAGCCAATGTCCTTGAAAC-3';R5'-CATACGGATTGCCTGTGAGC-3')表达水平进行实时定量 PCR,每个序列 3 个重复。以持家基因 *GAPDH* 为内参(GenBank:AF017079)。反应程序:94℃ 3min;94℃ 30s,60℃ 30s,72℃ 30s,33 个循环;72℃ 10min。设阴性对照。结束后按仪器默认条件进行溶解曲线分析,以 3 ~ 16 个循环基线期的标准偏差的 10 倍确定 C_t 值。通过计算目的基因 C_t 值和内参 *GAPDH* 的 C_t 值的差值($\triangle C_t$),以 $2^{-\triangle C_t}$ 计算目的基因与内标基因的相对比值,评定目的基因的相对表达量。数值以平均值 ± 标准差表示[4]。采用 SPSS11.5 进行 t 检验,确定差异显著性。

2 结果与分析

2.1 卵泡颗粒细胞的凋亡鉴定

用 TUNEL 法进行细胞凋亡检测,在荧光显微镜下,选择颗粒细胞凋亡率低于 1% 的卵泡,即健康未闭锁卵泡所对应的颗粒细胞进行 RNA 提取。本试验选择了同侧卵巢大小卵泡各 1 个(图 1),被选择卵泡的相邻卵泡颗粒细胞出现明显的凋亡(图 1 - A),凋亡率 29%。

2.2 cDNA 的扩增、酶切和接头连接效率分析

快速提取和纯化 LF 和 SF 颗粒细胞($\leq 5 \times 10^5$)总 RNA,分别获得总 RNA 1.26μg 和 1.61μg。利用 Super SMART™ PCR cDNA Synthesis Kit 提供的 3' SMART CDS Primer Ⅱ A 引物合成第一链及 SMART Ⅱ Oligonucleotide 的模板连接进而扩增,cDNA 主要位于 250 ~ 3 000bp 之间,丰度呈纺锤形弥散分布。但是,在酶切 cDNA 后,丰度分布比酶切前明显下移,主要分布 170 ~ 2 000bp,表明酶切效果良好(图 2)。LF 和 SF 颗粒细胞 cDNA 的获取量分别为 6.65μg 和 7.22μg。酶切后 cDNA 在与接头连接后,利用配对接头序列引物分别进行扩增。电泳显示,通过引物 Primer 1 和 *G3PDH* 3' Primer 扩增的产物,其灰度值比 *G3PDH* 5' Primer 和 *G3PDH* 3' Primer 扩增产物的灰度值要低,两者相差小于 4 倍,表明 25% 以上的 cDNA 连接接头。

2.3 消减杂交效率分析

以消减杂交和未消减杂交检测子第 2 轮 PCR 产物为模板,利用管家基因 *G3PDH* 特异性 *G3PDH* 3' 引物和 *G3PDH* 5' 引物进行 PCR 扩增,凝胶电泳表明,未经消减杂交的 cDNA,

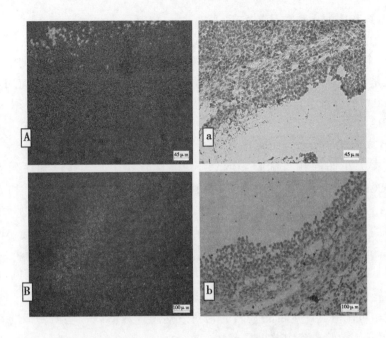

图1 卵泡颗粒细胞凋亡的荧光观察（A、B）和 H.E 染色图（a、b）

Fig. 1 Morphological character of apoptosis and comparison apoptosis under fluorescence microscope（A, B）and. under light microscope after section dyed by H.E

A、a：大卵泡 Larger follicle；；B、b：小卵泡 Small follicle

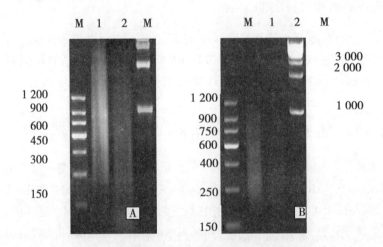

图2 双链 cDNA 在 RsaI 酶切前后的电泳分析

Fig. 2 Results of ds cDNA before and after *Rsa* I digestion

A. 大卵泡颗粒细胞 cDNA Large follicle granulosa cell cDNA；B. 小卵泡颗粒细胞 cDNA Small follicle granulosa cell cDNA

1. 消化前的 cDNA　cDNA before digestion；2. 消化后的 cDNA cDNA after digestion；M. DNA marker

在33循环出现明显的产物条带，而经消减杂交的在38循环时可见产物条带。表明两次杂交和两次抑制 PCR 已将驱动子和检测子共有序列进行了较大幅度消减（图3）。

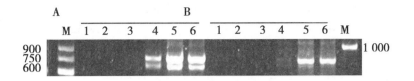

图3 消减效率的PCR分析（大卵泡）

Fig. 3 Reduction of *G3PDH* abundance by PCR-Select subtraction (large follicle)

A. 未消减 cDNA; B. 消减 cDNA. 1~6 泳道分别为 PCR 扩增 18、23、28、33、38 和 43 循环.

PCR was performed on the unsubtracted (A) or subtracted (B) secondary PCR product. Lanes 1~6 were 18, 23, 28, 33, 38 and 43 cycles respetively. Lane M: marker.

2.4 cDNA 文库质量的评价

将 cDNA 5ng (I) 和 25ng (II) 两个反应水平分别进行质粒连接，其转化的菌液在含有 X-gal/IPTG 的氨苄青霉素琼脂平板上进行涂布培养，菌落饱满清晰，平均转化率较为稳定，白色菌落的百分率79%（表1）。经检测，cDNA 文库滴度 5.2×10^7/mL。随机挑取9个克隆进行巢式 PCR，被插入 cDNA 分布在 340bp 至 1.0kb 之间，阳性克隆率100%（图4）。

表1 细菌培养结果
Table 1 Results of bacterial culture

N		白斑数 No. of white coenobium	蓝斑数 No. of blue coenobium	平均转化率 Mean percentage of transformation
I	2	159	41	79.5%
II	2	242	62	79.6%

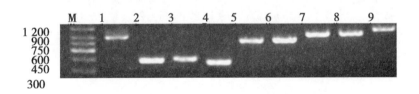

图4 文库的阳性克隆率鉴定

Fig. 4 Analysis of cDNA inserts by PCR for bacterial colonies picked randomly

Lane M: markers

2.5 正向消减 cDNA 文库菌落斑点杂交分析

菌落斑点杂交放射自显影的结果表明，与正向消减 cDNA 探针杂交，其信号明显强于该克隆与反向消减 cDNA 探针杂交信号的共有 58 个（图5）。对其阳性克隆的测序成功率100%，共获得58个EST，经组装后的序列为36个，其中12个为全新EST（新提交ESTs 的登陆号：GT 736401~GT 736412），16个虽已知但功能未知的基因相似，8个与已知功能基因相似。这些功能已知基因分别为低密度脂蛋白受体相关蛋白8（low density lipoprotein receptor-related protein 8，polipoproteine receptor）、谷胱甘肽S-转移酶A1（glutathione S-transferase A1，GSTA1）、丝氨酸蛋白酶抑制因子E2（serpin peptidase inhibitor，clade E）、间隙接头蛋白1型（gap junction protein，alpha 1）、卵泡抑素（follistatin）、生长因子受体结合蛋白14（growth factor receptor-bound protein 14）、抑制素A（inhibin beta A，transcript variant 2，INHBA）和肿瘤坏死因子α诱导蛋白6（tumor necrosis factor，alpha-induced protein 6）。

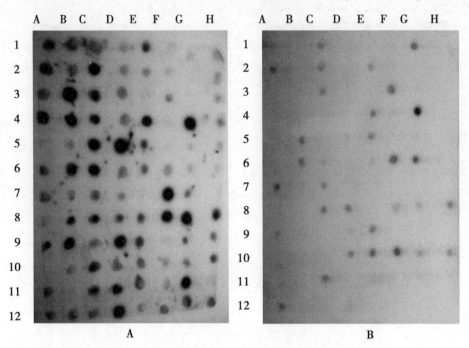

图5 正向斑点杂交差异筛选

Fig. 5 Results of differential screening with forward dot blot

A. 正向消减探针与正向消减文库斑点杂交；B. 反向消减探针与正向消减文库斑点杂交

A：Dot blots of forward-subtracted library hybridized with cDNA probes made from forward-subtracted cDNA. B：Dot blots of forward-subtracted library hybridized with cDNA probes made from reverse-subtracted cDNA

2.6 RT-PCR对2条已知序列的阳性鉴定结果

通过选择 INHBA 基因和 GSTA1 基因进行表达水平的测定，结果表明，大小卵泡颗粒细胞中两个基因 mRNA 的表达模式与差异显示的结果相同（图6）。

3 讨论

本试验首次基于卵泡生理鉴定下，对卵泡颗粒细胞的差异表达基因进行研究。卵泡的生长发育，是卵泡不同结构细胞内基因群严格按照时空顺序转录表达的过程[4,8]，在卵泡募集、选择和优势化的过程中，闭锁可发生于卵泡发育的各个阶段，而相邻卵泡波在交替过程中，不同生理状态的卵泡可同时存在于卵巢上[2,3]，因此，鉴定卵泡的生理阶段，选择某一生理基础的研究，更能准确反映分子调控的特点。现已研究证实，在有腔卵泡结构的各种类

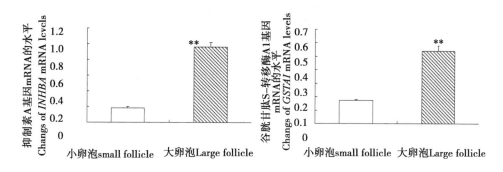

图 6 实时荧光定量检测大小卵泡颗粒细胞基因差异表达的结果

Fig. 6 Quantitative RT-PCR of some differential clones in granulosa cells of the Large follicle and the small follicle

** 表示大小卵泡颗粒细胞基因表达差异极显著（$P<0.01$）

** indicate that difference is extremely notable（$P<0.01$）compared with the small follicle

型细胞中，凋亡程序的启动首先发生于颗粒细胞[9]，因此，结合卵泡大小，对颗粒细胞进行凋亡鉴定，能准确判断卵泡的生理状态。D'haeseleer 等人认为，非闭锁三级卵泡颗粒细胞的凋亡率低于 1%，高于这一比值的则为闭锁卵泡[11]。本研究采用 TUNEL cDNA 末端转移酶介导的 dUTP 缺口末端标记技术[10]，对取样后残留卵泡的组织切片进行凋亡细胞的直接显示，解决了鉴定卵泡闭锁生理和发育阶段与颗粒细胞基因表达研究的有机结合。

mRNA 的完整性一般以 28 S/18 S rRNA 电泳带的比对作为指标用于鉴定，然而由于单卵泡颗粒细胞的 RNA 提取量十分有限，难以直接用于甲醛凝胶电泳，因此，完整性的鉴定可能需要一些特殊方法[12]。但是在实际应用中，一些研究仅通过对取样和后续试验条件的严格控制，确保 RNA 的完整，不再进行鉴定以避免 mRNA 的减量[13]。本研究表明，在获取颗粒细胞样本和提取 RNA 中，通过限制时间和消除 RNase 影响的处理可以达到理想的 RNA 样本效果。据报道，细胞裂解释放的 RNA 酶是导致 RNA 降解的主要因素[14]。本试验以钝性分离颗粒细胞并未破损细胞，采用试剂盒快速提取总 RNA，因此最大程度降低了 RNA 的降解。通过反转录并扩增 cDNA 的电泳结果表明，cDNA 片断大小和丰度符合颗粒细胞基因表达的分布特点[4,8]。而根据山羊颗粒细胞中所发现的一些差异表达基因，选择谷胱甘肽 S-转移酶 A1 和抑制素 A 基因进行表达水平的测定表明，大小卵泡颗粒细胞的两个基因 mRNA 的表达模式与差异表达基因的显示结果相同，证实了 RNA 取样的完整及其 SSH 结果的有效性。

高效筛选差异表达基因的前提是建立高质量的消减文库。据报道，在 SSH 试验中，限制性内切酶 Rsa I 切割 cDNA，防止了长链片断形成复杂结构对消减杂交的干扰，而接头连接的质量将影响差异表达基因富集和克隆载体的连接及测序等[5,6]。本研究实施对试验环节的监测，保证了驱动子和检测子共有序列较大幅度消减；菌落斑点杂交结果表明，差异表达基因得到有效的富集，阳性克隆率达 100%；而试验所发现山羊颗粒细胞与已知功能基因相似的基因表达，符合卵泡发育、抗细胞凋亡和优势卵泡抑制从属卵泡发育等卵巢生殖一般调控特点，因此，消减 cDNA 文库构建成功。

参考文献

[1] Rrichards J S, Russell D L, Ochsner S, et al. Novel signaling pathways that control ovarian follicular development, ovu-

lation, and luteinization [J]. Recent Progress in Hormone Research, 2002, 57: 195 – 220.

[2] Markstrom E, Svernsson Ech, Shao R, et al. Survival factors regulating ovarian apoptosis-dependence on follicle differentiation [J]. Reproduction, 2002, 123: 23 – 30.

[3] Tenório Filho F, Santos M H B, Carrazzoni P G, et al. Follicular dynamics in Anglo-Nubian goats using transrectal and transvaginal ultrasound [J]. Small Ruminant Research, 2007, 72: 51 – 56.

[4] Qin Chen A, Zheng Guang Wang, Zi Rong Xu, et al. Analysis of gene expression in granulosa cells of ovine antral growing follicles using suppressive subtractive hybridization [J]. Animal Reproduction Science, 2009, 115: 39 – 48.

[5] Diatchenko L, Lau Y F, Campbell A P, et al. Suppression subtractive hybrization: a method for generating differentially regulated or tissue specific cDNA probes and libraries [J]. Proc Natl Acad USA, 1996, 93 (12): 6 025 – 6 030.

[6] 郑邈, 刘文励. 抑制性消减杂交应用的研究进展 [J]. 基础医学与临床, 2006, 26 (11): 1 276 – 1 280.

[7] Clontech Laboratories, Inc. PCR-Select™ cDNA Subtraction Kit User Manual [Z]. [2007 – 04 – 16]. http://www.clontech.com/images/pt/PT1117 – 1.pdf.

[8] Leon J Spicer, Pauline Y Aad, Dustin T Allen, et al. Growth differentiation factor 9 (GDF 9) stimulates proliferation and inhibits steroidogenesis by bovine theca cells: Influence of follicle size on responses to GDF9 [J]. Biology of Reproduction, 2008, 78: 243 – 253.

[9] Alngel Palumbo and John Yem. *In situ* location of apoptosis in the rat ovary during follicular atresia [J]. Journal of cell biology, Animal Reproduction Science, 1994, 51: 888 – 895.

[10] Adrien Negoescu, Philippe Lorimier, Francoise Labat-moleur, et al. TUNEL: Improvement and evaluation of the method for in situ apoptotic cell identification [J]. Biochemica, 1997, 2: 12 – 17.

[11] D'haeseleer M, Cocquyt G., Van Cruchten S, et al. Cell-specific localisation of apoptosis in the bovine ovary at different stages of the oestrous cycle [J]. Theriogenology, 2006, 65: 757 – 772.

[12] Gingrich J. RNA quality indicator is a new measure of RNA integrity reported by the experion automated electrophoresis system. BioRadiations, 2008, 126: 22 – 25.

[13] Fanyi Zeng and Richard M Schultz. Gene expression in mouse oocytes and preimplantation embryos: use of suppression subtractive hybridization to identify oocyte and embryo-specific genes [J]. Biology of Reproduction, 2003, 68: 31 – 39.

[14] Chrgwin J M, Przybyla A E, MacDonald R J, et al. Isolation of biologically active ribonucleic acid from sources enriched in ribonuclease [J]. Biochemistry, 1979, 18: 5 294 – 5 299.

原文发表于《南京农业大学学报》, 2010, 33 (6): 95 – 100.

湖羊 Lrh-1 基因 cDNA 序列及组织表达谱分析*

王利红[1,2]**，高勤学[2]，张伟[2]，王锋[1]***

(1. 南京农业大学动物科技学院，南京 210095；
2. 江苏畜牧兽医职业技术学院，泰州 225300)

摘　要：本研究以湖羊肝脏为材料对肝受体类似物-1（liver receptor homolog-1，Lrh-1；NR5A2）基因序列进行了 RT-PCR 和 RACE 测定，并用 DNAman、Tmpred、Signal P 3.0、Target P 1.1、Expasy、PSORT II prediction 等生物信息学分析软件和在线工具，对 Lrh-1 cDNA 序列及其蛋白的理化特性、跨膜结构、信号肽和二级结构进行了生物信息学分析。采用实时荧光定量 PCR 方法检测了湖羊 Lrh-1 基因的组织表达谱。结果表明：湖羊 Lrh-1 基因 cDNA 序列全长 1 488bp，与牛的核酸序列相似度最高，为 98%，编码区共编码 495 个氨基酸，氨基酸序列与牛、人、马、猴、犬、小鼠、褐鼠的氨基酸同源性分别为 98%、97%、96%、97%、97%、86% 和 86%；Lrh-1 mRNA 在湖羊脑、消化及生殖系统组织中均有表达且具有组织特异性，其中在下丘脑组织中的表达量相对最高。

关键词：湖羊；肝受体类似物-1（Lrh-1）；RACE；序列分析；组织表达

Lrh-1 cDNA Sequence Analysis and Tissue Expression in Hu Sheep

Wang Lihong[1,2]**, Gao Qinxue[2], Zhang Wei[2], Wang Feng[1]***

(1. College of Animal Science and Technology, Nanjing Agricultural University, Nanjing 210095, China; 2. Jiangsu Animal husbandry and Veterinary College, Taizhou 225300, China)

Abstract: In the study, the full-length cDNA of the liver receptor homolog-1 (Lrh-1) was detected from liver of Hu sheep by reverse transcription PCR and RACE methods. Lrh-1 cDNA sequence, protein physicochemical properties, membrane structure,

---

* 基金项目：国家肉羊产业技术体系（CARS-39）；江苏省自然科学基金项目（BK2010356）；
** 作者简介：王利红（1975— ），女，山西省太原市人，副教授，博士生，主要从事动物遗传繁育研究 E-mai：wanglihong345@yahoo.com.cn；
*** 通讯作者：王锋，E-mail：caeet@njau.edu.cn

signal peptide and secondary structural characterisitics were analyzed and predicted with bioinformatics software and online tools of DNAman, Tmpred, SignalP 3.0, TargetP 1.1, Expasy, and PSORT II prediction. The expression of Lrh-1 mRNA in different tissues of Hu sheep was examined by quantitative real-time PCR. The results showed that the cDNA of Hu sheep Lrh-1 contained 1 488 nucleotides, and the nucleotide sequence had 98% homology with that of Bos taurus. It encoded 495 amino acid residues, which shared 98%、97%、96%、97%、97%、86% and 86% identity with those of Bos taurus, Homo sapiens, Equus caballus, Macaca mulatta, Canis familiaris, Mus musculus, and Rattus norvegicus, respectively. The relative expression level of Lrh-1 mRNA was detected in brain, digestive system and reproductive system tissues, and the expression levels were showed differently and have tissue-specific. Relatively, Lrh-1 mRNA expression level was the highest in hypothalamus of Hu sheep.

Key words：Hu sheep；liver receptor homolog-1（Lrh-1）；RACE；sequence analysis；tissue expression

核受体（nucear receptors, NRs）是转录因子家族中最大的成员，多以配体依赖的方式特异性调节其靶基因的表达，参与机体代谢、发育和生殖功能的调控，许多激素、胆固醇及其他脂类代谢产物都可作为核受体的配体，而配体仍未知的核受体统称孤儿核受体（orphan nucear receptor）。核受体超家族分为 7 个亚家族（NR0-NR6），肝受体同系物－1（iver receptor homoog-1，Lrh-1）属于其中的 NR5A 亚家族，该亚家族含 4 个不同的成员，Lrh-1 是其中的第 2 个成员，所以 Lrh-1 也称（nuclear receptor subfamily 5, group A, member 2）NR5A2[1]。Lrh-1 最初由小鼠肝脏中克隆出来，以后陆续在大鼠、鸡、马、斑马鱼、青蛙、人和牛体内发现[2~9]，主要在动物胚胎发育、分化、胆固醇代谢、胆汁酸的动态平衡以及类固醇激素生成等方面发挥重要作用[1,10]。Lrh-1 基因在小鼠和牛卵巢中的表达以及与类固醇合成基因表达变化间具有相关性的研究结果表明，该基因是调节动物生殖活动的重要因素之一。到目前为止，尚未见 Lrh-1 基因在羊上的相关研究报道。

湖羊是我国育成的多胎绵羊品种，主要分布在浙江、江苏和上海等地，具有性成熟早、四季发情、多胎高产及生长发育快等优异经济性状[11]。本研究通过对湖羊 Lrh-1 基因 mRNA 序列进行扩增，获得了全长 cDNA 序列，并进行了生物信息学分析，进而采用实时荧光定量 PCR 检测技术，获得了湖羊 Lrh-1 mRNA 的组织表达谱，为进一步揭示 Lrh-1 基因的生物学功能以及分子遗传机制奠定基础。

1 材料与方法

1.1 试验动物及样品采集

选择健康无病、体况良好的成年湖羊母羊（购自浙江海宁市嘉海湖羊繁育有限公司），宰杀后迅速提取垂体、延髓、嗅球、下丘脑、心、肺、瘤胃、网胃、瓣胃、皱胃、十二指肠、空肠、回肠、盲肠、结肠、直肠、胰腺、肝脏、肾脏、卵巢、输卵管和子宫组织，用无菌生理盐水清洗，置于液氮中保存备用。

1.2 主要试剂

总 RNA 提取试剂 Trizol、Sybrgreen（Invitrogen 公司）；dNTP（上海迪奥生物科技有限公司）；SYBR PrimeScript TM RT-PCR Kit（Perfect Real Time）、Taq 酶、LA Taq 酶、DL2000 Marker、5'-Full RACE Kit、3'-Full RACE Kit（购自大连 TaKaRa 公司）。

1.3 湖羊组织总 RNA 提取

按照 Trizol Reagent（Invitrogen 公司）的操作说明书提取湖羊组织样本总 RNA，并用 Bio-Rad 核酸蛋白检测仪测定总 RNA 浓度和纯度（OD260/OD280 = 1.8～2.0）。

1.4 引物设计及合成

根据 GenBank 中牛 NR5A2 基因序列（NM_001206816.1）用 Prime Premier 5.0 分别设计 5'RACE 特异性引物 5'GSP1、5'GSP2 和 3'RACE 特异性引物 3'GSP1、3'GSP2（表1），再根据本试验所获得的湖羊 *Lrh*-1 基因序列，用 Primer Express Software v2.0 设计实时荧光定量 PCR 引物（表1），引物由 invitrogen 公司合成。

表1 湖羊 *Lrh*-1 基因引物序列及熔解温度
Table 1 Primer sequences for *Lrh*-1 RACE and quantitative real-time PCR

引物名称 Primer name	引物序列 Primer sequence（5'-3'）	用途 Function
5'GSP1	AGGTAGGTGATGTTCCGAGAGCGT	5'RACE
5'GSP2	CGAACTTATTCCTTCCTCC	
3'GSP1	CTGTAAGGGCCGACCGAATG	3'RACE
3'GSP2	ACCAGACGCTGTTCTCCATCG	
P1F	CTGTAAGGGCCGACCGAATG	*Lrh*-1 序列扩增 RT-PCR
P1R	AAGCAGTGGTATCAACGCAGAGT	
P2F	CTGTAAGGGCCGACCGAATG	
P2R	GACATCTAAACTAAAGAGCACCA	
Lrh-1F	ATCATGGCCTACTTGCAGCA	实时荧光定量 qPCR
Lrh-1R	TGTTGCCCAGTAACCAGGAA	
GAPDH-F	TCCTGCACCACCAACTGCTT	
GAPDH-R	GCAGGTCAGATCCACAACGG	

1.5 湖羊 *Lrh*-1 基因序列测定

取 2μg 总 RNA，按照 5'-Full RACE Kit 和 3'-Full RACE Kit（TaKaRa 公司）说明进行操作。5'RACE 以 5'RACE Outer Primer（TaKaRa）和 5'GSP1 进行 Outer PCR，反应条件：94℃ 3min；94℃ 30s，55℃ 30s，72℃ 1min，20 个循环；72℃ 10min。将第一轮 PCR 产物以 5'RACE Inner Primer（TaKaRa）和 5'GSP2 进行 Inner PCR 反应，反应条件：94℃

3min；94℃ 30s，55℃ 30s，72℃ 1min，35 个循环；72℃ 10min。3'RACE 以 3'RACE Outer Primer（TaKaRa）和 3'GSP1 进行 Outer PCR，反应条件：94℃ 3min；94℃ 30s，55℃ 30s，72℃ 2min，25 个循环；72℃ 10min。将第一轮 PCR 产物以 3'RACE Inner Primer（TaKaRa）和 3'GSP2 进行 Inner PCR 反应，反应条件：94℃ 3min；94℃ 30s，55℃ 30s，72℃ 2min，30 个循环；72℃ 10min。P1F-P1R 和 P2F-P2R 引物扩增体系：10×Buffer（含 Mg^{2+}）2.5μL，dNTP 0.5μL，引物 0.5μL×2，H2O 18.5μL，Taq 酶 0.5μL，cDNA 2μL。P1F-P1R 和 P2F-P2R PCR 扩增反应条件：94℃ 3min；94℃ 30s，54.5℃ 30s，72℃ 1min，35 个循环；72℃ 10min。

1.6 湖羊 *Lrh*-1 基因生物信息学分析

用在线分析工具 Signal P3.0（http://www.cbs.dtu.dk/services/SignalP/），预测 *Lrh*-1 蛋白的信号肽序列；Tmpred 跨膜结构软件分析 *Lrh*-1 蛋白跨膜区域及方向；在线亚细胞定位工具 Target P 1.1（http://www.cbs.dtu.dk/services/TargetP）和 PSORT Ⅱ prediction（http://psort.nibb.ac.jp/form2.html）进行 *Lrh*-1 蛋白亚细胞定位分析；TargetP 1.1 预测裂解位点；DNAman 6.0 软件和 Ex-PASy Proteomics 在线工具翻译 *Lrh*-1 的氨基酸和蛋白质；DNAman 6.0 分析 *Lrh*-1 蛋白的结构特征和在线分析软件 SOPMA 分析 *Lrh*-1 的二级结构；用在线分析软件 NetoGlyc1.0（http://www.cbs.dtu.dk/services/NetOGlyc/）对该蛋白功能位点进行预测；Baser tools 和 DNAman 6.0 分析核苷酸比例与分子量；用 Expasy（www.expasy.orgX/）ProtParam 程序分析 *Lrh*-1 的理化性质。

1.7 湖羊 *Lrh*-1 系统发育树的构建

利用 DNAStar 软件的 SeqMan 程序，对上述所获得的序列经过拼接后得到 *Lrh*-1 基因的 cDNA 全序列。登录 http://genes.edu/GENSCAN.html，在线进行开放阅读框（ORF）识别，并翻译成氨基酸序列；应用 Clustal X 和 BioEdit v7.0.9.0 软件对牛、人、马、猴、犬、小鼠和褐鼠 7 种哺乳动物 *Lrh*-1 基因的氨基酸序列进行同源性比较分析，通过 Mega v4.0 软件，并基于氨基酸序列，采用 NJ（Neighbour-joining）法构建系统发育树。

1.8 实时荧光定量 PCR 测定湖羊各组织中 *Lrh*-1 mRNA 相对表达量

1.8.1 实时荧光定量 PCR 反应体系及条件

PCR 反应体系（25μL）：超纯 H2O 15.1μL，$MgCl_2$ 2μL，Sybrgreen 0.5μL，10×缓冲液 2.5μL，dNTP（10mmol/L/each）2μL，Primer（50 pmol/L/μL）0.3μL×2，cDNA 2μL，Taq（5 U/μL）0.3μL。反应条件为：95℃变性 2min，95℃变性 10s，退火 10s（*Lrh*-1：58℃；GAPDH：61℃），72℃延伸 40s，共 40 个循环，最后 72℃延伸 10min。内参基因 *GAPDH* 在同一条件下不同管内扩增，试验对每个样品进行 3 个技术重复，最后取平均值。采用 $2^{-\triangle\triangle Ct}$ 法计算目的基因相对表达量。

1.8.2 标准曲线的建立

将肝脏组织 cDNA 作为标准品，按 10 倍梯度依次稀释为 $1\times10^{-6} \sim 1\times10^{-1}$ 共 6 个浓度作为标准品模板，进行荧光定量 PCR 反应，建立标准曲线。标准曲线由系统软件自动分析，获得标准曲线方程、扩增效率及曲线拟合度（R2）。

1.9 数据处理

样本实时荧光定量检测结果以 GAPDH 内参基因进行标准化，并以网胃组织定义为对照品，采用 $2^{-\Delta\Delta Ct}$ 法计算 Lrh-1 mRNA 相对表达量。

2 结果

2.1 湖羊 Lrh-1 基因测序结果分析及 cDNA 全序列的获得

利用所设计的特异性引物 5'GSP1、5'GSP2 和 3'GSP1、3'GSP2 分别扩增出 5'RACE 产物和 3'RACE 产物（图 1）。将上述所获得的扩增产物进行序列测定，获得了湖羊 Lrh-1 基因 1 732bp 的核酸序列，该序列的 NCBI 登录号为 JN662490。将该序列经 BioEdit v7.0.9.0 和 ORF 软件分析，156～1 643bp 处为开放阅读框（ORF），获得全长为 1 488bp 的 cDNA，其中 G + C 占 54.97%，A + T 占 45.03%，单链分子重量为 455.045KDa，编码 495 个氨基酸的蛋白（图 2）。将获得的湖羊 Lrh-1 核酸序列与 NCBI 数据库中马、牛和人的 Lrh-1 序列进行 BLAST 分析，结果显示，与马的核酸序列覆盖率（query coverage）最高为 100%，（匹配率）相似度为 88%，与牛的核酸序列覆盖率为 90%，相似度为 98%，与人的核酸序列覆盖率为 99%，相似度为 87%。

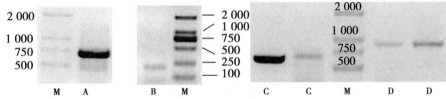

M：DNA 相对分子质量标准 DL2000；A：3'RACE 扩增产物；B：P1F 和 P1R 引物扩增产物；
C：5'RACE 扩增产物；D：P2F 和 P2R 引物扩增产物

图 1 湖羊 Lrh-1 基因 5'RACE、3'RACE、P1F-P1R 和 P2F-P2R 引物扩增条带

Fig. 1 The results of 5' RACE, 3' RACE and PCR products based on primers of P1F-P1R and P2F-P2R

2.2 湖羊 Lrh-1 基因氨基酸序列比对及遗传进化树分析

应用 Mega v4.0 软件进行 Lrh-1 氨基酸序列比对，结果显示湖羊 Lrh-1 的氨基酸序列同其他物种具有较高的同源性，与牛、人、马、猴、犬、小鼠、褐鼠的氨基酸同源性（Identities）分别为 98%、97%、96%、97%、97%、86% 和 86%。基于氨基酸序列的遗传进化树分析可知（图 3），湖羊 Lrh-1 基因与牛的亲缘关系最近。

2.3 湖羊 Lrh-1 氨基酸序列的生物信息学分析

2.3.1 Lrh-1 信号肽及蛋白疏水性预测分析

采用 Signal P 3.0 程序选择神经网络法和隐马氏模型法对湖羊 Lrh-1 的 N 端的前 70 个氨基酸序列进行信号肽预测，结果显示 Lrh-1 的 N 端没有任何信号序列的存在（图 4 采用的是 HMM 算法的结果）。用 ProtScale 软件分析，结果显示，湖羊 Lrh-1 蛋白最小疏水值为

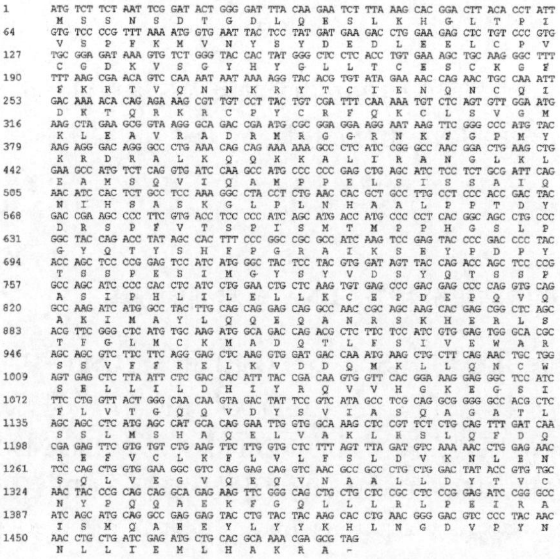

图 2 湖羊 *Lrh*-1 cDNA 序列及氨基酸组成

Fig. 2 cDNA and amino acid sequence of *Lrh*-1 gene of Hu sheep

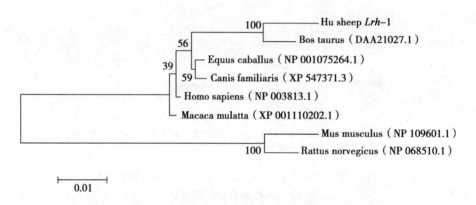

图 3 采用 NJ 法构建的 8 个物种 *Lrh*-1 氨基酸序列进化树

Fig. 3 Phylogenetic tree based on *Lrh*-1 amino acid sequences with neighbor-joining (NJ) method

-2.844（288 位点），最大值为 2.667（406 和 407 位点），疏水性平均值为 -0.353 87（图 5）。*Lrh*-1 N 端的前 30 个氨基酸基本上以亲水性氨基酸为主，极少疏水性氨基酸，因此可知本研究中湖羊 *Lrh*-1 的 N 端不可能含有信号肽，这与 SignalP3.0 软件预测的结果相符。预测结果表明湖羊 *Lrh*-1 为亲水性蛋白。

2.3.2 湖羊 *Lrh*-1 二级结构分析

用 SOPMA 软件分析 *Lrh*-1 二级结构（图 6）。该蛋白氨基酸序列中有 223 个氨基酸组成 α-螺旋（Alpha helix）占氨基酸总数的 45.05%；28 个氨基酸组成片层结构（Extended strand）占 5.66%；β-转角（Beta turn）13 个氨基酸组成占 2.63%；231 个氨基酸组成不规则卷曲（Random coil）占 46.67%。

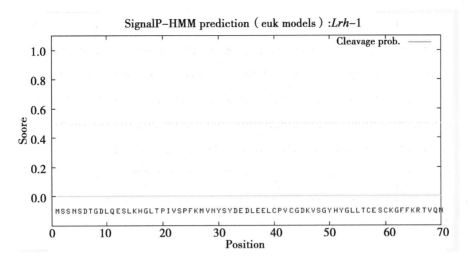

图 4 Signal P3.0 程序预测湖羊 *Lrh*-1 信号肽

Fig. 4 Predicted signal peptide of *Lrh*-1 of Hu sheep by SignalP 3.0 program

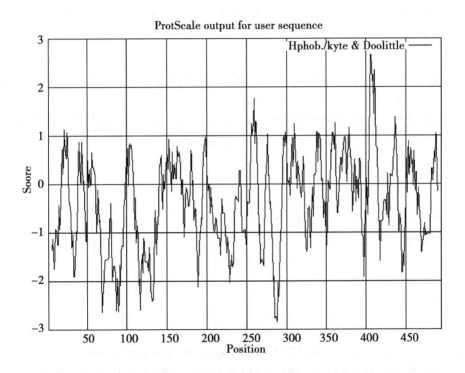

图 5 用 ProtScale 程序预测湖羊 *Lrh*-1 的疏水性

Fig. 5 Hydrophobicity analysis of *Lrh*-1 of Hu sheep by ProtScale program

2.4 湖羊 *Lrh*-1 基因 Real-time PCR 标准曲线的建立

将标准品，按 10 倍梯度依次稀释为 $1 \times 10^{-6} \sim 1 \times 10^{-1}$ 共 6 个浓度作为标准品模板，进行荧光定量 PCR 反应，得到 Real-time PCR 标准曲线。从图 7 可见，标准曲线的曲线拟合度 R_2 为 0.999 468，斜率（slope）为 -3.516 924，截距（intercept）为 40.328 064，可获得 *Lrh*-1 基因标准曲线方程为：$y = -3.516\ 924x + 40.328\ 064$，其中 x 代表起始模板拷贝数以

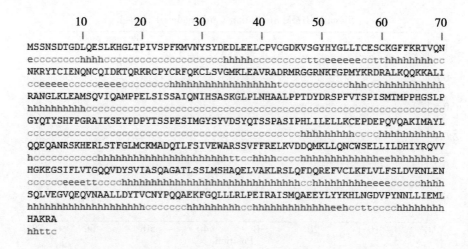

图 6　湖羊 *Lrh*-1 二级结构预测

Fig. 6　Predicted second structure of *Lrh*-1 of Hu sheep

h：α-螺旋（Alpha helix）；e：片层结构（Extended strand）；t：β-转角（Beta turn）；c：不规则卷曲（Random coil）。

h：Alpha helix；e：Extended strand；t：Beta turn；c：Random coil

10 为底的对数，y 代表 Ct 值，根据标准曲线方程，可以通过未知样品的 Ct 值来计算未知样品浓度；通过斜率可以计算出 PCR 反应扩增效率（E），依据公式 $E = 10^{(-1/slope)} - 1$，计算出扩增效率为 92.44%，理想的扩增效率在 $0.8 < E < 1.2$ 范围内，表明本实验所建立的 *Lrh*-1 实时荧光定量 PCR 方法可用于湖羊样本组织表达量分析。

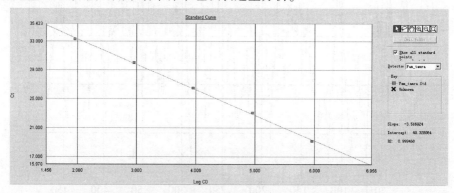

图 7　湖羊 *Lrh*-1 基因 Real-time quantitative PCR 标准曲线

Fig. 7　The standard curve of real-time quantitative PCR of *Lrh*-1 of Hu sheep

2.5　GAPDH 熔解曲线分析

GAPDH 基因荧光定量 RT-PCR 产物熔解曲线分析结果见图 8，在 $Tm = 88℃$ 左右出现单一的熔解峰，曲线平稳，峰尖且窄，没有其他杂峰，表明引物设计合理和特异性强，扩增产物无引物二聚体，特异性好。

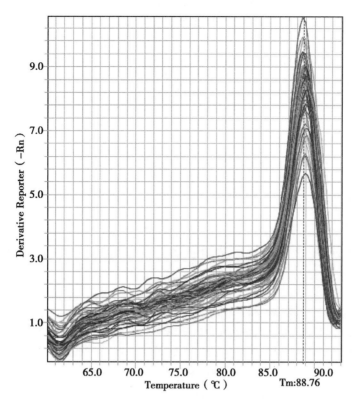

图 8 *GAPDH* 扩增产物的熔解曲线
Fig. 8 Melt curves of *GAPDH* gene

2.6 湖羊 *Lrh*-1 基因组织表达谱分析

采用相对定量方法，用 *GAPDH* 内参基因矫正不可控制因素，归一化起始组织量，并定义 *Lrh*-1 在网胃中的表达水平为 1，以对 *Lrh*-1 mRNA 在不同组织中的表达水平进行相对定量（图9）。由图9可见，*Lrh*-1 mRNA 在湖羊组织中有广泛的表达，在检测的垂体、延髓、嗅球、下丘脑、心、肺、瘤胃、网胃、瓣胃、皱胃、十二指肠、空肠、回肠、盲肠、结肠、直肠、胰腺、肝脏、肾脏、卵巢、输卵管和子宫组织中均有表达，表明 *Lrh*-1 基因表达谱广泛，且组织之间的表达量存明显的差异，其中，下丘脑组织中 *Lrh*-1 mRNA 相对表达量最高，显著高于其他所测组织中表达量（$P<0.05$）。在脑组织中，下丘脑 *Lrh*-1 mRNA 表达量分别是垂体、延髓和嗅球表达量的 66.40、8.85 和 34.13 倍，延髓中 *Lrh*-1 mRNA 表达量也较丰富，也显著高于垂体和嗅球中表达量（$P<0.05$），分别是垂体和嗅球表达量的 7.50 和 3.89 倍；在胃组织中，*Lrh*-1 在瘤胃中的表达量相对最高，显著高于其他胃组织中表达量（$P<0.05$），分别是网胃、瓣胃和皱胃中表达量的 23.00、2.88 和 3.34 倍；在肠系统中，盲肠和回肠中 *Lrh*-1 mRNA 表达量相对较丰富，均显著高于其他肠组织（$P<0.05$），而盲肠中 *Lrh*-1 mRNA 表达量相对最高，分别是十二指肠、空肠、回肠、结肠和直肠中表达量的 22.25、13.92、2.61、24.77 和 8.19 倍；在消化腺中，胰腺 *Lrh*-1 mRNA 表达量显著高于肝脏中表达量（$P<0.05$），为 6.93 倍；子宫和输卵管组织中有较丰富的 *Lrh*-1 mRNA 表达，子宫中表达量显著高于输卵管（峡部）中表达量，为 4.74 倍；肺组织中 *Lrh*-1 mRNA 表达量与回肠中表达量相似（$P>0.05$）相对较丰富，除显著低于下丘脑、盲肠、胰腺和子宫组织中表达量外（$P<0.05$），均显著高于其他组织中表达量（$P<0.05$）；肾脏和肾上腺组织中 Lrh-1 mRNA 表达量相对较丰富，与延髓、瘤胃、直肠和输卵管中表达量间也无显著性差异（$P>0.05$）。

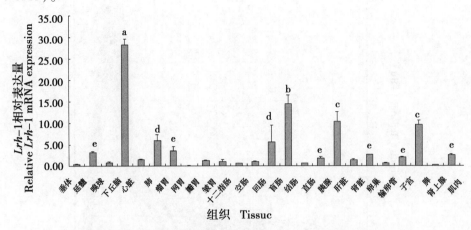

图 9 湖羊不同组织中 Lrh-1 mRNA 表达量

Fig. 9 Tissue distribution of Lrh-1 mRNA in various tissues of Hu sheep

注：柱状图中上标不同字母表示组织 Lrh-1 表达量之间存在显著差异（$P<0.05$）

Note：$P<0.05$ is denoted with lower case letters above each bar

3 讨论与结论

肝受体类似物-1（liver receptor homolog-1, Lrh-1；NR5A2）是动物机体中一种重要的孤儿核受体，其主要是作为一个转录调控因子执行功能，通过在不同时期的不同组织（主要是内胚层源的组织）中调控多种蛋白的表达，从而影响这些组织的发育及生理生化功能。Lrh-1 在动物胚胎发育、分化、胆固醇代谢、胆汁酸的动态平衡以及类固醇激素生成等都具有重要作用[1,10]。目前，人和小鼠 Lrh-1 基因的研究较广泛，而对于湖羊的研究还很少。本试验通过 5' RACE 和 3' RACE 方法获得了湖羊 Lrh-1 基因全长 1 488bp 的 cDNA 全序列，编码 495 个氨基酸，该序列的 NCBI 登录号为 JN662490。

Lrh-1 由小鼠肝脏中克隆出来以后，已在心脏、胃、肺、脑、肝脏、胆囊、胰腺、唾液腺、肠、卵巢等组织中检测到该基因的表达[2,12~15]。本试验通过实时荧光定量 PCR 方法检测了湖羊不同组织中 Lrh-1 mRNA 的表达并进行了表达量的对比分析，结果表明，Lrh-1 mRNA 在湖羊脑、胃、肠和生殖系统中均有表达，其中下丘脑中的表达量相对最高，显著高于其他组织中表达量（$P<0.05$）。下丘脑和垂体是动物重要的内分泌系统调节和激素分泌器官，对于保持动物机体内环境的相对平衡和稳定起着重要的作用。下丘脑弓状核的神经元具有监控激素循环信号和调节采食和下丘脑-垂体-肾上腺活动的作用[16]。Hiroyuki Higashiyama 等在小鼠脑组织的下丘脑弓状核和丘脑室旁核区域检测到 NR5A2 阳性细胞，提示 NR5A2 可能参与调节动物采食活动以及将下丘脑-垂体-肾上腺活动的信息传递到大脑边缘区的作用[15]。嗅球位于端脑前，是嗅觉通路的第一中转站，与大脑皮层及皮层下脑结构存在广泛的神经联系；延髓居于脑的最下部，与脊髓相连，主要功能为控制呼吸、心跳、消化等[17]。湖羊嗅球中 Lrh-1 mRNA 的表达量相对高于延髓中表达量，表明 Lrh-1 具有参与动物嗅觉和调节呼吸、心跳与消化等生理功能的作用。

胆固醇广泛参与多种生理生化过程，包括细胞膜的合成，以及胆酸和类固醇激素的合成。Lrh-1 在维持体内胆固醇平衡方面发挥重要作用。Luo 等人的研究发现，胆固醇水平的升高会引发 CETP 转录和蛋白水平的升高，这一过程是由氧化固醇激活的 XRα 和 XRβ 受体介导的，而这个过程很可能受到 Lrh-1 的调控[18]。另外，Lrh-1 还参与肝脏中的胆酸（BA）对 CETP 的下调作用。在胆固醇反向运输过程中，研究发现 Lrh-1 可以通过 SR-BI 基因启动子上的 Lrh-1 识别元件（Lrh-1 ER）调控 SR-BI 的表达[19]。因此，Lrh-1 对 $CETP$ 和 SR-BI 的调控说明其在胆固醇反向运输中具有重要的作用。Lrh-1 在调控胆固醇代谢方面的另一个重要作用在于维持胆酸平衡。在胰腺的发育过程中，胰腺－十二指肠同源框 1（pancreatic duodenal homeobox-1，PDX-1），同源盒因子 PDX-1 发挥重要作用，PDX-1 突变的纯合体会导致胰腺发育不全，而在胚胎发育过程中 Lrh-1 和 PDX-1 共表达于胰腺中，且在 E8.5～E16.5 之间内 Lrh-1 的表达受到 PDX-1 的调控[20]。在小肠内，由胰腺分泌的羟基酯脂肪酶（CE）催化胆固醇酯水解，而人类 CE 基因启动子上的 Lrh-1RE 序列说明 CE 也是 Lrh-1 的靶基因之一[21]。另外，MRP3 在人肠细胞中的表达受 BA 调控，而这种调控也必须有 Lrh-1 的帮助[22]。可见 Lrh-1 在维持胆酸平衡与肝肠循环中发挥重要作用。Hiroyuki Higashiyama 等在小鼠肝、胰、胃和肠组织的外分泌部检测到 NR5A2 的免疫组化定位表达，表明 NR5A2 与动物分泌活动调节功能和上皮分泌细胞的分化有关[15]。本试验在湖羊消化系统的复胃、肠、肝脏和胰腺中均检测到 Lrh-1 的表达，表明 Lrh-1 与湖羊的消化吸收功能具有相关性。在胃肠系统中，盲肠、回肠和瘤胃中 Lrh-1 的表达量相对较高，均显著高于其他组织中表达量（$P < 0.05$），这一点可能与湖羊（反刍动物）的消化特点有关。湖羊（即反刍动物）瘤胃和盲肠在整个消化过程中占有特殊重要的地位，都能提供微生物和食糜停留的地点，都具有微生物发酵的作用[23]。饲料中约 70%～85% 的可消化干物质和 50% 粗纤维在瘤胃内消化，盲肠则能消化饲料中 15%～20% 的纤维素[17]。Lrh-1 在瘤胃和盲肠中高表达可能与湖羊的这种消化特性有关。而盲肠除有消化特性外，还具有吸收水分、盐类和低级脂肪酸以及帮助 B 细胞成熟发展以及生产抗体（IgA）的作用，这种功能的特殊性可能是造成湖羊盲肠组织中 Lrh-1 基因表达最为丰富的原因。回肠是小肠的末段，主要起吸收营养物质的作用，其中较为丰富的 Lrh-1 表达则证明了 Lrh-1 与动物吸收功能具有相关性。

在动物的卵巢中已发现有大量的 Lrh-1 表达，且表达主要集中在卵泡颗粒细胞和妊娠期的黄体细胞中[24]，表明 Lrh-1 可能在这些细胞里调控 SR-BI 和 CYP19 的表达，进而调控雌激素的生物合成[1,19,22]。Rajesha Duggavathi 等通过对比研究敲除 Lrh-1 基因小鼠和正常小鼠卵巢上卵泡发育和排卵情况时，结果显示敲除 Lrh-1 基因的小鼠卵巢上虽有卵泡发育，但未有卵泡破裂排卵，如采用超排处理，仍未见卵子排出的现象，表明该基因与动物的卵泡发育及卵子成熟有关[25]。Hiroyuki Higashiyama 等在小鼠卵巢和睾丸中检测到有较强的表达信号，表明 NR5A2 在雄性和雌性动物繁殖系统中具有重要的作用[15]，进一步研究发现该基因不仅参与调节动物性腺中芳香化酶的表达，并且通过调节黄体中 3β－羟基脱氢酶 II 的表达刺激孕激素的合成[26]。本试验在湖羊输卵管和子宫中均检测到 Lrh-1 的表达，其中子宫中表达量相对最高，其次为输卵管，表明该基因不仅与湖羊性腺功能有关，还可能与生殖道的分泌功能以及胚胎的发育和附植存在一定的关系。

Hiroyuki Higashiyama 等在小鼠的产热和能量消耗有关的棕色脂肪细胞以及消耗大量 ATP 的心脏细胞和肺泡细胞中检测到 Lrh-1 的表达，表明该基因可能与动物能量消耗及呼吸功能有关[15]。本试验在湖羊的心脏及肺组织中也检测到 Lrh-1 mRNA 的表达，且心脏组织中有相对较高的表达量,此外,在湖羊肾脏中也检测到该基因的表达,表明 *Lrh*-1 与湖羊心脏的能量消耗、肺的呼吸以及肾脏的泌尿功能有关。*Lrh*-1 在湖羊组织中表达的广泛性,表明该基因除具有重要的调节固醇和胆酸的合成与分泌外,同时也是其他组织器官功能行使的重要因素,并且 *Lrh*-1 的转录受组织特异性因素控制。关于 *Lrh*-1 在湖羊各组织中的表达定位,以及其表达量的差异是否与发情周期不同阶段的生理状况有关尚待进一步的研究。

参考文献

[1] Fayard E, Auwerx J, Schoonjans K. *Lrh*-1: an orphan nuclear receptor involved in development, metabolismand steroidogenesis [J]. Trends Cell Bio, 2004, 14 (5): 250 - 260.

[2] Galarneau L, Pare J F, Allard D, et al. The alphal-fetoprotein locus is activated by a nuclear receptor of the drosophila FTZ-F1 family [J]. Mol Cell Biol, 1996, 16 (7): 3 853 - 3 865.

[3] Kudo T, Suton S. Molecular cloning of chicken FTZ-F1-ralated orphan receptors [J]. Gene, 1997, 197 (1 - 2): 261 - 268.

[4] Boerboom D, Pilon N, Behdjani R, et al. Expression and regulation of transcripts encoding two members of the NRSA nuclear receptor subfamily of orphan nuclear receptors, steroidogenic factor-1 and NR5A2, in equine ovarian cells during the ovulatory process [J]. Endocrinology, 2000, 141 (12): 4 647 - 4 656.

[5] Liu D, Le DY, Ekker M, et al. Teleost FTZ-F1 homolog and its splicing variant determine the expression of the salmon gonadotropin II subunit gene [J]. Mol Endocrinol, 1997, 11 (7): 877 - 890.

[6] Ellinger Z H, Hihi A K, Laudet V, et al. FTZ-F1-related orphan receptors in Xenopus laevis: transcriptional regulators differentially expressed during early embryogenesis [J]. Mol Cell Biol. 1994, 14 (4): 2 786 - 2 797.

[7] Nak N T, Takase M, Miural I, et al. Two isoforma of FTZ-F1 messenger RNA: molecular cloning and their expression in the frog testis [J]. Gene, 2000, 248 (1 - 2): 203 - 212.

[8] Taniguchi H, Komiyama J, Viger R S, et al. The expression of the nuclear receptors NR5A1 and NR5A2 and transcription factor GATA6 correlates with steroidogenic gene expression in the bovine corpus luteum [J]. Mol. Reprod. Dev. 2009, 76 (9), 873 - 880.

[9] 顾月琴,张伟,王利红. 小鼠 *Lrh*-1 基因 CDS 区序列克隆及分析 [J]. 安徽农业大学学报, 2011, (3): 372 - 375.

[10] 温海霞,刘国艺,倪江. 孤儿核受体同系物 - 1 以及与雌激素相互调节作用 [J]. 生殖医学杂志, 2007, 16 (2): 124 - 128.

[11] 张英杰. 羊生产学 [M]. 北京: 中国农业大学出版社, 2010.

[12] Becker A M, Andre E, Delamarter J F. Identification of nuclear receptor mRNAs by RT-PCR amplification of conserved zinc-finger motif sequences [J]. Biochem Biophys Res Comm, 1993, 194: 1 371 - 1 379.

[13] Wang Z N, Bassett M, Rainey W E. Liver receptor homologue-1 is expressed in the adrenal and can regulate transcription [J]. J Mol Endocrinol. 2001, 27 (2): 255 - 258.

[14] Grgurevic N, Tobet S, Majdic G. Widespread expression of liver receptor homolog 1 in mouse brain [J]. Neuro Endocrinol Lett, 2005, 26: 541 - 547.

[15] Higashiyama H, Kinoshita M, Asano S, Expression profiling of liver receptor homologue 1 (*Lrh*-1) in mouse tissues using tissue microarray [J]. J Mol Hist, 2007, 38: 45 - 52.

[16] Van Den Top M, Spanswick D. Integration of metabolic stimuli in the hypothalamic arcuate nucleus [J]. Prog Brain Res, 2006, 153: 141 - 154.

[17] 韩正康. 家畜生理学 [M]. 北京: 中国农业出版社, 1984.

[18] Luo Y, Liang C P, Tall A R. The orphan nuclear receptor *Lrh*-1 potentiates the sterol-mediated induction of the human CETP gene by liver X receptor [J]. Biol Chem. 2001, 276: 24 767 - 24 773.

[19] Schoonjans K, Annicotte J S, Huby T, et al. Liver receptor homolog 1 controls the expression of the scavenger receptor class B type I [J]. EMBO Rep, 2002, 3: 1 181 - 1 187.

[20] Annicotte J S, Fayard E, Swift G H, et al. Pancreatic-duodenal homeobox 1 regulates expression of liver receptor homo-

log 1 during pancreas development [J]. Mol Cell. Biol., 2003, 23: 6 713 – 6 724.

[21] Fayard E, Schoonjans K, Annicotte J S, et al. Liver receptor homolog 1 controls the expression of carboxy 1 ester lipase [J]. J Biol. Chem., 2003, 278: 35 725 – 35 731.

[22] Cao G, Garcia C K, Wyne K L, et al. Structure and localization of the human gene encoding SR-BI/CLA-1. Evidence for transcriptional control by steroidogenic factor 1 [J]. Biol Chem., 1997, 272: 33 068 – 33 076.

[23] Harfoot C G.. Anatomy physiology and microbiology of the ruminant tract in "Lipid metabolism in ruminant animals" edited by W W Christie, Perganian Press, 1981: 1 – 19.

[24] Boerboom D, Pilon N, Behdjani R, et al. Expression and regulation of transcripts encoding two members of the NR5A nuclear receptor subfamily of orphan nuclear receptors, steroidogenic factor-1 and NR5A2, in equine ovarian cells during the ovulatory process [J]. Endocrinology, 2000, 141: 4 647 – 4 656.

[25] Duggavathi R, Volle D H, Mataki C, et al. Liver receptor homolog 1 is essential for ovulation [J]. Genes Dev, 2008, 22 (14): 1 871 – 1 876.

[26] Peng N, Kim J W, Rainey W E, et al. The role of the orphan nuclear receptor, liver receptor homologue-1, in the regulation of human corpus luteum3b-hydroxysteroid dehydrogenase type II [J]. J Clin Endocrinal Metab, 2003, 88: 6 020 – 6 028.

原文发表于《畜牧兽医学报》，2012，43（9）：1360 – 1368.

德国肉用美利奴羊 *BMPR-IB*、*BMP15* 和 *GDF9* 基因 10 个突变位点的多态性检测分析

左北瑶[3]**，钱宏光[2]，刘佳森[2]，李蕴华[2]，乌云毕力克[4]，艾肯江[4]，应诗家[1]，王子玉[1]，努尔尼沙[3]，王 旭[3]，郭志勤[5]，王 锋[1]***

(1. 南京农业大学动物胚胎工程技术中心，南京 210095；2. 内蒙古自治区农牧业科学院，呼和浩特 010031；3. 新疆巴州畜牧工作站，库尔勒 841000；4. 新疆巴州种畜场，博湖 841400；5. 新疆畜牧科学院农业部家畜繁育生物技术重点开放实验室，乌鲁木齐 830000)

摘 要：以影响不同绵羊品种产羔数的 *BMPR-IB*、*BMP15* 和 *GDF9* 基因作为候选基因，采用连接酶检测反应（ligase detection reaction，LDR）方法，检测 10 个突变位点在德国肉用美利奴羊上的多态性及其对产羔数的影响。结果表明：在德国肉用美利奴羊中未发现 *BMPR-RB* 基因的 *FecB* 突变、*BMP15* 基因的 $FecX^I$、$FecX^B$、$FecX^L$、$FecX^H$、$FecX^G$、$FecX^R$ 突变及 *GDF9* 基因的 $FecG^H$（G8）和 *FecTT* 突变，但在 *GDF9* 上检测到 G1 突变，该突变处于 Hardy-Weinberg 平衡状态，达到中度多态水平，但其多态性与产羔数无显著相关。

关键词：德国肉用美利奴羊；繁殖力；*BMPR1B*；*GDF9*；*BMP15*

---

* 基金项目：国家现代肉羊产业技术体系专项资金（CARS-39）；
** 作者简介：左北瑶（1964— ），女，新疆人，推广研究员，博士研究生，研究方向为动物育种与繁殖。E-mail：beiyaozuo@163.com；
*** 通讯作者：王锋，教授，博导，主要从事动物胚胎工程研究，E-mail：caeet@njau.edu.cn

Detection of the 10 Mutations of *BMPR-IB*、*BMP*15 and *GDF*9 Gene in German Mutton Merino Sheep

Zuo Beiyao[1,3], Qian Hongguang[2], Liu Jiasen[2], Li Yunhua[2], Wuyun Bilik[4], Aiken Jiang[4], Ying Shijia[1], Wang Ziyu[1], Noor Nisa[3], Wang Xu[3,], Guo Zhiqin[5], Wang Feng[1 ***]

(1. Animal Embryo Engineering &Technology Center Nanjing Agricultural University, Nanjing 210095, China; 2. Academy of agriculture and animal husbandry Inner Mongolia, Hohhot 010031, China; 3. Xinjiang Bazhou Animal Husbandry Station, Korla 841000, China; 4. Xinjiang Bazhou breeding stock farm, Bohu 841400, China; 5. Key Laboratory of Grass Livestock Reproduction&Breed Biotechnology Ministry of Agriculture, Urumqi 830000, China)

Abstract: *BMPR-IB*, *BMP*15 and *GDF*9 genes which affected litter size of different sheep breeds were used as candidate genes, and that ligase detection reaction (LDR) method was adopted to detect 10 mutations in the German Mutton Merino sheep on polymorphism and its influence on litter size. The results showed that no *FecB* mutations of *BMPR-RB gene* in the German Mutton Merino sheep were found, and nor of *FecXI*, *FecXB*, *FecXL*, *FecXH*, *FecXG*, *FecXR* mutations of *BMP*15 gene. *G*1 mutation of *GDF*9 gene was detected, but *FecGH* (*G*8) and *FecTT* mutations were not found. . *G*1 mutation of *GDF*9 gene was detected at Hardy-Weinberg equilibrium and achieved to moderate levels of polymorphism in detection samples, but the polymorphism and litter size of the correlation were not significant. The results suggested that these genes didn't affect the major gene on litter size in Germany Merino sheep.

Key words: German mutton merino; fecundity; *BMPR*1*B*; *GDF*9; *BMP*15

1 前言

产羔数是肉用羊最重要的生产性能之一,由于产羔数是遗传力很低的限性性状,用传统的育种方法提高产羔数遗传进展缓慢,而现代分子标记辅助育种技术的应用,为提高绵羊产羔数提供了新的有效途径。研究表明,*BMPR-IB*、*BMP*15 和 *DGF*9 是已确认的 3 个绵羊高繁殖力主效基因,其突变位点分别在不同品种中显著影响母羊产羔数。

骨形态发生蛋白受体 1*B*(bone morphogenetic protein receptor-IB,BMPR-IB)基因,编码一个转移生长因子 β 亚基(TGFβ)受体家族成员,具有影响颗粒细胞分化和卵泡发育、促进排卵数增加的作用。Mulsant 等对 Booroola Merino 羊 *BMPR-IB* 基因的研究发现,其外显子 8 上发生的 *A*746*G* 突变,导致所编码的 249 位氨基酸由谷氨酰胺(Q)变成了精氨酸(R),是绵羊的一个高繁殖力主效基因,并被命名为 *FecB*,定位于绵羊 6 号染色体。同时,该突变与小尾寒羊、湖羊的高繁殖力密切相关[1~4]。骨形态发生蛋白 15（bone morphogenetic protein 15，*BMP*15）通过促进颗粒细胞有丝分裂、抑制促卵泡素受体在颗粒细胞中表达来调节颗粒细胞增殖和分化，在雌性哺乳动物生殖中起着关键的调节作用[5~8]。绵羊 *BMP*15 基因被定位在 *X* 染色体上，迄今已在绵羊 *BMP*15 基因上识别出 6 个与繁殖力相关的突变，其中突变杂合子母羊均具有高繁殖力，而突变纯合子母羊由于卵巢没有初级卵泡而不育。生长分化因子 9（Growth differentition factor 9，*GDF*9）是由卵母细胞分泌的一种生长因子，对卵泡的生长分化起重要调节作用。绵羊 *GDF*9 基因位于 5 号染色体上，全长约 2.5kb，包含 2 个外显子和 1 个内含子。*GDF*9 基因突变与 *BMP*15 基因突变表型相似，杂合个体产羔数增加，纯合不育。

德国肉用美利奴羊（German Mutton Merino）原产于德国，是世界公认的优秀肉羊品种，常年可发情，产羔率为 140 % ~ 175 %[9]，在我国肉用羊新品种选育中被作为父本在新疆、内蒙古、甘肃等地广泛使用。本研究采用连接酶检测反应（ligase detection reaction，LDR）方法，对德国肉用美利奴 *BMPR-IB*、*BMP*15 和 *GDF*9 的 10 个突变位点进行单核苷酸多态性（single nucleotide polymorphism，SNP）检测，以寻找与产羔数相关的遗传标记，为德国肉用美利奴羊高繁殖力的标记辅助选择提供理论依据。

2 材料与方法

2.1 实验材料

在内蒙古纯种德美种羊场选择 2~7 岁有产羔记录的成年母羊 254 只（产羔记录包括 1~6 胎的数据），成年公羊 27 只，颈静脉采集血样，每只 2mL，EDTA 抗凝，血液充分混匀后 -20℃冻存。

2.2 主要试剂

AxyPrep-96 全血基因组 DNA 试剂盒（AXYGEN，美国）；Taq DNA 聚合酶体系；（Qiagen Hotstar，德国）；Taq DNA ligase 酶体系（NEB，英国）；dNTP（Promega，美国）；PCR 引物和 LDR 探针由上海生工合成。

2.3 方法

2.3.1 DNA 的提取

基因组 DNA 的提取按照 AxyPrep-96 全血基因组 DNA 试剂盒说明书进行，0.8% 的琼脂糖凝胶电泳用于完整性检测。

2.3.2 引物和探针

根据绵羊 *BMPR-IB* 基因序列（AF：312016）设计 1 对引物检测 Fec^B 突变，根据同一基因位置邻近突变合并检测的原则，对 $FecX^H$，$FecX^I$，$FecX^L$ 和 G8，$FecTT$ 设计为同一引物序列，针对 *BMP*15 基因序列（NM-001114746）设计 4 对引物检测 $FecX^I$，$FecX^H$，$FecX^B$，$FecX^L$，$FecX^G$，$FecX^R$ 突变，根据 *DGF*9 因序列（AF：078545）设计 2 对引物检测 G1，G8，$FecTT$ 突变。10 个突变位点在三个基因上的相对位置见图 1。上述引物均采用 Primer 5.0 软件进行设计，同时根据 LDR 探针设计原则[10]设计探针，对于缺失突变位点不需另外设计特异性探针，只需对上游引物5'端进行FAM修饰。PCR反应引物序列见表1，LDR反应探针序列见表2。所有引物与探针均由上海生工生物工程有限公司合成。

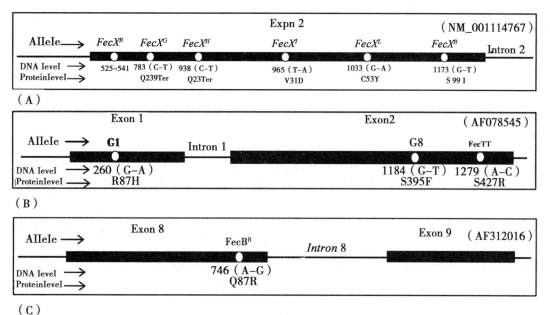

图1 各检测位点在基因序列中的相对位置

Fig. 1 Identified mutations affecting ovulation rate in sheep

A～C 分别是在 BMP15、GDF9 和 BMPR-IB 基因上突变的与绵羊排卵率相关的核苷酸和氨基酸位点

A～C Point mutations with nucleotide and amino acid changes in BMP15, GDF9 and BMPR1B gene, respectively

表1 PCR反应引物序列

Table1 Sequences and PCR conditions of each pair of primers

引物 primers	引物序列（5'-3'） Sequence of the primer	PCR产物长度/bp Length of the product	退火温度/℃ Tm
FecB up	GTCGCTATGGGGAAGTTTGGATG	142	53℃
FecB low	TGTTGATGAGGCATGAAAACATCTTG		
FecXG up	GCAGCCAAGAGGTAGTGAGG	180	53℃
FecXG low	ACGAGCCCTCCTCAAGAGA		
FecXH，FecXI，FecXL up	GGCAGTATTGCATCGGAAGT	216	53℃
FecXH，FecXI，FecXL low	GATGGCATGATTGGGAGAAT		
FecXB up	TCCAGAACCTTGTCAGTGAGC	150	53℃
FecXB low	CAGGACTGGGCAATCATACC		
G1 up	TGAGGCTGAGACTTGGTCCT	211	53℃
G1 low	TGTAGAGGTGGCGTCTGTTG		

(续表)

引物 primers	引物序列（5'-3'） Sequence of the primer	PCR产物长度/bp Length of the product	退火温度/℃ Tm
G8, FecTT up	GAAGCAAATTGCCCAAGACT	249	53℃
G8, FecTT low	AGGCGTTCTCCTTTCTCCAG		
FecXR up	CTCTGAGACCAAACCGGGTA	172/189	53℃
FecXR low	CTGTCCAAGTTTTGGGCAAC		

表2 LDR反应探针序列
Table 2 Probe sequences of LDR

Probe	探针探针序列（5'-3'） Probe sequences（5'-3'）	LDR产物长度/bp Length of the product
FecB_modify	P-GAAATCAAAATTAACTTACCACACATTTTTTTTTTTTT-FAM	
FecB_A	TTTTTTTTTTTTTTTCATGCCTCATCAACACCGTCT	77
FecB_G	TTTTTTTTTTTTTTTCATGCCTCATCAACACCGTCC	79
FecXG_modify	P-AGTGTCATTGAAATACAGTATTTTTTTTTTTTTTTTT-FAM	
FecXG_C	TTTTTTTTTTTTTTTGGTTTGGTCTTCTGAACACTCTG	82
FecXG_T	TTTTTTTTTTTTTTTGGTTTGGTCTTCTGAACACTCTA	84
FecXH_modify	P-GTTACTTTCAGGCCCATCATTTTTTTTTTTTTTTTTT-FAM	
FecXH_C	TTTTTTTTTTTTTTTTGAAAAGGGTGGAGGGAACACTG	87
FecXH_T	TTTTTTTTTTTTTTTTGAAAAGGGTGGAGGGAACACTA	89
FecXI_modify	P-CTTGAAAAGGGTGGAGGGAATTTTTTTTTTTTTTTTTTT-FAM	
FecXI_T	TTTTTTTTTTTTTTTTCCAGCCCAGCTGCTGGAAGCTGA	92
FecXI_A	TTTTTTTTTTTTTTTTTCCAGCCCAGCTGCTGGAAGCTGT	94
FecXL_modify	P-AGTAGTTTGGGTATAGAGATTTTTTTTTTTTTTTTTTTT-FAM	
FecXL_A	TTTTTTTTTTTTTTTTTACCCGAGGACATACTCCCTTAT	97
FecXL_G	TTTTTTTTTTTTTTTTTTACCCGAGGACATACTCCCTTAC	99
FecXB_modify	P-TAATGGGAACATACTTATAATTTTTTTTTTTTTTTTTTTT-FAM	
FecXB_G	TTTTTTTTTTTTTTTTTTATTTGCCTCAATCAGAAGGATGC	102
FecXB_T	TTTTTTTTTTTTTTTTTTATTTGCCTCAATCAGAAGGATGA	104
G1_modify	P-GCAAAGCTCTGTCATCTGGCTTTTTTTTTTTTTTTTTTTTT-FAM	
G1_A	TTTTTTTTTTTTTTTTTTTCTTATAGAGCCTCTTCATGTAGT	107
G1_G	TTTTTTTTTTTTTTTTTTTCTTATAGAGCCTCTTCATGTAGC	109
G8-new_modify	P-AGCCATACCGATGTCCGACCTTTTTTTTTTTTTTTTT-FAM	
G8-new_C	TTTTTTTTTTTTTTTCTGCACCATGGTGTGAACCGGAG	77

(续表)

Probe	探针探针序列（5'-3'） Probe sequences (5'-3')	LDR产物长度/bp Length of the product
G8-new_T	TTTTTTTTTTTTTTTTTCTGCACCATGGTGTGAACCGGAA	79
FecTT_modify	P-CAAAGGGCTATACTTGGCAGTTTTTTTTTTTTTTTTTTTTTTTTTTTTTTTTT-FAM	
FecTT_A	TTTTTTTTTTTTTTTTTTTTTTTTTTTTTTTCAGGCTCGATGGCCAAAACACT	117
FecTT_C	TTTTTTTTTTTTTTTTTTTTTTTTTTTTTTTCAGGCTCGATGGCCAAAACACG	119

2.3.2 PCR-LDR 反应

PCR反应体系为20μL，其中包括：1μL模板，2μL Butter缓冲液，0.6μL Mg^{2+}，2μL dNTP，0.3μL Taq DNA聚合酶，4μL Q-Solution，0.4μL Primer引物混合液，加水补足。PCR反应条件为：95℃预变性5min，94℃30s，53℃退火1min30s，72℃延伸1min，35个循环；最后72℃延伸7min。用3%的琼脂糖凝胶电泳检测产物。在PCR扩增产物中加入等体积 ddH_2O 稀释，作为连接反应的模板。LDR反应体系为10μL，其中包括1μL Buffer，1μL Primer探针混合液，0.05μL连接酶（Taq DNA ligase酶体系），1μLPCR产物，6.95μL去离子水。LDR反应条件为：94℃变性2min，然后94℃ 30s，50℃ 2min，35个循环。

2.3.3 数据分析和基因分型

取1μL LDR连接产物与1μLABI GS 500 ROX荧光标记分子量标准和1μL去离子甲酰胺上样液混合，95℃加热变性2min，冰中骤冷，于含有5mol/L尿素的5%聚丙烯酰胺凝胶中电泳2.5h，应用 GENESCAN™672软件进行数据收集、泳道线校正、迁移片段大小测量和校正内在分子量标准；应用Genemapper软件进行数据分析和基因分型。

2.4 统计分析

2.4.1 数据检验

对突变位点的等位基因频率进行卡方检验。

2.4.2 最小二乘方差分析

配合下列模型进行最小二乘方差分析，比较德国美利奴羊产羔数在标记基因型之间的差异：$Yijkl = \mu + Yi + Pj + Gk + eijkl$ 其中：$Yijkl$ 为产羔数的记录值；μ 为群体均值；Yi 为第 i 个年固定效应；Pj 为第 j 个胎次固定效应；Gk 为第 k 种基因型的固定效应；$eijkl$ 为随机残差效应。用SPSS 13.0软件GLM（General Linear Model）中的univariate过程完成。

3 结果

3.1 LDR结果及基因分布

3.1.1 BMPR1B基因 *BMPR1B* A746G

得到一种长度为77bp（代表该位点的核苷酸是A）的LDR产物，只有纯合子基因型AA，不存在多态，图略。

3.1.2 *BMP15* 基因上的 *FecXR*、*FecXG*、*FecXH*、*FecXI*、*FecXL*、*FecXB*，6个位点

对 *BMP15* 基因第二外显子部分6个突变位点LDR结果进行分析，发现在 *FecX^I*、

$FecX^H$、$FecX^B$、$FecX^L$、$FecX^G$、$FecX^R$位点，LDR的长度分别是92bp（代表该位点的核苷酸是T）、87bp（代表该位点的核苷酸是C）、102bp（代表该位点的核苷酸是G）、99bp（代表该位点的核苷酸是G）、82bp（代表该位点的核苷酸是C）、189bp（代表该位点没有17bp的缺失），每个突变位点只有一种长度的LDR产物，不存在多态（图略）。

3.1.3 *GDF*9基因的*G*1位点、*G*8位点和*FecTT*位点

对*GDF*9基因第一外显子的*G*1突变位点、第二外显子的*G*8突变位点和*FecTT*突变位点的LDR结果进行分析，发现*G*1突变位点有3种长度的LDR产物（图2），而*GDF*9基因的*G*8位点得到一种长度为77bp（代表该位点的核苷酸是C）的LDR产物，只有纯合子基因型CC，不存在多态；*GDF*9基因的*FecTT*位点得到一种长度为117bp（代表该位点的核苷酸是A）的LDR产物，只有纯合子基因型AA，不存在多态，图略。

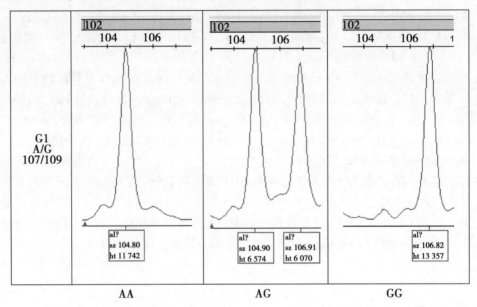

图2 德美母羊*GDF*9基因*G*1突变位点的荧光-构象敏感凝胶电泳检测结果
Fig. 2　fluorescence-based conformation sensitive gel electrophoresis,
F-CSGE of G1 mutation locus in *GDF*9 gene

左侧单峰图表示*GDF*9（*G*1）基因的纯合子AA基因型，中间双峰表示*GDF*9（*G*1）基因的杂合子AG基因型，右侧单峰图表示*GDF*9（*G*1）基因的纯合子GG基因型，下方数字代表LDR的长度（注：由于本试验采用的毛细管电泳替代此前所用的平板电泳，其信号较之平板电泳，均向左移约2bp，所以在图2中各个位点信号与其理论信号位置有所偏移）。

3.2 *GDF*9（*G*1）基因的遗传多样性参数统计

*GDF*9基因*G*1位点基因型频率及等位基因频率见表3。

表3 德国美利奴羊 GDF9（G1）基因型频率及等位基因频率

Table 3 Genotype and allele frequencies of GDF9 (G1) gene in German Mutton Merino

	数量 Number	基因型频率 Genotype frequency			等位基因频率 allele frequency		χ^2
		AA	AG	GG	A	G	
公羊	27	0.037（1）	0.222（6）	0.741（20）	0.148	0.852	0.0118
成年母羊	254	0.024（6）	0.378（96）	0.598（152）	0.213	0.787	0.0165
群体	281	0.025（7）	0.363（102）	0.612（172）	0.210	0.790	0.0114

由表3可以看出，德国肉用美利奴羊以GG基因型分布为主，G和A等位基因频率分别为0.79和0.21，在该位点上德国肉用美利奴羊群体处于Hardy-Weinberg平衡状态（$\chi^2 = 0.0165$，$P > 0.1$）。

GDF9（G1）基因的多态位点在群体中的杂合度、有效等位基因数和多态信息含量见表4，在该位点处，群体属于中度多态（PIC > 0.25）。

表4 GDF9（G1）基因杂合度、有效等位基因数和多态信息含量

Table 4 The genetic polymorphism parameters of GDF9 (G1)

	纯合度 Ho	杂合度 He	有效等位基因数 Ne	多态信息含量 PIC
群体 population	0.6682	0.3318	1.497	0.2768

注：PIC > 0.5 为高度多态，0.25 < PIC < 0.5 为中度多态，PIC < 0.25 为低度多态

Note: PIC > 0.5 means high diversity, 0.25 < PIC < 0.5 means mode rate diversity, PIC < 0.25 means low diversity

3.3 德国美利奴羊产羔数与年份、胎次、GDF9（G1）基因型的相关性

德国美利奴羊产羔数与年度及胎次的相关性见表5。

表5 不同年度及胎次的德国美利奴羊产羔数的最小二乘均值及标准误

Table 5 Least squares mean and standard error for litter size of different year and birthorder in German Mutton Merino

年度 Year	样本数 No. of samples	最小二乘均值及标准误 Least squares mean ± standard erron	胎次 birthorder	样本数 No. of samples	最小二乘均值及标准误 Least squares mean ± standard erron
2006	287	1.68 ± 0.05	第1胎	184	1.34 ± 0.06a
2007	30	1.74 ± 0.11	第2胎	165	1.63 ± 0.07b
2008	270	1.64 ± 0.05	第3胎	153	1.69 ± 0.07b
2009	76	1.63 ± 0.08	第4胎	114	1.70 ± 0.08b
2010	10	1.38 ± 0.18	第5胎	57	1.58 ± 0.09ab
2011	27	1.75 ± 0.12	第6胎	27	1.88 ± 0.12b

由表 5 可知：德国美利奴羊各年度的产羔数有差异，最低 1.38 只，最高 1.75 只，但差异不显著（$P>0.05$）；各胎次的产羔数有差异，最高 1.88，最低 1.34，其中第 1 胎与第 2、3、4、6 胎之间差异极显著（$P<0.01$）。

不同 GDF9（G1）基因型德国美利奴羊产羔数的最小二乘均值及标准误见表 6。

表 6 不同 GDF9（G1）基因型德国美利奴羊产羔数的最小二乘均值及标准误
Table 6 Least squares mean and standard error for litter size of different GDF9（G1）genotypes in German Mutton Merino

基因型 Genotype	样本数 No. of samples	最小二乘均值及标准误 Least squares mean ± standard erron
GG	400	1.55 ± 0.048
AG	279	1.59 ± 0.053
AA	21	1.77 ± 0.125

由表 6 可见，AA（突变型）德国美利奴羊平均产羔数比 GG（野生型）多 0.22 只，但差异不显著（$P>0.05$），AG（杂合型）德国美利奴羊平均产羔数比 GG（野生型）多 0.04 只，但差异不显著（$P>0.05$）。结果初步表明 GDF9 基因的 G1 突变对德国美利奴羊繁殖力没有显著影响。

4 讨论

4.1 连接酶检测反应

连接酶检测反应是利用高温连接酶实现对基因多态性位点识别的一种 SNP 多态性检测分析新技术。先通过多重 PCR（Multiplex PCR）获得含有待检测突变位点的基因片断，然后进行多重 LDR（Multiplex LDR），高温连接酶一旦检测到 DNA 中与互补的两条寡聚核苷酸接头对应处存在点突变类型碱基错配，连接反应立即停止。反应结束后，LDR 检测结果即可通过测序仪电泳读取。以 LDR 为核心技术的 SNP 检测系统具有多项显著优势：最大优点是实验时间短，与 Taqman、RFLP、SSCP 和 DHPLC 相比，由于检测条件更易控制，因此从 DNA 样本到数据的产出，整体实验只需几周；其次通用性强，适用于各种 SNP 位点的分型，而 RFLP 只能对一部分含有酶切位点的 SNP 进行分型，但酶切不完全时数据不可读；LDR 技术普遍适用，不论样本量或位点数的多少，适用于各种 SNP 的研究方案。避免了 Taqman 和芯片方法的高成本和样本量及位点数要求；LDR 技术可通过准确分型提供更高质量的分析结果，使得科研成果更具创新性，更易得到国际同行的认可；本研究利用 LDR 高效基因分型技术对德国美利奴羊进行了 10 个基因位点的多态检测，得到了准确的试验数据，为利用标记辅助育种技术探索我国的德国美利奴羊繁殖性状的快速选育进行了有价值的探索。

4.2 关于绵羊 BMPR-IB、BMP15 和 GDF9 基因的多态性

本文所检测的 10 个位点在一些世界著名的高繁殖力品种中均有报道，比如澳大利亚布鲁拉美利奴[3]和印度 Garole 羊[11]中的 Fec^B 突变位点，Inverdale 绵羊的 $FecX^I$（V31D）位点

和 Hanna 绵羊的 $FecX^H$（Q23Ter）位点[12]，Belclare 和 Cambridge 绵羊的 $FecX^G$（Q239 Ter）位点和 $FecX^B$（S99I）位点[13]，Lacaune 绵羊的 $FecX^L$ 位点[14]，西班牙 Rasa Aragonesa 绵羊的 $FecX^R$（17bp 缺失）突变[15,16]，Belclare 绵羊和 Cambridge 绵羊的 G1 突变[13]等。我国很多绵羊品种中也发现了上述部分突变，如小尾寒羊和湖羊中存在 Fec^B 突变[4,17]，小尾寒羊还存在 B2 突变[18]，但很多品中却没有检测到相应突变，如小尾寒羊、湖羊、滩羊和中国美利奴绵羊都不携带 BMP15 的 $FecX^I$（V31D）突变[4,11,17,19]，小尾寒羊和湖羊没有发生 BMP15 基因的 $FecX^H$ 突变[17,19]，小尾寒羊、湖羊以及特克赛尔、多赛特和德国肉用美利奴绵羊都没有发生与 Belclare 绵羊相同的 $FecX^B$ 突变（B4）、$FecX^G$（B2）突变、G8 突变[18]。储明星等 2010 年在小尾寒羊、洼地绵羊、湖羊、考力代、白萨福克、黑萨福克、东弗里生、杜泊绵羊、特克赛尔、多赛特和中国美利奴 11 个绵羊品种中都没有检测到 GDF9 基因的 FecTT 突变（数据未发表）。对 90 只德国美利奴母羊 BMPR-IB 基因的多态性研究结果表明，德国美利奴羊不存在 BMPR-IB 基因多态性[20]，也没有检测到 $FecX^B$ 突变（B4）、$FecX^G$（B2）突变和 GDF9 基因的 G8 突变[18,19]。

本研究在 281 只德国美利奴羊中均未检测到 BMPR-IB 基因 FecB 位点、BMP15 基因的上述 6 个位点、GDF9 基因 G8 位点和 FecTT 位点的多态性，结果提示这些基因的相应位点对德国美利奴羊的繁殖力没有影响。然而，不同于以往，本研究首次在德国美利奴羊中检测到了 GDF9 基因的 G1 突变，并达到中度多态水平，还发现了与其他研究不同点：该突变纯合型没有表现出不育，相反其平均产羔数还略高于其他基因型（见表 6），其 AA 型（突变型）和 AG 型（杂合型）个体平均产羔数均比 GG 型（野生型）多，但差异不显著（$P > 0.05$），结果初步表明 GDF9 基因的 G1 突变对德国美利奴羊高繁殖力没有显著影响。G1 突变最早在 Belclare 绵羊和 Cambridge 绵羊上发现[13]，由于 GDF9 基因第 1 外显子 260bp 处的 C→A 突变导致了氨基酸的改变，使编码区的第 87 个氨基酸残基由精氨酸改变为组氨酸[13]。从本研究推断，该突变虽然引起了该蛋白氨基酸组成的变异，但没有引起其功能的改变，可能该突变没有位于该蛋白的主要功能域中。

4.3 影响德国美利奴羊双羔性的因素

我们对内蒙古纯种德美种羊场 2006—2011 年有产羔记录的 254 只德美母羊的产羔性状影响因素研究发现：德美母羊第一胎双羔率较低，与后几胎差异极显著，从第二胎开始，双羔率稳定在 50% 左右（表 5）。研究中还发现：德美羊产羔数除胎次外，年份之间表现也有差异（表 5），另外在 254 只母羊中，很少有母羊每胎都产双羔的，也很少有母羊每胎都产单羔的，因此我们认为德美羊的产双羔的机制很复杂，可能受多重因素影响，弄清其产双羔的繁殖机制还需要做进一步的研究。本研究虽然没有发现与德国美利奴羊繁殖力相关的基因突变位点，但是排除了 3 个基因 10 个突变位点，为进一步研究德国美利奴羊产双羔机制奠定了基础。

5　结论

建立了绵羊育种的 LDR SNP 多态性基因分型快速检测技术；首次在德国肉用美利奴羊 GDF9 基因上检测到了 G1 突变，但是没有检测到 $FecG^H$（G8）、FecTT 突变和 BMPR-RB、BMP15 基因上的突变位点。GDF9 基因的 G1 突变在所检测群体中处于 Hardy-Weinberg 平衡状态，达到中度多态水平，但其多态与产羔数的相关性差异不显著。此结果提示上述基因不是影响德国美利奴羊产羔数的主效基因。

参考文献

[1] Wilson, T., X. Y.. Wu, and J. L. Juengel. Highly prolific Booroola sheep have a mutation in the intracellular kinase domain of bone morphogenetic protein IB receptor (ALK-6) that is expressed in both oocytes and granulosa cells [J]. Biol. Reprod, 2001, 64: 1 225 – 1 235.

[2] Mulsant, P., F. Lecerf, and S. Fabre. Mutation in Bone morphogenetic protein receptor-IB is associated with increased ovulation rate in Booroola Merino ewes [J]. proceedings of the National Academy of Sciences of the USA, 2001, 98: 5 104 – 5 109.

[3] Souza, C. J., B. Campbell, and A. S. McNeilly. The Booroola (FecB) phenotype is associated with a mutation in the bone morphogenetic receptor type 1 B (BMPRIB) [J]. Endocrinology, 2001, 169 (2): Rl – R6.

[4] Davis, G. H., L. Balkrishnan, and I. K. Ross. Investigation of the Booroola (Fec B) and Inverdale (Fec X I) muatation in 21 prolific breeds and strains of sheep samples in 13 countries [J]. Animal Reproduction Science, 2006, 92: 87 – 96.

[5] Juengel, J. L., N. L. Hudson, and D. A. Heath. Growth differentiation factor9 and bone morphogenetic protein 15 are essential for ovarian follicular development in sheep [J]. Biol Reprod, 2002, 67 (6): 1 777 – 1 789.

[6] Moore, R. K. and S. Shimasaki. Molecular biology and physiological role of the oocyte factor, BMP-15 [J]. Mol. Cell. Endocrinol, 2005, 234: 67 – 73.

[7] Otsuka, F., Z., T. Yao, and S. Lee. Bone morphogenetic protein-15 Identification of target cells and biological functions [J]. Biol. Chem, 2000, 275: 39 523 – 39 528.

[8] Otsuka, F., S. Yamamoto, and G. F. Erickson. Bone morphogenetic protein-15 inhibits follicle-stimulating hormone (FSH) action by suppressing FSH receptor expression [J]. Biol. Chem, 2001, 276: 11 387 – 11 392.

[9] 赵有璋. 现代养羊 [M]. 北京: 金盾出版社, 2005: 146 – 152.

[10] LUO J, BERGSTORM D. E, and B. F. Improving the fidelity of thermos thermophilus DNA ligase [J]. Nucleic Acids Research, 1996, 24 (14): 3 071 – 3 078.

[11] Davis, G. H., S. M. Galloway, and I. K. Ross. DNATests in Prolific Sheep from Eight Countries Provide New Evidence on Origin of the Booroola (FecB) Mutation [J]. Biology of Reproduction., 2002, 66: 1 869 – 1 874.

[12] Galloway, S. M., K. P. McNatty, and L. M. Cambridge. Mutations in an oocyte-derived growth factor gene (BMP15) cause increased ovulation rate and infertility in a dosage-sensitive manner [J]. Nature Genetics, 2000, 25: 279 – 283.

[13] Hanrahan (Hanrahan, Gregan et al. 2004), P. J., S. M. Gregan, and P. Mulsant. Mutations in the genes for oocyte-derived growth factors GDF9 and BMP15 are associated with both increased ovulation rate and sterility in Cambridge and Belclare sheep (Ovis aries) [J]. Biology of Reproduction, 2004, 70: 900 – 909.

[14] Bodin, L., et al.. A novel mutation in the bone morphogenetic protein 15 gene causing defective protein secretion is associated with both increased ovulation rate and sterility in Lacaune sheep [J]. Endocrinology, 2007, 148: 393 – 400.

[15] Monteagudo, L. V., R. Ponz, and M. T. Tejedor. A 17bp deletion in the Bone Morphogenetic Protein 15 (BMP15) gene is associated to increased prolificacy in the Rasa Aragonesa sheep breed [J]. Animal Reproduction Science, 2009, 110: 139 – 146.

[16] Martinez-royo, A., J. J. Jurado, and J. P. Smulders. A deletion in the bone morphogenetic protein 15 gene cause sterility and increased prolicacy in Rasa Aragonesa sheep [J]. Animal Genetics, 2008, 39 (3): 294 – 297.

[17] Liu, S. F., Y. L. Jiang, and L. X. Du. Studies of BMPRIB and BMP15 as candidate genes for fecundity in little tailed han sheep [J]. Yi Chuan Xue Bao [Acta Genetica Sinica], 2003, 30: 755 – 760.

[18] Chu, M. X., Sang, L. H., Wang, J. Y., Study on BMP15 and GDF9 as candidate genes for prolificacy of Small Tailed Han sheep [J]. Acta Genetica Sinica (遗传学报), 2005b, 32: 38 – 45.

[19] Chu, M. X., R. Cheng, and G. H. Chen. Study on bone morphogenetic protein 15 as a candidate gene for prolificacy of Small Tailed Han sheep and Hu sheep [J]. Journal of Anhui Agriculture University, 2005a, 32: 2 78 – 282.

[20] 储明星, 狄冉, 叶素成等. 绵羊多胎主效基因 FecB 分子检测方法的建立与应用 [J]. 农业生物技术学报, 2009, 17 (1): 52 – 58.

原文发表于《南京农业大学学报》, 2012, 35 (3): 114 – 120.

绵羊 *LHR* 基因 PCR-SSCP 多态性与繁殖性状的关联分析[*]

王利红[1,2**], 高勤学[2], 张 伟[2], 靳春方[3], 李玉春[4], 王 锋[1***]

(1. 南京农业大学动物科技学院, 南京 210095; 2. 江苏畜牧兽医职业技术学院, 泰州 225300; 3. 山西省陵川县畜牧局, 陵川 048300; 4. 山西省太谷县畜牧兽医中心, 太谷 030800)

摘 要: 促黄体素受体 (luteinizing hormone receptor, *LHR*) 基因与动物的繁殖力密切相关。本文通过聚合酶链式反应-单链构象多态性 (PCR-SSCP) 分析方法首次检测了绵羊品种 (湖羊、晋中绵羊和陵川半细毛羊) 促黄体素受体 *LHR* 基因外显子 11 核酸序列的单核苷酸多态性, 并研究该基因多态性对湖羊性早熟和产羔数的影响。结果表明: 在 6 对引物扩增产物中, 只有引物 P2 和 P6 的扩增片段具有多态性, 引物 P2 扩增区存在两种基因型, 分别为 LL 和 LM 型, 在 3 个绵羊品种中均未检测到 MM 型; 引物 P6 扩增区存在 6 种不同 SSCP 带型, 经序列比对分析存在 *T2053A*、*A2044T* 和 *G2003A* 的错义突变。分析表明, 湖羊和晋中绵羊 P2 扩增区基因型分布差异不显著 ($P > 0.05$), 湖羊和晋中绵羊基因型分布与陵川半细毛羊均存在极显著差异 ($P < 0.01$); P6 扩增区, 2053、2044、2003 位点各基因型分布在湖羊和晋中绵羊间差异不显著 ($P > 0.05$), 而湖羊和晋中绵羊基因型分布与陵川半细毛羊间存在显著差异。P2 扩增位点仅陵川半细毛羊的基因分布不符合哈迪—温伯格定律; P6 扩增区湖羊和晋中绵羊在各突变位点的等位基因频率处于群体平衡状态, 陵川半细毛羊除 2003 突变位点基因分布处于群体不平衡状态外, 其余突变位点的等位基因频率分布符合哈迪—温伯格定律; *LHR* 外显子 11 区不同基因型湖羊各胎次产羔数差异不显著 ($P > 0.05$), 表明 *LHR* 外显子 11 对湖羊的性早熟和高繁殖力性状都没有显著影响。

关键词: 促黄体素受体基因 (*LHR*); PCR-SSCP; 繁殖力; 湖羊; 晋中绵羊; 陵川半细毛羊

---

[*] 基金项目: 国家科技支撑计划 (2008BADB2B04-7); 江苏牧医学院院级课题 (HX200906);
[**] 作者简介: 王利红, 女, 副教授, 博士研究生, E-mai: wanglihong345@yahoo.com.cn;
[***] 通讯作者: 王锋, 男, 博士, 教授, 博士生导师, E-mail: caeet@njau.edu.cn

Correlation Analysis between PCR-SSCP Polymorphisms of Luteinizing Hormone Receptor (*LHR*) and Reproductive Traits in Sheep

Wang Lihong[1,2], Gao Qinxue[2], Zhang Wei[2], Jin Chunfang[3], Li Yuchun[4], Wang Feng[1]

(1. College of Animal Science and Technology, Nanjing Agricultural University, Nanjing 210095, China; 2. Jiangsu Animal husbandry and Veterinary college, Taizhou 225300, China; 3. Animal husbandry Bureau of Lingchuan Town, Lingchuan 048300, China; 4. Service centre of animal husbandry and veterinary of Taigu Town, Taigu 030800, China)

Abstract: Luteinizing Hormone Receptor (*LHR*) is one of the important genes that affect animal reproduction. The nucleotide sequence and Single-Strand Conformation Polymorphism (SSCP) in exon 11 of *LHR* gene were studied in Hu sheep (sexual precocity and high prolificacy breed), Jinzhong sheep and Lingchuan semi-fine wool sheep (delayed puberty and low prolificacy breeds). Results showed that products amplified by primer P2 and P6 exist polymorphisms. Only two genotypes (LL and LM) were found for primer P2, Six SSCP types and three mutations (*T2053A*, *A2044T* and *G2003A*) were detected for primer P6. There were no significant difference in genotype distribution between Hu and Jinzhong sheep but extremely significant differences between Lingchuan semi-fine wool sheep and the other two breeds for primer P2. SSCP types and genotypes distributions in three mutation sites (2053, 2044 and 2003) were no significant differences between Hu sheep and Jinzhong sheep but significant difference between Lingchuan semi-fine wool sheep and the other two for primer P6. The alleles frequency of mutation sites, except P2 and 2003 mutation site of P6 in Lingchuan semi-fine wool sheep, were accordant with Hardy-Weinberg law. Considering that litter size among all kinds of genotypes had no significant difference, we could preliminarily concluded that exon 11 of *LHR* had no significant influence on sexual precocity and prolificacy in Hu sheep.

Key words: Luteinizing Hormone Receptor (*LHR*); PCR-SSCP; reproductive capacity; Hu Sheep; Jinzhong sheep; Lingchuan semi-fine wool sheep

黄体生成素（Luteinizing hormone，LH）是由垂体前叶的促性腺激素细胞分泌的一种糖蛋白类激素，其作用的发挥必须依赖促黄体素受体（luteinizing hormone receptor，LHR），LH 与 LHR 的胞外功能区结合后可激活受体，进而激活 cAMP 系统，引起甾体激素的合成与分泌，从而参与哺乳动物受精卵着床、性腺发育等一系列生理活动的调节。LHR 为 G 蛋白偶联型受体，具有 7 个跨膜区，4 个胞内区以及由 3 个环状区和 N 端组成的细胞外区，其中跨膜区具有结合 G 蛋白特性，而胞内区是发生磷酸化作用的部位，细胞外区中大约有 14 个不完全重复的富含亮氨酸序列，每一个序列大约含有 25 个氨基酸残基，其功能是负责结合 LH，因此，该区域不仅具有结合激素的作用，而且还具有与跨膜区发生反应后介导信号传导的特性[1,2]。LHR 基因编码区由 11 个外显子和 10 个内含子组成，LHR 基因外显子 1～10 编码 LHR 的细胞外区，外显子 11 编码重要的 C 端细胞内区、7 个跨膜区和细胞外 N 端的 47 个氨基酸[1,3]。Meehan 等（2007）研究发现，LHR 基因的激活突变倾向于被限制在跨膜螺旋和外显子 11 编码的细胞内环上，有 14 个位于第 11 外显子的单个碱基替换已被证实，这些单个碱基替换导致了 LHR 第 1、2、3、5 和 6 膜螺旋或第二胞质环的错义突变[4]。

湖羊是我国育成的多胎绵羊品种，主要分布在浙江、江苏和上海等地，具有性成熟早（性成熟平均日龄：公羊 180 天，母羊 150 天。引自"家养动物遗传资源信息网"）、四季发情、多胎高产（产羔率 228.9%），生长发育快等优异经济性状；晋中绵羊主要分布于山西省晋中市，属短脂尾型，具有生长快易肥育，肉质鲜嫩，发情周期 149 天，7 月龄性成熟，1 年 1 胎，双胎率甚少，产羔率 102%（引自"家养动物遗传资源信息网"）；陵川半细毛羊是我国培育的毛肉兼用半细毛羊，分布于晋东南陵川县及临近各县，具有善爬坡、抗病力强、耐粗饲、增膘快、产毛量高，性成熟平均日龄：公羊 165 天，母羊 240 天（引自"家养动物遗传资源信息网"），1.5～2 岁配种，产羔率 125%[5]。本研究以湖羊、晋中绵羊和陵川半细毛羊为实验材料，采用单链构象多态性（single strand conformation polymorphism, SSCP）分析方法，对 LHR 基因外显子 11 区进行单核苷酸多态性（single nucleotide polymorphism, SNP）检测，以寻找与繁殖性状相关的遗传标记，为绵羊高繁殖性能的标记辅助选择育种提供科学依据。

1 材料与方法

1.1 试验材料

随机选择苏州市种羊场湖羊母羊（84 只），山西省陵川县杨村镇养羊场陵川半细毛羊母羊（36 只）和山西丰收农业科技集团有限公司水平蔗养羊基地晋中绵羊母羊（32 只）采集耳组织样，用酚-氯仿抽提法提取基因组 DNA，超纯水稀释至 100ng/μL，-20℃冷冻保存。

1.2 引物设计和 PCR 扩增

根据 GenBank 中绵羊 LHR mRNA 序列（L36329）、山羊 LHR mRNA 序列（FJ755812）和牛 LHR mRNA 序列（NM_174381）用 Oligo 6.0 软件设计 6 对引物，由上海生工生物工程有限公司合成，扩增绵羊 LHR 外显子 11，引物序列扩增片段大小、扩增区域和退火温度见表 1。

PCR 扩增条件：95℃预变性 5min；94℃变性 30s，退火 30s（退火温度见表 1），72℃延伸 1min，35 个循环，最后 72℃延伸 10min，4℃保存。PCR 扩增总体积为 25μL，其中 10×PCR Buffer 2.5μL（含 Mg^{2+}），10μM 上下游引物各 1μL，2.5mM dNTPs 2.0μL，100 ng/μL DNA 模板 2.0μL，Taq DNA 聚合酶为 0.25μL，去离子水 16.25μL。

表1 绵羊 *LHR* 外显子11 PCR 扩增分析用引物序列、退火温度和扩增片段大小
Table 1 Primer sequence, product size and annealing temperature of sheep *LHR* gene exon 11

引物	引物序列	产物大小/bp	退火温度/℃
P1	F: TTATTCTGCCATCTTTGCTGAGAG R: TAGAGCCCATGCAGAAGTCT	285	58
P2	F: TCGTTTCCTCATGTGCAATCT R: GGTATGCCATCTTTCTAGTGTGAT	220	58
P3	F: ACACCCTCACAGTCATCACACTAG R: ATGGGGAGGCAAATGCTGACCTT	187	60
P4	F: TCCCCATGGATGTGGAAACCACT R: GTGAAATCAGTGAAGATGAGGACTG	196	60
P5	F: TTTCACCTGCATGGCACCAATCTCT R: TTACAGCAGCCAAATTTGCTCAGC	201	59
P6	F: CAAATTTGGCTGCTGTAAATATCG R: TTAACATTCCTTATAGCAAGTCTTGTCC	184	59

1.3 SSCP 分析

5μL PCR 产物和 10μL 变性剂 [98% 甲酰胺、0.025% 溴酚蓝、0.025% 二甲苯氰、10mM EDTA (pH 值 8.0)、10% 甘油] 混匀，98℃ 变性 10min，然后冰浴 7min 变性后 PCR 产物在 8% 或 12% 非变性聚丙烯酰胺：甲叉双丙烯酰胺 (29:1) 凝胶中电泳，电压 100~120V，电泳时间 8~12h，电泳结束后，银染显带，拍照和分析。

1.4 PCR 产物测序

SSCP 分析后不同基因型的 PCR 产物送上海英骏生物技术有限公司测序。

1.5 统计分析

用 SPSS 13.0 软件的卡方检验各基因型分布差异显著性及基因频率群体平衡性，用一维方差分析基因型与产羔性状间关系。

2 结果

2.1 PCR 扩增

对3个品种的绵羊进行 *LHR* 基因外显子11扩增，所得 PCR 产物用 1.5% 琼脂糖凝胶电泳检测（图1）。结果表明，扩增片段与目的片段大小一致且特异性好，可直接进行 SSCP 分析。

2.2 SSCP 分析

对引物 P1－P6 扩增的 PCR 产物分别进行 SSCP 分析，结果显示，只有引物 P2 和引物 P6 存在不同基因型，其他引物的 PCR 产物不存在单链构象多态性。P2 引物 PCR-SSCP（图2，a）存在两种基因型，分别为 LL 和 LM 型；P6 引物 PCR-SSCP（图2，b）存在6种不同

条带类型。

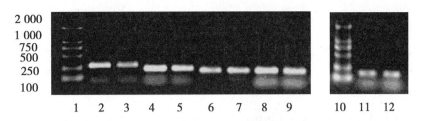

图 1　引物 P1 – P6 PCR 扩增产物

Fig. 1　PCR products of P1 – P6 primers

(1、10：Marker；2、3：引物 P1 扩增产物；4、5：引物 P2 扩增产物；6、7：引物 P3 扩增产物；8、9：引物 P4 扩增产物；11、12：引物 P6 扩增产物)

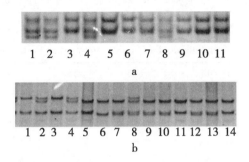

图 2　引物 P2 和 P6 扩增片段的 SSCP 分析

Fig. 2　SSCP analysis of PCR products of primers P2 （a） and P6 （b）

(a：P2 扩增片段 SSCP（8%胶）结果，1、2、4、8 为 LM 型；3、5、6、7、9、10、11 为 LL 型；b：P6 扩增片段 SSCP（12%）结果，5、11、14 为 SSCP-1 型；6 为 SSCP-2 型；7、9、10、12、13 为 SSCP-3 型；2、4 为 SSCP-4 型；8 为 SSCP-5 型；1、3 为 SSCP-6 型)

2.3　序列分析

2.3.1　引物 P2 扩增片段不同基因型序列分析

对引物 P2 扩增片段 SSCP 不同基因型进行序列测定，并与绵羊 *LHR* mRNA 序列（L36329）进行比对分析（图3），结果显示在 1 020 位存在碱基突变（C→A），这种突变可使原丙氨酸（Ala）变为天冬氨酸（Asp）。

2.3.2　引物 P6 扩增片段不同基因型序列分析

将引物 P6 扩增片段 SSCP 不同基因型的序列测定结果与牛 *LHR*（NM-174381）外显子 11 区进行序列比对分析（GeneBank 绵羊 *LHR* 序列（L36329）中尚没有该区段信息），结果显示（图4），在 2 053 位点存在 T→A、2 044 位点 A→T 和 2 003 位点 G→A 的突变，这种突变分别可造成氨基酸由亮氨酸变为蛋氨酸（2 053 位点），苏氨酸变为丝氨酸（2 044 位点）以及半胱氨酸变为酪氨酸（2 003 位点）的错义突变。

2.4　绵羊 *LHR* 外显子 11 群体遗传分析

3 个绵羊品种 *LHR* 外显子 11 的 P6 扩增区不同 SSCP 型频率见表 2，通过统计分析表明

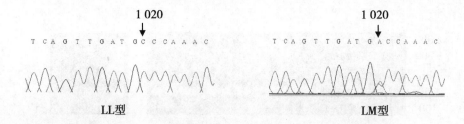

图3 引物P2 PCR-SSCP不同基因型核酸序列比对分析结果
Fig. 3 Nuclear sequence comparison of different genotypes of PCR-SSCP products for primer P2

(表3),不同绵羊品种之间相应SSCP型频率分布存在显著差异,其中在湖羊和晋中绵羊之间无显著差异($P>0.05$),湖羊和陵川半细毛羊之间SSCP型频率分布存在极显著差异($P<0.01$),晋中绵羊和陵川半细毛羊之间SSCP型频率分布存在极显著差异($P<0.01$)。

表2 3个绵羊品种 *LHR* 基因引物P6扩增区不同SSCP型频率
Table 2 SSCP type frequencies of *LHR* gene for primer P6 in three sheep breeds

绵羊品种 \ SSCP型	SSCP-1	SSCP-2	SSCP-3	SSCP-4	SSCP-5	SSCP-6	数量(只)
湖羊	0.42(35)	0.06(5)	0.31(26)	0.10(8)	0.04(3)	0.08(7)	84
陵川半细毛羊	0.17(6)	0.00(0)	0.06(2)	0.39(14)	0.06(2)	0.33(12)	36
晋中绵羊	0.28(9)	0.09(3)	0.31(10)	0.19(6)	0.06(2)	0.06(2)	32

注:括号内的数字是各基因型绵羊个体数

表3 3个绵羊品种 *LHR* 基因引物P6扩增区不同SSCP型分布差异检验
Table 3 Test of difference of *LHR* SSCP type distribution for primer P6 in three sheep breeds

绵羊品种	晋中绵羊	陵川半细毛羊
湖羊	3.66	35.76**
陵川半细毛羊	19.11**	

注:表中上标"*"为差异显著($P<0.05$),"**"为差异极显著($P<0.01$);$\chi^2(5, 0.05)=11.07$;$\chi^2(5, 0.01)=15.09$

绵羊 *LHR* 基因外显子11碱基突变区等位基因频率和基因型频率见表4和表5。P2扩增位点有两种等位基因,分别为L和M,基因型有LL和LM型,3个绵羊品种均未检测到MM型。P6扩增区域存在3个突变位点(2 053、2 044和2 003位点),为了具体分析各突变位点对绵羊繁殖力的影响,对各突变位点分别进行等位基因及基因型频率分析:在2 053突变位点存在两种等位基因(A和B),基因型有AA、AB和BB,但在陵川半细毛羊中未检测到BB型;在2 044突变位点有两种等位基因(C和D),基因型在3种绵羊品种中仅检测到CD和DD型;在2 003突变位点有两种等位基因(E和F),基因型在3个绵羊品种中只有EE和EF型。

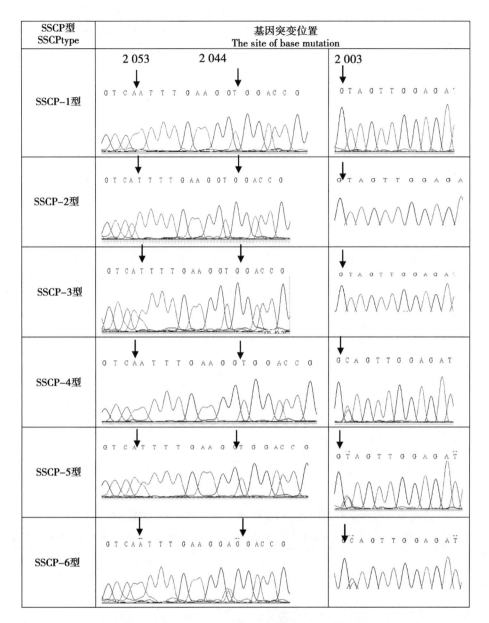

图 4　引物 P6 扩增片段 PCR-SSCP 不同基因型核酸序列比对分析结果

Fig. 4　Nuclear sequence comparison of different genotypes of PCR-SSCP products for primer P6

经统计分析（表6）结果表明，P2 扩增区，湖羊和晋中绵羊各基因型分布无显著差异（$P>0.05$），陵川半细毛羊与湖羊及晋中绵羊间各基因型分布均存在极显著差异（$P<0.01$）。P6 扩增区，湖羊和晋中绵羊间各基因型分布无显著差异（$P>0.05$），湖羊和陵川半细毛羊间基因型分布存在极显著差异（$P<0.01$），晋中绵羊和陵川半细毛羊间除 2044 突变位点的基因型分布存在显著差异外（$P<0.05$），其他位点基因型分布均存在极显著差异（$P<0.01$）。

表4 3个绵羊品种 *LHR* 基因 P2 扩增产物等位基因频率和基因型频率

Table 4　Allele and genotype frequencies of *LHR* gene for primer P2 in three sheep breeds

绵羊品种	引物 P2				数量（只）
	等位基因频率		基因型频率/（只）		
	L	M	LL	LM	
湖羊	0.84	0.16	0.68 (57)	0.32 (27)	84
晋中绵羊	0.83	0.17	0.66 (21)	0.34 (11)	32
陵川半细毛羊	0.59	0.41	0.17 (6)	0.83 (30)	36

表5 3个绵羊品种 *LHR* 基因 P6 扩增产物不同突变位点等位基因频率和基因型频率

Table 5　Allele and genotype frequencies of *LHR* gene for primer P6 in three sheep breeds

绵羊品种	2 053 位点					2 044 位点				2 003 位点				数量（只）
	等位基因频率		基因型频率/（只）			等位基因频率		基因型频率/（只）		等位基因频率		基因型频率/（只）		
	A	B	AA	AB	BB	C	D	CD	DD	E	F	EE	EF	
湖羊	0.77	0.23	0.595 (50)	0.345 (29)	0.06 (5)	0.04	0.96	0.08 (7)	0.92 (77)	0.895	0.105	0.79 (66)	0.21 (18)	84
晋中绵羊	0.72	0.28	0.53 (17)	0.38 (12)	0.09 (3)	0.03	0.97	0.06 (2)	0.94 (30)	0.845	0.155	0.69 (22)	0.31 (10)	32
陵川半细毛羊	0.94	0.06	0.89 (32)	0.11 (4)	0.00 (0)	0.165	0.835	0.33 (12)	0.67 (24)	0.61	0.39	0.22 (8)	0.78 (28)	36

表6 3个绵羊品种 *LHR* 基因 P2 和 P6 扩增产物不同基因型分布差异检验

Table 6　Test of difference for *LHR* genotype distribution for primer P2 and P6 in three sheep breeds

绵羊品种	引物 P2		P6					
			2 053 位点		2 044 位点		2 003 位点	
	晋中绵羊	陵川半细毛羊	晋中绵羊	陵川半细毛羊	晋中绵羊	陵川半细毛羊	晋中绵羊	陵川半细毛羊
湖羊	0.00	24.47**	0.62	10.35**	0.00	10.02**	0.74	31.51**
陵川半细毛羊	14.98**		11.40**		6.03*		13.05**	

注：表中上标"*"为差异显著（$P<0.05$），"**"为差异极显著（$P<0.01$）；$\chi^2(1, 0.05) = 3.84$，$\chi^2(1, 0.01) = 6.64$；$\chi^2(2, 0.05) = 5.99$，$\chi^2(2, 0.01) = 9.21$。

对3个绵羊品种 *LHR* 外显子11区不同基因型进行群体遗传平衡性检验（表7），结果表明，P2扩增位点中湖羊和晋中绵羊基因分布符合哈迪—温伯格定律，处于群体平衡状态（$P>0.05$），而陵川半细毛羊的基因分布不符合哈迪—温伯格定律，处于群体不平衡状态（$P<0.01$）。P6扩增区湖羊和晋中绵羊在各突变位点的等位基因频率符合哈迪—温伯格定律，均处于群体平衡状态（$P>0.05$）；陵川半细毛羊除2 003突变位点基因分布处于群体不平衡状态（$P<0.01$）外，其余突变位点的等位基因频率分布符合哈迪—温伯格定律，处于群体平衡状态（$P>0.05$）。

表7 3个绵羊品种各基因型频率群体平衡性 χ2 检验
Table 7 χ2 test of the balance of difference genotype frequency in three breeds of sheep

品种 \ 引物	P2	P6 2 053 位点	P6 2 044 位点	P6 2 003 位点
湖羊	3.10	0.09	0.18	1.26
晋中绵羊	1.40	0.41	0.04	1.11
陵川半细毛羊	18.55**	0.13	1.46	14.55**

注：表中上标"*"为差异显著（$P<0.05$），"**"为差异极显著（$P<0.01$）；$\chi^2 (2, 0.05) = 5.99$；$\chi^2 (2, 0.01) = 9.21$。

2.5 湖羊 LHR 外显子11不同基因型产羔数分析

对有产羔记录的湖羊进行 LHR 外显子11引物 P2 和 P6 扩增区不同基因型个体两个胎次的产羔数进行 SPSS 统计分析（见表8），结果显示 P2 和 P6 扩增区不同基因型与湖羊各胎次产羔数间无显著差异（$P>0.05$）。

表8 LHR 基因不同基因型湖羊产羔数平均值及标准误
Table 8 Average and standard error for litter size of different genotypes of LHR gene in Hu Sheep

引物		基因型	第一胎产羔数（只）	第二胎产羔数（只）
P2		LL	$1.98^a \pm 0.55$	$2.46^a \pm 0.76$
		LM	$2.05^a \pm 0.76$	$2.36^a \pm 0.84$
P6	2 053 位点	AA	$1.94^a \pm 0.57$	$2.48^a \pm 0.81$
		AB	$2.15^a \pm 0.73$	$2.42^a \pm 0.77$
		BB	$2.00^a \pm 0.00$	$2.00^a \pm 0.00$
	2 044 位点	CD	$2.00^a \pm 0.58$	$2.75^a \pm 0.50$
		DD	$2.01^a \pm 0.62$	$2.43^a \pm 0.80$
	2 003 位点	EE	$2.06^a \pm 0.59$	$2.39^a \pm 0.78$
		EF	$1.80^a \pm 0.68$	$2.86^a \pm 0.69$

注：同一位点具有相同字母肩标的平均值间差异不显著（$P>0.05$）

3 讨论与结论

3.1 绵羊 LHR 基因外显子11区多态性分析

2007年 Meehan 等的研究发现，LHR 基因的激活突变倾向于被限制在跨膜螺旋和外显子11编码的细胞内环上，有14个位于第11外显子的单个碱基替换已被证实，这些单个碱基替换导致 LHR 第 1、2、3、5 和 6 膜螺旋或第二胞质环的错义突变[4]。Marson 等（2008）利用 PCR-RFLP 分析欧洲牛与瘤牛多品种杂交的后代母牛 LHR 基因多态性，发现了 LHR 基因存在 Hha I 酶切多态性，共产生了 3 种基因型 TT、CT 和 CC[6]。狄冉等（2009）在济宁青山羊 LHR 基因外显子 11 中检测到 G1522A、A2039G 突变[2]。本研究依据相关研究报道及 GenBank 中绵羊 LHR mRNA 序列（L36329）、山羊 LHR mRNA 序列（FJ755812）和牛 LHR mRNA 序列（NM-174381）设计 6 对引物，首次扩增并分析了绵羊 LHR 外显子 11 区。研究结果显示，只有引物 P2 和引物 P6 扩增区存在不同基因型。通过 SSCP 检测，湖羊、晋中绵羊和陵川半细毛羊的引物 P2 扩增区存在两种基因型（LL 和 LM 型），而 MM 型则均未检测到。经与绵羊 LHR mRNA 序列（L36329）进行比对分析（图 3），结果显示存在 C1020A 突变，这种突变可使原丙氨酸（Ala）变为天冬氨酸（Asp）。3 个绵羊品种中 MM 纯合体缺失，表明 C1020A 的突变可能对 LHR 基因功能产生影响，进而影响到绵羊的其他生理机能。引物 P6 PCR-SSCP（图 2，b）在 3 个绵羊品种中检测出存在 6 种不同 SSCP 条带类型，经核酸序列分析，P6 扩增区共存在 3 处位点的碱基突变，2 053 位在湖羊和晋中绵羊群体中均检测到 AA、AB、BB 基因型，表明 T2053A 的突变不会对 LHR 基因功能造成影响；2 044 位和 2 003 位在 3 个绵羊品种中均未检测到 CC 型和 FF 型纯合个体，表明 A2044T 和 G2003A 的突变与 LHR 的功能存在密切的关系，可能 CC 型和 FF 型会影响 LHR 的功能，进而产生对绵羊的其他生理机能造成影响，其中的具体影响机制有待进一步研究。

3.2 LHR 基因与绵羊性早熟和产羔数性状间关系

相关研究表明，LHR 基因突变可导致人患家族男性性早熟，突变个体第二性征快速发育，生殖器过早进入初情期，甚至始于胎儿期[7,8]，失活突变引起睾丸间质细胞发育不良，性腺机能减退，男性表型是假两性畸形，女性突变体的表型比较温和，表现为排卵停止，但性特征发育基本正常，由 LHR 基因突变引起人的性发育异常为常染色体隐性遗传[9,10]；LHR 基因敲除雄性和雌性小鼠均表现出性发育延迟，生殖活动受到抑制[11]；Salameh 等（2005）发现了 LHR 基因外显子 11 的失活性突变 T1836G，该突变导致第 7 跨膜区 612 位氨基酸由酪氨酸变为终止密码子，体外实验表明，该突变既不表现出细胞表面与 LH 的结合能力，也不表现出产生 cAMP 的能力[12]。Marson 等（2008）评估 LHR 基因对欧洲牛与瘤牛多品种杂交的后代不同群体母牛性早熟的影响，结果发现，LHR 的多态性与试验群体的性早熟无关[6]。2009 年狄冉等研究表明 LHR 不同基因型在济宁青山羊、安哥拉山羊和内蒙古绒山羊中的分布无明显规律性，且济宁青山羊不同基因型之间产羔数差异不显著，初步表明 LHR 基因外显子 11 与性早熟和高繁殖力没有显著影响[2]。从 LHR 外显子 11 区各基因型在群体中的分布差异与绵羊性成熟早晚进行分析，结果表明在湖羊（性成熟平均日龄：公羊 180 天，母羊 150 天）（引自"家养动物遗传资源信息网"）与晋中绵羊（性成熟平均日龄：公羊 210 天，母羊 210 天）（引自"家养动物遗传资源信息网"）之间无显著差异（$P > 0.05$）；湖羊与陵川半细毛羊（性成熟平均日龄：公羊 165 天，母羊 240 天）（引自"家养动物遗传资源信息网"）之间存在极显著差异（$P < 0.01$）。表明 LHR 外显子 11 区的各基因型分布与绵羊的性成熟早晚间没有相关性，这一点与山羊的研究结果相似[2]。

湖羊平均产羔率为 228.9%，属高繁殖力绵羊品种，晋中绵羊的产羔率为 102%，属低繁殖力绵羊品种。从 LHR 基因外显子 11 各基因型分布统计分析结果看（表 3 和表 6），湖羊和晋中绵羊的各基因型分布相似，两者间差异不显著（$P > 0.05$），这一结果表明 LHR 基因外显子 11 的多态性与湖羊的高繁殖力性状没有相关性。为了进一步了解湖羊产羔数与 *LHR* 外显子 11 区多态性的关系，通过对有产羔记录的湖羊进行不同基因型与两个胎次的产羔数进行统计分析（表8），结果显示，P2 和 P6 扩增区不同基因型与湖羊各胎次产羔数间差异不显著（$P>0.05$），初步表明，*LHR* 外显子 11 区多态性对绵羊产羔数性状没有显著影响，这一点与山羊的研究结果相似[2]。对于 *LHR* 基因多态性与公羊效应、产羔季节、胎次等相关因素对湖羊产羔数的影响尚待进一步研究。

参考文献

[1] 孙明亮, 马金成. FSHR 与 LHR 的研究进展 [J]. 黑龙江动物繁殖, 2008, 16 (4): 1-3.

[2] 狄冉, 冯涛, 储明星, 等. 山羊促黄体素受体基因（LHR）外显子 11 的 PCR-SSCP 分析农业生物技术学报, 2009, 17 (4): 614-620.

[3] Dufau M L, Tsai-Morris C H, Hu Z Z, et al. Maria L. Dufau, Chon Hwa Tsai-Morris, Zhang Zhi Hu and Ellen Buczko, Structure and Regulation of the Luteinizing Hormone Receptor Gene [J]. J Steroid Biochem Molec. Biol, 1995, 53 (1-6): 283-291.

[4] Meehan T P, Narayan P. Constitutively active luteinizing hormone receptors: Consequences of in vivo expression [J]. Molecular and Cellular Endocrinology, 2007: 294-300.

[5] 张英杰. 羊生产学 [M]. 北京: 中国农业大学出版社, 2010: 97-109.

[6] Marson E P, Ferraz J B, Meirelles F V, et al. Effects of polymorphisms of *LHR* and *FSHR* genes on sexual precocity in a Bos taurus x Bos indicus beef composite population [J]. Genetics and Molecular Research, 2008, 7 (1): 243-251.

[7] Chan W Y. Disorders of sexual development caused by luteinizing hormone receptor mutations [J]. Journal of Peking Universiy (Health Science Edition), 2005, 37 (1): 32-38.

[8] Huhtaniemi I. Mutations of gonadotrophin and gonadotrophin receptor genes: What do they teach us about reproductive physiology [J]. Journal of Reproduction and Fertility, 2000, 119 (2): 173-186.

[9] Wu S M, Leschek E W, Rennert O M, et al. Luteinizing hormone receptor mutations in disorders of sexual development and cancer [J]. Pediatric Pathology and Molecular Medicine, 2000, 19 (1): 21-40.

[10] Bruysters M, Christin-Maitre S, Verhoef-Post M, et al. A new LH receptor splice mutation responsible for male hypogonadism with subnormal sperm production in the propositus, and infertility with regular cycles in an affected sister [J]. Human Reproduction, 2008, 23 (8): 1 917-1 923.

[11] Zhang F P, Poutanen M, Wilbertz J, et al. Normal prenatal but arrested postnatal sexual development of luteinizing hormone receptor knockout (LuRKO) mice [J]. Molecular Endocrinology, 2001, 15 (1): 172-183.

[12] Salameh W, Choucair M, Guo T B, et al. Leydig cell hypoplasia due to inactivation of luteinizing hormone receptor by a novel homozygous nonsense truncation mutation in the seventh transmembrane domain [J]. Molecular and Cellular Endocrinology, 2005, 229 (1-2): 57-64.

原文发表于《浙江大学学报》农业与生命科学版, 2012, 38 (4): 362-369.

湖羊促黄体素受体基因（*LHR*）外显子11多态性与繁殖性能相关性研究

王利红[1,2]**，张 伟[2]，高勤学[2]，王子玉[1]，应诗家[1]，王 锋[1]***

(1. 南京农业大学动物科技学院，南京 210095；
2. 江苏畜牧兽医职业技术学院，泰州 225300)

摘 要：通过聚合酶链式反应—单链构象多态性（PCR-SSCP）分析方法检测湖羊促黄体素受体（luteinizing hormone receptor, *LHR*）基因外显子11核酸序列的单核苷酸多态性，结果表明：在6对引物扩增产物中，只有引物P2和P6的扩增片段具有多态性，引物P2扩增区存在AA和AB两种基因型，在1 147位发生G→A的突变；引物P6扩增区存在3种基因型，CC、CD和EE型，经序列检测，CC型与CD型间存在T→A的突变，CC型与EE型间存在C→A的突变。将各基因型湖羊的产羔性状进行统计分析，结果表明，P2位点AB型湖羊产羔数较AA型高，平均为2.05±0.76，P6位点CD基因型湖羊产羔数较CC和EE型高，为2.50±0.55，经SPSS分析，不同基因型个体间产羔数差异不显著（$P>0.05$）。

关键词：湖羊；促黄体素受体基因；PCR-SSCP

The Polymorphisms on Exon 11 of Luteinizing Hormone Receptor (*LHR*) Gene and Their Correlation to Production Performance in Hu Sheep

Wang Lihong[1,2], Zhang Wei[2], Gao Qinxue[2], Wang Ziyu[1], Ying Shijia[1], Wang Feng[1]***

(1. College of Animal Science and Technology, Nanjing Agricultural University, Nanjing 210095, China; 2. Jiangsu Animal husbandry and Veterinary College, Taizhou 225300, China)

Abstract: The nucleotide sequence and single nucleotide polymorphism on exon 11 of luteinizing hormone receptor (*LHR*) gene was studied in Hu Sheep by PCR-SSCP. The results showed that only the products amplified by primer P2 and P6 displayed polymorphisms. For primer P2, two genotypes (AA and AB) were detected in Hu

---

* 基金项目：国家科技支撑计划（2008BADB2B04-7）；江苏牧医学院院级课题（HX200906）；
** 作者简介：王利红，女，副教授，博士研究生，E-mai：wanglihong345@yahoo.com.cn；
*** 通讯作者：王锋，男，博士，教授，博士生导师，E-mail：caeet@njau.edu.cn

Sheep. Sequencing revealed a mutation (G1147A) between genotype of AA and AB. For primer P6, three genotypes (CC, CD and EE) were detected. A mutation of T→A is occurred between CC and CD genotype, and a mutation of C→A is occurred between CC and EE genotype. The litter size of AB genotype (2.05 ±0.76) is higher than AA genotype, and the CD genotype's litter size (2.50 ±0.55) is higher than CC and CD genotypes. But no significant difference ($P > 0.05$) was found in litter size between AA and AB genotypes or in CC, CD and EE genotypes.

Key words：Hu Sheep；luteinizing hormone receptor gene；PCR-SSCP

黄体生成素（Luteinizing hormone，LH）是由垂体前叶的促性腺激素细胞分泌的一种糖蛋白类激素，其作用的发挥必须依赖于促黄体素受体（luteinizing hormone receptor，LHR）的胞外功能区结合，激活受体，进而激活 cAMP 系统，引起甾体激素的合成与分泌，从而参与哺乳动物受精卵着床、性腺发育等一系列生理活动的调节。LHR 基因编码区由 11 个外显子和 10 个内含子组成，LHR 基因外显子 1～10 编码 LHR 的细胞外区，外显子 11 编码重要的 C 端细胞内区、7 个跨膜区和细胞外 N 端的 47 个氨基酸[1,2]。Meehan 等（2007）研究发现，LHR 基因的激活突变倾向于被限制在跨膜螺旋和外显子 11 编码的细胞内环上，有 14 个位于第 11 外显子的单个碱基替换已被证实，这些单个碱基替换导致了 LHR 第 1、2、3、5 和 6 膜螺旋或第二胞质环的错义突变[3]。狄冉等（2009）在济宁青山羊 LHR 基因外显子 11 中检测到 G1522A、A2039G 突变[4]。到目前尚未见有关湖羊 LHR 基因序列情况以及与繁殖性能间的相关研究报道。湖羊是我国育成的多胎绵羊品种，具有性成熟早、四季发情、多胎高产及生长发育快等优异经济性状。本研究以江苏省地方品种湖羊为实验材料，采用单链构象多态性（single strand confor-mation polymorphism，SSCP）分析方法，对 LHR 基因外显子 11 进行单核苷酸多态性（single nucleotide poly-morphism，SNP）检测，以寻找与繁殖相关性状的遗传标记，为湖羊高繁殖力的标记辅助选择和育种提供理论依据。

1 材料与方法

1.1 试验材料

选择苏州市种羊场湖羊（84 只），采集耳组织样，用酚 - 氯仿抽提法提取基因组 DNA，超纯水稀释至 100ng/μL，-20℃ 冷冻保存。

1.2 主要试剂

Taq DNA 聚合酶，dNTPs，DL2000 DNA Ladder，胶回收试剂盒购自北京百泰克生物技术有限公司。

1.3 引物设计和 PCR 扩增

根据 GenBank 中绵羊 LHR mRNA 序列（L36329）、山羊 LHR mRNA 序列（FJ755812）和牛 LHR mRNA 序列（NM-174381）用 Oligo 6.0 软件设计 6 对引物，由上海生工生物工程有限公司合成，扩增湖羊 LHR 外显子 11，引物序列扩增片段大小、扩增区域和退火温度见表 1。

PCR扩增条件：95℃预变性5min；94℃变性30s，退火30s（退火温度见表1），72℃延伸1min，35个循环，最后72℃延伸10min，4℃保存。PCR扩增总体积为25μL，其中，10×PCR Buffer 2.5μL（含 Mg^{2+}），10μM上下游引物各1μL，2.5mM dNTPs 2.0μL，100ng/uL DNA模板2.0μL，Taq DNA聚合酶为0.25μL，去离子水16.25μL。

表1　湖羊 LHR 外显子11 PCR扩增分析用引物序列、退火温度和扩增片段大小
Table 1　Primer sequence, product size and annealing temperature of Hu Sheep LHR gene exon 11

引物 Primer	引物序列 primer sequence	产物大小/bp Product size	退火温度/℃ Annealing temperature
P1	F：TTATTCTGCCATCTTTGCTGAGAG R：TAGAGCCCCATGCAGAAGTCT	285	58
P2	F：TCGTTTCCTCATGTGCAATCT R：GGTATGCCATCTTTCTAGTGTGAT	220	58
P3	F：ACACCCTCACAGTCATCACACTAG； R：ATGGGGAGGCAAATGCTGACCTT	187	60
P4	F：TCCCCATGGATGTGGAAACCACT； R：GTGAAATCAGTGAAGATGAGGACTG	196	60
P5	F：TTTCACCTGCATGGCACCAATCTCT R：TTACAGCAGCCAAATTTGCTCAGC	201	59
P6	F：CAAATTTGGCTGCTGTAAATATCG； R：TTAACATTCCTTATAGCAAGTCTTGTCC	184	59

1.4　SSCP分析

5μL PCR产物和10μL变性剂（98%甲酰胺，0.025%溴酚蓝，0.025%二甲苯氰，10mM EDTA（pH值8.0），10%甘油）混匀，98℃变性10min，然后冰浴7min变性后PCR产物在10%非变性聚丙烯酰胺：甲叉双丙烯酰胺（29∶1）凝胶中电泳，电泳结束后，银染显带，拍照和分析。

1.5　统计分析

用SPSS 13.0对经SSCP分析具有多态性的基因型进行分析，比较不同基因型湖羊产羔数间差异。

2　结果

2.1　PCR扩增

对84只湖羊母羊进行 LHR 基因外显子11扩增，所得PCR产物用1.5%琼脂糖凝胶电泳检测（图1）。结果表明，扩增片段与目的片段大小一致且特异性好，可直接进行SSCP分析。

2.2　SSCP分析

对湖羊引物P1~P6扩增的PCR产物分别进行SSCP分析，结果显示，只有引物P2和

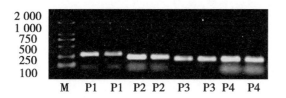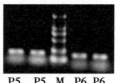

图 1　引物 P1 – 6 PCR 扩增产物
Fig. 1　PCR products of P1 – 6 primers

引物 P6 存在不同基因型，其他引物的 PCR 产物不存在单链构象多态性。P2 引物 PCR-SSCP（图 2，a）存在两种基因型，分别为 AA 和 AB 型；P6 引物 PCR-SSCP（图 2，b）存在 3 种基因型，分别为 CC、CD 和 EE 型。

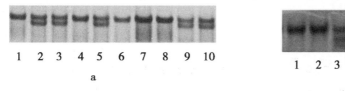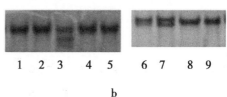

图 2　引物 P2 和 P6　PCR-SSCP 电泳结果
Fig. 2　SSCP analysis of PCR products of primers P2（a）and P6（b）

（a 为 P2 扩增片段 SSCP 结果，1、4、6、7、8 为 AA 型；2、3、5、9、10 为 AB 型；b 为 P6 扩增片段 SSCP 结果，1、2、4、5、8、9 为 CC 型；3 为 CD 型；6、7 为 EE 型）

(a. SSCP analysis of PCR products of primer P2：1, 4, 6, 7 and 8, AA genotype；2, 3, 5, 9 and 10, AB genotype；b. SSCP analysis of PCR products of primer P6：1, 2, 4, 5, 8 and 9, CC genotype；3, CD genotype；6 and 7, EE genotype)

2.3　序列分析

2.3.1　引物 P2 扩增片段不同基因型序列分析

对引物 P2 扩增片段 SSCP 不同基因型进行序列测定，并与绵羊 *LHR* mRNA 序列（L36329）进行比对分析（图 3），结果显示在 1 147 位 AA（野生型）与 AB 之间发生 A→G 的突变。

2.3.2　引物 P6 扩增片段不同基因型序列分析

将引物 P6 扩增片段 SSCP 不同基因型的序列测定结果与牛 *LHR*（NM-174381）外显子 11 区进行序列比对分析（GeneBank 中尚没有绵羊或山羊的外显子 11 序列信息），结果显示（图 4），CC 型与 EE 型在 1 931 位存在 C→A 的突变，CC 型与 CD 型在 2 044 位存在 T→A 的突变。

2.4　湖羊 *LHR* 外显子 11 遗传多态性分析

湖羊 *LHR* 外显子 11 的等位基因频率和基因型频率见表 2。由表 2 可见，P2 扩增位点有两个等位基因，分别为 A 和 B，其中 A 基因为优势基因，基因型有 AA 和 AB，AA 基因型频率最高为 71%；P6 扩增位点有 3 个等位基因 C、D 和 E，基因型为 CC、CD 和 EE 基因型，

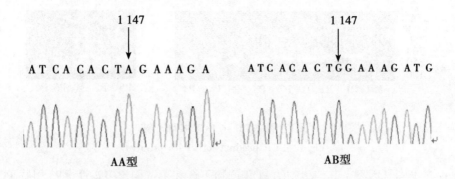

图3 引物P2 PCR-SSCP不同基因型序列比对分析结果
Fig. 3 Sequence comparison of different genotypes of PCR-SSCP products of primer P2

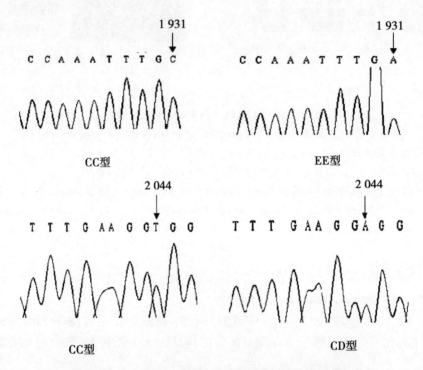

图4 引物P6扩增片段PCR-SSCP不同基因型序列比对分析结果
Fig. 3 Sequence comparison of different genotypes of PCR-SSCP products of primer P6

其中C为优势基因，CC基因型频率最高为60%。经检验，湖羊的P2位点上处于哈迪-温伯格平衡状态（$\chi^2=0.78$），在P6位点上处于哈迪-温伯格不平衡状态（$\chi^2=46.422$）。

表 2 湖羊 LHR 基因的等位基因频率和基因型频率

Table 2 Allele and genotype frequencies of LHR gene in Hu Sheep

引物 P2 P2 primer				引物 P6P6 primer						数量（只）No.
等位基因频率 Allele frequency		基因型频率 Genotype frequency		等位基因频率 Allele frequency			基因型频率 Genotype frequency			
A	B	AA	AB	C	D	E	CC	CD	EE	
0.86	0.14	0.71 (60)	0.29 (24)	0.63	0.04	0.33	0.60 (50)	0.07 (6)	0.33 (28)	84

注：括号内的数字是各基因型湖羊个体数

Note: The numbers in the brackets are the number of Hu Sheep that belong to the respective genotypes

2.5 LHR 外显子 11 不同基因型湖羊产羔性状分析

对有产羔记录的 78 只湖羊进行 LHR 外显子 11 引物 P2 和 P6 不同基因型个体产羔统计分析（见表 3），从表 3 中可看出，P2 扩增区 AB 型湖羊的产羔数相对高于 AA 型，平均为 2.05 ± 0.76，P6 扩增区 CD 基因型湖羊的平均产羔数较 CC 和 EE 型，为 2.50 ± 0.55，经 SPSS 统计分析，结果表明，不同基因型湖羊个体产羔数差异不显著（$P > 0.05$）。

表 3 LHR 基因不同基因型湖羊产羔数平均值及标准误

Table 3 Average and standard error for litter size of different genotypes of LHR gene in Hu Sheep

引物 primer	基因型 genotype	样本数（只）Number of samples	产羔数（只）Liter size
P2	AA 型	58	$1.98^a \pm 0.55$
	AB 型	20	$2.05^a \pm 0.76$
P6	CC 型	48	$2.04^a \pm 0.46$
	CD 型	6	$2.50^a \pm 0.55$
	EE 型	24	$1.96^a \pm 0.75$

注：同一对引物具有相同字母肩标的平均值间差异不显著（$P > 0.05$）

Note: The means within the same superscript for the same pair of primer have nonsignificant difference ($P > 0.05$)

3 讨论

对于雌性哺乳动物，卵巢 LHR 通过与 LH 结合，刺激围绕于卵泡周围的卵泡膜细胞产生雄激素，然后由促卵泡素通过颗粒细胞的芳香化酶调节雄激素向雌二醇转化，诱发排卵，促进黄体生成，维持黄体分泌孕酮，增加卵巢血流量[1,4]。LHR 为 G 蛋白偶联型受体，具有 7 个跨膜区，4 个胞内区以及由 3 个环状区和 N 端组成的细胞外区，其中跨膜区具有结合 G 蛋白特性，而胞内区是发生磷酸化作用的部位，细胞外区中大约有 14 个不完全重复的富含亮氨酸序列，每一个序列大约含有 25 个氨基酸残基，其功能是负责结合 LH，因此该区域具有结合激素与跨膜区发生反应并介导信号传导的特性[1,5]。LHR 基因外显子 1~10 编码 LHR 的细胞外区，外显子 11 编码重要的 C 端细胞内区、7 个跨膜区和细胞外 N 端的 47 个氨基酸[1,2]。2005 年 Chan 等研究表明，*LHR* 基因突变可导致人患家族男性性早熟（familial male limited precocious puberty，FMPP），突变个体第二性征快速发育，生殖器过早进入初情期，甚至始于胎儿期[6]，失活突变引起睾丸间质细胞发育不良（leydig cell hypoplasia，LCH），性腺机能减退，男性表型是假两性畸形，女性突变体的表型比较温和，表现为排卵停止，但性特征发育基本正常，由 *LHR* 基因突变引起人的性发育异常为常染色体隐性遗传（Wu et al.，2000）[7]；*LHR* 基因敲除雄性和雌性小鼠均表现出性发育延迟，生殖活动受到抑制（Zhang et al.，2001）[8]；母牛 *LHR* 基因多态性与性早熟有关（Marson et al. 2008）[9]。2007 年 Meehan 等的研究则发现，*LHR* 基因的激活突变倾向于被限制在跨膜螺旋和外显子 11 编码的细胞内环上，有 14 个位于第 11 外显子的单个碱基替换已被证实，这些单个碱基替换导致了 *LHR* 第 1、2、3、5 和 6 膜螺旋或第二胞质环的错义突变[3]。为了了解湖羊 *LHR* 基因外显子 11 区的基因序列情况，本研究依据相关研究报道及 GenBank 中绵羊 *LHR* mRNA 序列（L36329）、山羊 *LHR* mRNA 序列（FJ755812）和牛 *LHR* mRNA 序列（NM-174381）设计 6 对引物，扩增湖羊 *LHR* 外显子 11 区，通过 SSCP 检测，在湖羊 *LHR* 外显子 11 区找到了，碱基突变位点：引物 P2 扩增区存在两种基因型（AA 型和 AB 型），与绵羊 *LHR* 序列（L36329）比对分析表明，在 1 147 位发生 G→A 的突变；引物 P6 扩增区存在 3 种基因型（CC、CD 和 EE 型），CC 型与 EE 型间存在 C→A 的突变，CC 型与 CD 型存在 T→A 的突变。将各基因型湖羊的产羔性状进行统计分析，结果表明，P2 扩增区 AB 型湖羊产羔数较 AA 型高，平均为 2.05 ± 0.76，P6 扩增区 CD 基因型湖羊的产羔数较 CC 和 EE 型高，为 2.50 ± 0.55，但经统计分析，不同基因型个体产羔数差异不显著（$P > 0.05$），初步表明 *LHR* 外显子 11 区对湖羊的繁殖力高低没有显著影响。这一结果与 2009 年狄冉等对济宁青山羊 *LHR* 基因外显子 11 不同基因型个体在产羔数性状间不存在显著影响[4]的结果相似。下一步将研究不同绵羊品种 *LHR* 基因外显子 11 全序列情况及与性早熟等繁殖性状之间的关系。

参考文献

[1] 孙明亮，马金成. FSHR 与 *LHR* 的研究进展 [J]. 黑龙江动物繁殖，2008，16（4）：1-3.

[2] Maria L. Dufau, C. H. T. -M., Structure and Regulation of the Luteinizing Hormone Receptor Gene [J]. J. Steroid Biochem. Molec. Biol, 1995, 53 (1-6): 283-291.

[3] Meehan T P, Narayan P. Constitutively active luteinizing hormone receptors: Consequences of in vivo expression [J]. Molecular and Cellular Endocrinology, 2007, 260-262: 294-300.

[4] 狄冉，等. 山羊促黄体素受体基因（*LHR*）外显子 11 的 PCR-SSCP 分析 [J]. 农业生物技术学报，2009，17（4）：614-620.

[5] Catt K, Dufau M L. Gonadotropic hormones: biosynthesis secretion, receptors and actions [C] //Yen S S C, Jaffe R B. Re2productive Endocrinology. Philadelphia: W. B. Saunders, 1991: 1 052 155.

[6] Chan W Y. Disorders of sexual development caused by luteinizing hormone receptor mutations [J]. Journal of Peking University (Health Science Edition), 2005, 37 (1): 32-38.

[7] Wu S M, Leschek E W, Rennert O M, Chan W Y. Luteinizing hormone receptor mutations in disorders of sexual development and cancer [J]. Pediatric Pathology and Molecular Medicine, 2000, 19 (1): 21-40.

[8] Zhang F P, Poutanen M, Wilbertz J, Huhtaniemi I. Normal prenatal but arrested postnatal sexual development of luteinizing hormone receptor knockout (LuRKO) mice [J]. Molecular Endocrinology, 2001, 15 (1): 172-183.

[9] Marson E P, Ferraz J B, Meirelles F V, Balieiro J C, Eler J P. Effects of polymorphisms of *LHR* and FSHR genes on sexual precocity in a Bos taurus × Bos indicus beef composite population [J]. Genetics and Molecular Research, 2008, 7 (1): 243-251.

原文发表于《安徽农业大学学报》，2011，38（5）：675-679.

绵羊 BMP15 基因的多态性及其与湖羊产羔数的相关性*

吴勇聪[1]**,应诗家[1],闫益波[1],
王子玉[1],张艳丽[1],徐晓亮[2],王 锋[1]***

(1. 南京农业大学羊业科学研究所,南京 210095;
2. 徐州申宁羊业有限公司,徐州 221216)

摘 要:本研究采用 PCR-SSCP 技术检测骨形态发生蛋白 15(BMP15)在湖羊和中国美利奴中的 SNP 及其与湖羊产羔数的相关性。结果:第一外显子 31∧CTT 在 2 个绵羊品种均只检测到 AA 和 AB 基因型,A 等位基因频率显著高于 B 等位基因($P<0.01$),AA 基因型湖羊比 AB 基因型平均产羔数多 0.12 只,但差异不显著($P>0.05$);第二外显子 T430C 在 2 个绵羊品种中均检测到 CC、CD 和 DD 3 种基因型,与湖羊产羔数均无显著差异($P>0.05$),C 等位基因频率显著高于 D 等位基因($P<0.01$);单倍型分析显示,AACC 单倍型组合平均产羔数为 2.607,但与其他单倍型相比差异不显著($P>0.05$)。结论:两个突变位点对绵羊繁殖力高低无显著影响。

关键词:BMP15;多态性;绵羊;产羔数

Genetic Polymorphism of BMP15 Gene and Its Relationship with Litter Size Traits in Hu Sheep

Wu Yongcong[1], Ying Shijia[1], Yan Yibo[1], Wang Ziyu[1],
Zhang Yanli[1], Xu Xiaoliang[2], Wang Feng[1]***

(1. Institute of Sheep & Goat Science, Nanjing Agricultural University, Nanjing 210095,
China; 2. Xuzhou Shen Ning Yang Industry Co., Ltd, Xuzhou 221216, China)

Abstract:Single nucleotide polymorphism of BMP15 gene was detected in Hu sheep

---

* 基金资助:国家科技支撑计划(编号:2008BADB2B04-7);
** 作者简介:吴勇聪(1986—),女,湖北咸宁人,在读硕士生,研究方向:动物遗传育种与繁殖。E-mail:wuyongcong123@163.com,Tel:025-84395381;
*** 通讯作者:王锋(1963—),男,教授,博导,研究方向:动物胚胎工程、动物生殖调控和草食动物安全生产。E-mail:caeet@njau.edu.cn,Tel:025-84395381

and Chinese Merino by PCR-SSCP. Relationship between the polymorphism of *BMP*15 gene and Hu sheep's prolificacy were analyzed. The results indicated that there were two genotypes (AA and AB) detected by primer 1 (Exon1 31∧CTT). Frequency of A allele was obviously higher than B allele in two sheep breeds ($P < 0.01$). The ewes with genotype AA had 0.12 lambs more than those with genotype AB in Hu sheep ($P > 0.05$); There were three genotypes (CC, CD and DD) detected by primer 2 (Exon2 T430C) in two sheep breeds, and frequency of C allele was obviously higher than D allele ($P < 0.01$). The ewes with three genotypes had no difference in litter size ($P > 0.05$). Haplotype analysis showed that the mean litter size of AACC haplotype combination was 2.607, and was not significantly higher ($P > 0.05$) when compared with other haplotypes. These results showed that there were two mutations of *BMP*15 gene in two sheep breeds, but the mutations did not affect the prolificacy of Hu sheep.

Key words: *BMP*15; gene polymorphism; sheep; litter size

绵羊的产羔数属于低遗传力（约0.1），常规育种方法对低遗传力性状选育效果不明显。标记辅助选择能够通过影响选择的时间、选择的强度及准确性来提高这类低遗传力的选择功效。随着分子生物学的发展，应用分子育种技术研究绵羊产羔数的候选基因及其相关分子遗传标记，并以此作为育种参考指标进行标记辅助选择将是改良绵羊产羔数性状的有效手段之一。

骨形态发生蛋白15（bone morphogenetic protein，*BMP*15）属于转化生长因子β（TGFβ）超家族成员，定位于X染色体，由卵母细胞特异表达，对卵巢卵泡的生长发育起着重要的调控作用[1-5]。由于*BMP*15基因在雌性哺乳动物生殖中的重要调节作用，国内外众多学者开展了*BMP*15基因突变位点与绵羊繁殖力相关性的研究，寻找到控制绵羊排卵率的6种突变位点（$FecX^I$、$FecX^H$、$FecX^G$、$FecX^B$、$FecX^L$和$FecX^R$）。

本研究以高繁殖力湖羊和低繁殖力中国美利奴为实验材料，采用单链构象多态性（single strand conformation polymorphism，SSCP）方法研究*BMP*15基因多态性，旨在寻找与繁殖性状相关的遗传标记，为绵羊繁殖力的标记辅助选择和育种提供理论依据。

1 材料与方法

1.1 实验材料

湖羊样品分别采自苏州东山镇湖羊保种区（164只）、苏州湖羊种羊场（84只）、申宁羊业有限公司（41只）；中国美利奴样品采自新疆紫泥泉绵羊育种中心（98只）。采集羊耳组织样，用苯酚—氯仿抽提法提取基因组DNA，超纯水稀释至100ng/μL，-20℃冷冻保存。

1.2 引物设计和PCR扩增

根据绵羊*BMP*15基因第一外显子序列（AF236078）和第二外显子序列（AF236079），用Primer 5.0软件分别设计1对引物，引物1扩增片段为218bp，引物2扩增片段为174bp。引物均由上海英骏生物技术有限公司合成。引物序列如下：

引物1：F：5'-CCTTTGTGGTAGTGGAGC-3'

R: 5'-AGGCAGGTGGGCAATAGA-3'
引物2: F: 5'-GTTCTTGAGTTCTGGTGG-3'
R: 5'-AATACTGCCTGCTTGACG-3'

PCR扩增体系为10μL: 2×*Taq* PCR Master Mix（南京博尔迪生物科技有限公司）5μL，H_2O 3.5μL，正向和反向引物各0.25μL，DNA模板1μL。PCR扩增条件：95℃预变性5min；95℃变性30s，57℃（引物1）/58℃（引物2）退火30s，72℃延伸30s，31个循环；72℃延伸7min，4℃保存。产物用2%琼脂糖凝胶电泳检测。

1.3 PCR-SSCP分析

3μL PCR产物和9μL的上样缓冲液（98%的去离子甲酰胺、0.025%溴酚蓝、0.025%二甲苯青、10mmol/L EDTA（pH值8.0）、2%甘油）混匀，98℃变性10min，迅速插入冰中，放置5min，使之保持变性状态。样品在14%非变性聚丙烯酰胺凝胶（Acr：Bis=29：1）中电泳。电压160V，电泳16h左右。电泳结束后，进行银染显带。

1.4 克隆测序

根据PCR-SSCP结果，挑取不同基因型个体的PCR产物，切胶回收，连接到pMD^{TM}19-T载体，转化到DH5α菌株，挑选阳性克隆测序。每种基因型个体挑选4个阳性克隆，由上海英骏生物技术有限公司测序。将测序结果用DNAMAN 5.2版软件进行序列比对。

1.5 统计分析

运用SPSS 13.0软件GLM（General Linear Model）中的univariate过程对有完整产羔记录资料的产羔数进行两因素方差分析，估测边际均值。边际均值与最小二乘均值相同。

2 结果

2.1 PCR扩增

用所设计的两对引物对不同绵羊品种的基因组进行扩增，所得PCR产物用2%琼脂糖凝胶电泳检测，结果表明扩增片段与目的片段大小一致且特异性好（图1），可直接进行SSCP分析。

2.2 SSCP检测结果

用两对引物的扩增产物进行SSCP检测，在两对引物中都发现了多态。在引物1扩增片段上发现2种基因型，分别命名为AA和AB（图2）；在引物2扩增片段上发现3种基因型，分别命名为CC、CD和DD（图3）。

2.3 克隆测序

对引物1扩增得到的2种基因型个体进行克隆测序比对，结果表明：AA型与GenBank（AF236078）中序列一致，B等位基因存在CTT缺失，位于第一外显子编码区的第31、32、33位碱基缺失，导致11号亮氨酸（L）缺失，如图4所示。

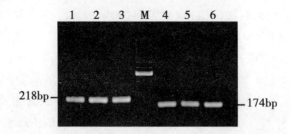

图1 绵羊 BMP15 基因引物1和引物2 PCR扩增结果

Fig. 1 PCR amplification products of sheep BMP15 gene with primer 1 and primer 2

M：100bp Maker；1，2，3：引物1扩增片段；4，5，6：引物2扩增片段。

M：100bp Maker；1，2，3：PCR product of primer 1；4，5，6：PCR product of primer 2

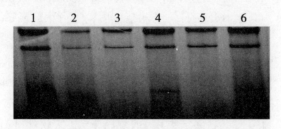

图2 引物1对不同绵羊品种扩增片段的SSCP分析

Fig. 2 SSCP analysis of PCR amplification using primer 1 in different sheep breeds

1，4，6：AB型；2，3，5：AA型

1，4，6：AB genotype；2，3，5：AAgenotype

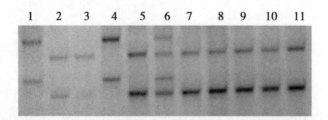

图3 引物2对不同绵羊品种扩增片段的SSCP分析

Fig. 3 SSCP analysis of PCR amplification using primer 2 in different sheep breeds

1，4：DD型；2，3，5，7，8，9，10，11：CC型；6：CD型

1，4：DD genotype；2，3，5，7，8，9，10，11：CC genotype；6：CD genotype

对引物2扩增得到的3种基因型个体进行克隆测序比对，结果表明：CC型与GenBank（AF236079）中序列一致；DD型与CC型相比存在T→C突变，位于第二外显子编码区的430bp处，导致第252个氨基酸由亮氨酸突变为脯氨酸，如图5所示（为反向测序峰图）。

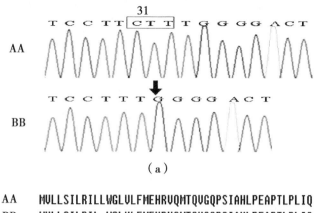

图4 引物1扩增片段比对分析

Fig. 4 Comparison analysis of PCR amplification using primer 1

（a）AA 型和 BB 型的序列比较；（b）AA 型和 BB 型的氨基酸序列比较。

(a) Sequence comparison of AA and BB genotypes; (b) Animo acid sequence comparison of AA and BB genotypes.

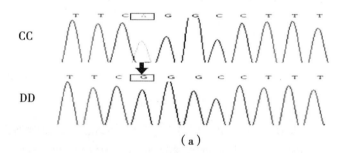

图5 引物2扩增片段比对分析

Fig. 5 Comparison analysis of PCR amplification using primer 2

（a）CC 型和 DD 型的序列比较；（b）CC 型和 DD 型的氨基酸序列比较。

(a) Sequence comparison of CC and DD genotype; (b) Animo acid sequence comparison of CC and DD genotype.

2.4 不同绵羊品种 *BMP*15 基因频率和基因型频率分析

湖羊和中国美利奴品种的 *BMP*15 基因频率和基因型频率见表1。对于引物1扩增片段，2个绵羊品种均只检测到 AA 型和 AB 型，无 BB 型；A 等位基因频率高于 B 等位基因频率

（$P<0.01$），等位基因 A 为优势等位基因。湖羊与中国美利奴基因频率分布差异不显著（$P>0.05$）；对于引物 2 扩增片段，2 个绵羊品种均检测到 CC 型、CD 型和 DD 型。C 等位基因频率高于 D 等位基因频率（$P<0.01$），等位基因 C 为优势等位基因。卡方检验结果表明湖羊与中国美利奴基因频率分布差异极显著（$P<0.01$）。且在该位点上湖羊和中国美利奴均处于 Hardy-Weinberg 极度不平衡状态（$P<0.01$）。

表 1　2 个绵羊品种 BMP15 基因的基因频率和基因型频率

Table 1　Gene frequency and genotype frequency of BMP15 gene in two sheep breeds

品种 Breed	数量 No.	引物 1 Primer 1						Hardy-Weinberg χ^2	数量 No.	引物 2 Primer 2						Hardy-Weinberg χ^2
		基因频率 Gene frequency		基因型频率 Genotype frequency						基因频率 Gene frequency		基因型频率 Genotype frequency				
		A	B	AA	AB	BB				C	D	CC	CD	DD		
湖羊 Hu sheep	270	0.881	0.119	0.76 (206)	0.24 (64)	0.00 (0)		4.81	275	0.86	0.14	0.77 (212)	0.18 (49)	0.05 (14)		18.529**
中国美利奴 Chinese merino	78	0.885	0.115	0.77 (60)	0.23 (18)	0.00 (0)		1.327	98	0.94	0.06	0.92 (90)	0.05 (5)	0.03 (3)		27.417**

注：括号内的数字是个体数；** 表示差异极显著

Note：The numbers in the brackets are the individuals that belong to the respective genotypes；** $P<0.01$

2.5　BMP15 不同基因型及单倍型与湖羊产羔数的关系

BMP15 不同基因型及单倍型的湖羊产羔数的估测边际均值及标准误见表 2。AA 基因型湖羊平均产羔数比 AB 基因型多 0.12 只，但差异不显著（$P>0.05$）；CC、CD 和 DD 基因型与产羔数不相关（$P>0.05$）。同时，比较各单倍型组合可发现 AACC 单倍型产羔数最高，达 2.607 只，但平均产羔数仍无显著差异（$P>0.05$）。

表 2　BMP15 不同基因型的湖羊产羔数的估测边际均值及标准误

Table 2　Estimated marginal mean and standard error for litter size of BMP15 different genotypes in Hu sheep

基因型 Genotype	样本数 No.	估测边际均值 ± 标准误 Estimated marginal mean ± Std. Error
AA	47	2.522 ± 0.098
AB	23	2.402 ± 0.116
CC	51	2.480 ± 0.089
CD	15	2.376 ± 0.159
DD	3	2.333 ± 0.327
AACC	37	2.607 ± 0.116
AACD	5	2.400 ± 0.219
AADD	3	2.333 ± 0.322
ABCC	13	2.378 ± 0.161
ABCD	11	2.293 ± 0.181

3 讨论

3.1 BMP15 基因影响绵羊排卵率的突变

1991 年 Davis 等[6]首先在 Romney 羊中发现影响排卵数的 FecX（BMP15）主效基因，随后 2000 年 Galloway 等发现了影响 Inverdale 和 Hanna 绵羊排卵率的 $FecX^I$ 和 $FecX^H$ 基因[7]；2004 年 Hanrahan 等发现了影响 Belclare 和 Cambridge 绵羊排卵率的 $FecX^B$ 和 $FecX^G$ 基因[8]；2007 年 Bodin L 等在 Lacaune 绵羊中发现了第 5 个影响排卵率的 $FecX^L$ 基因[9]；2009 年 Monteagudo 和 Martinez-Royo 等几乎同时报道影响 Rasa Aragonesa 绵羊排卵率的 $FecX^R$ 基因[10,11]。国外在 BMP15 基因中陆续发现的影响高繁殖力绵羊品种排卵率的等位基因，对探寻影响我国高繁殖力绵羊品种排卵率的等位基因有很大的启发意义。国内研究发现高繁殖力湖羊品种 BMP15 基因不存在上述任一等位基因[12-14]。

3.2 BMP15 基因多态性对绵羊产羔数的影响

本研究发现湖羊和中国美利奴 BMP15 基因第一外显子存在的 CTT 缺失，虽导致编码区 11 号氨基酸残基亮氨酸缺失，但与湖羊产羔数不相关，这一结果与国内外研究结果一致[7,8,15]，说明 CTT 缺失广泛存在于绵羊品种中，所引起的氨基酸改变不影响 BMP15 功能。第二外显子 T430C 突变为首次在绵羊品种中发现，其导致 252 号氨基酸由亮氨酸突变为脯氨酸，但与湖羊产羔数不相关。然而，高繁殖力湖羊和低繁殖力中国美利奴基因频率分布差异极显著（$P < 0.01$），说明此位点可能与不同繁殖力绵羊品种相关。

4 结论

本研究发现的 31∧CTT 缺失和 T430C 突变与湖羊产羔数没有相关性，但 T430C 突变有可能与不同繁殖力绵羊品种相关。

参考文献

[1] Dube J L, Wang P, Elvin J, Lyons K M, Celeste A J, Matzuk M M. The bone morphogenetic protein 15 gene is X-linked and expressed in oocytes [J]. *Mol Endocrinol*, 1998, 12 (12): 1 809 - 1 817.

[2] Yan C, Wang P, DeMayo J, DeMayo F J, Elvin J A, Carino C, Prasad S V, Skinne S S, Dunbar B S, Dube J L, Celeste A J, Matzuk M M. Synergistic roles of bone morphogenetic protein 15 and growth differentiation factor 9 in ovarian function [J]. *Mol Endocrinol*, 2001, 15 (6): 854 - 866.

[3] Juenge J L, Hudson N L, Heath D A, Smith P, Reader K L, Lawrence S B, O'Connell A R, Laitinen M P, Cranfield M, Groome N P, Ritvos O, McNatty K P. Growth differentiation factor 9 and bone morphogenetic protein 15 are essential for ovarian follicular development in sheep [J]. *Biol Reprod*, 2002, 67 (6): 1 777 - 1 789.

[4] McNatty K P, Juengel J L, Wilson T, Galloway S M, Davis G H, Hudson N L, Moelle C L, Cranfield M, Reader K L, Laitinen M P, Groome N P, Sawyer H R, Ritvos O. Oocyte-derived growth factors and ovulation rate in sheep [J]. *Reprod Suppl*, 2003, 61: 339 - 351.

[5] McNatty K P, Juengel J L, Reader K L, Lun S, Myllymaa S, Lawrence S B, Western A, Meerasahib M F, Mottershead D G, Groome N P, Ritvos O, Laitinen M P. Bone morphogenetic protein 15 and growth differentiation factor 9 co-operate to regulate granulosa cell function in ruminants [J]. *Reproduction*, 2005, 129 (4): 481 - 487.

[6] Davis G H, McEwan J C, Fennessy P F, Dodds K G, Farquhar P A. Evidence for the presence of a major gene influen-

cing ovulation rate on the X chromosome of sheep [J]. *Biol Reprod*, 1991, 44 (4): 6 202 – 6 624.

[7] Galloway S M, McNatty K P, Cambridge L M, Laitinen M P, Juengel J L, Jokiranta T S, McLaren R J, Luiro K, Dodds K G, Montgomery G W, Beattie A E, Davis G H, Ritvos O. Mutations in an oocyte-derived growth factor gene (*BMP*15) cause increased ovulation rate and infertility in a dosage-sensitive manner [J]. *Nat Genet*, 2000, 25 (3): 279 – 283.

[8] Hanrahan J P, Gregan S M, Mulsant P, Mullen M, Davis G H, Powell R, Galloway S M. Mutations in the genes for oocyte-derived growth factors GDF9 and *BMP*15 are associated with both increased ovulation rate and sterility in Cambridge and Belclare sheep (Ovis aries) [J]. *Biol Reprod*, 2004, 70 (4): 900 – 909.

[9] Bodin L, Di Pasquale E, Fabre S, Bontoux M, Monget P, Persani L, Mulsant P. A novel mutation in the bone morphogenetic protein 15 gene causing defective protein secretion is associated with both increased ovulation rate and sterility in Lacaune sheep [J]. *Endocrinology*, 2007, 148 (1): 393 – 400.

[10] Monteagudo L V, Ponz R, Tejedor M T, Lavina A, Sierra I. A 17bp deletion in the Bone Morphogenetic Protein 15 (*BMP*15) gene is associated to increased prolificacy in the Rasa Aragonesa sheep breed [J]. *Anim Reprod Sci*, 2009, 110 (1 – 2): 139 – 146.

[11] Martinez-Royo A, Dervishi E, Alabart J L, Jurado J J, Folch J, Calvo J H. Freemartinism and FecXR allele determination in replacement ewes of the Rasa Aragonesa sheep breed by duplex PCR [J]. *Theriogenology*, 2009, 72 (8): 1 148 – 1 152.

[12] 管峰, 艾君涛, 刘守仁等. BMPR-IB 和 *BMP*15 基因作为湖羊多胎性候选基因的研究 [J]. 家畜生态学报, 2005, 26 (3): 10 – 12.

[13] 储明星, 孙洁, 陈宏权等. 绵羊 *BMP*15 基因 FecX^L 突变的检测 [J]. 中国农学通报, 2007, 23 (10): 85 – 88.

[14] 狄冉, 冯涛, 储明星等. 绵羊和山羊 *BMP*15 基因 FecX^R 突变的检测 [J]. 畜牧兽医学报, 2009, 40 (9): 1 303 – 1 307.

[15] 刘永斌, 何小龙, 王峰等. 蒙古羊 *BMP*15 基因外显子 1 位点多态性与产羔性能关系分析 [J]. 华北农学报, 2008, 23 (5): 30 – 34.

原文发表于《西北农业学报》, 2011, 20 (3): 3 – 7.

绵羊 *LHβ* 基因多态性与繁殖性能的相关性

刘 源[1]**，应诗家[1]，吴福荣[2]，王 锋[1]***，
王子玉[1]，祝铁钢[1]，石国庆[3]

(1. 南京农业大学动物胚胎工程技术中心，南京 210095；2. 江苏省东山镇湖羊保种区，苏州 215000；3. 新疆建设兵团绵羊繁育生物技术重点实验室，石河子 832000)

摘 要：设计6对引物，采用PCR-SSCP技术检测促黄体素β基因（*LHβ*）5′调控区和外显子在高繁殖力绵羊品种（湖羊）和低繁殖力绵羊品种（陶赛特、特克赛尔和哈萨克）中的单核苷酸多态性（SNPs），并探讨该基因与湖羊繁殖力的关系。结果显示，在5′调控区发现4个多态性位点（286bpT→C、424bpA→G、439bpT→C、705bpG→A），在第2外显子区发现2个多态性位点（1042bpC→G、1136bpC→T），在第3外显子区内没有任何SNPs位点。研究初步表明，湖羊 *LHβ* 基因AB型的平均产羔数比AA型多0.45只（$P<0.05$），GJ型的平均产羔数比GG型多1.83只（$P<0.05$），EE型平均产羔数比EF型多0.03只，但差异不显著（$P>0.05$）；AB基因型初生重最小二乘均值比AA基因型多0.56kg（$P<0.05$），体高最小二乘均值比AA基因型多2.12cm（$P<0.05$）；其他基因型的初生性状之间差异均不显著（$P>0.05$）。

关键词：绵羊；繁殖力；促黄体素β基因（*LHβ*）；单核苷酸多态性；PCR-SSCP

---

* 基金项目：国家科技支撑计划项目（2008BADB2B04-7 和 2006BAD01A11）；
** 作者简介：刘源（1984—），女，山东淄博人，硕士研究生，研究方向为动物生殖调控。（E-mail）liuyuan298@sina.com；
*** 通讯作者：王锋，教授，博士生导师，主要从事动物胚胎工程和羊业科学研究，E-mail：caeet@njau.edu.cn

Polymorphism of *LHβ* Gene and Its Correlation with Prolificacy of Hu Sheep

Liu Yuan[1], Ying Shijia[1], Wu Furong[2], Wang Feng[1], Wang Ziyu[1], Zhu Tiegang[1], Shi Guoqing[3]

(1. Center of Animal Embryo Engineering & Technology, Nanjing Agricultural University, Nanjing 210095, China; 2. Hu Sheep Breeding Reserve of Dongshan Town, Suzhou 215000, China; 3. Key Laboratory for Biotechnology of Sheep Breeding of Xinjiang Production & Construction Corps, Shihezi 832000, China)

Abstract: The luteinizing hormone bet-subunit (*LHβ*) gene was studied as a candidate gene for the prolificacy of Hu Sheep. Single nucleotide polymorphisms (SNPs) of 5' regulatory region and exons of *LHβ* gene were detected in high fecundity breeds (Hu Sheep) and low fecundity breeds (Dorset, Texel and Kazakstan Sheep) with six pairs of primers by PCR-SSCP. There were 4 polymorphic sites (286bp T→C, 424bp A→G, 439bp T→C, 705bp G→A) in 5' control region and 2 polymorphic sites (1042bp C→G、1136bp C→T) in exon 2. No polymorphic site was found in exon 3. The Hu ewes with genotype AB had 0.45 ($P<0.05$) lambs more than those with genotype AA. The Hu ewes with GJ had 1.83 ($P<0.05$) lambs more than with GG. The Hu ewes with EE had 0.03 ($P>0.05$) lambs more than with EF. The Hu ewes with genotype AB had 0.56kg more in least square mean of birth weight than those with genotype AA ($P<0.05$); and 2.12 cm more in least square mean of birth height than those with genotype AA ($P<0.05$). However, there were no significant differences between other genotypes in birth traits ($P>0.05$).

Key words: sheep; prolificacy; *LHβ* gene; single nucleotide polymorphisms (SNPs); PCR-SSCP

促黄体素 (Luteinizing Hormone, LH) 又称黄体生成素,是垂体前叶嗜碱性细胞合成分泌的糖蛋白激素,作为哺乳动物生殖调控的重要激素之一,其生理作用包括:与促卵泡素 (FSH) 协同作用促进生殖腺生长发育,控制配子生成并调节性腺内分泌等[1]。对雌性哺乳动物,促黄体素的主要作用是:促使卵泡发育成熟和排卵,排卵后使颗粒细胞变为黄体细胞,并刺激黄体分明孕酮等[2-4]。

促黄体素由 α 和 β 两个亚基非共轭结合而成,其中,α 亚基为促性腺激素所共有,同种哺乳动物同一个体的促黄体素 (LH)、促卵泡素 (FSH)、促甲状腺素 (TSH) 和促性腺素 (CG) 等 4 种糖蛋白激素的 α 亚基完全相同并可互换。β 亚基能特异地与靶器官上的受体结合,决定激素特异性[4]。目前,也有研究者认为糖蛋白激素的两个亚基均参与受体结合而执行信号转导作用。将激素的两个亚基分开,则β亚基无活性而β亚基有微弱活性。

繁殖性状作为家畜重要的经济性状,其性能指标中以产羔(仔)数最为重要,而产羔(仔)数与排卵率有密切的遗传相关性,排卵率与促性腺激素的浓度有关。许多研究表明:多胎绵羊品种往往具有较高的LH水平,排卵率高的品种的血浆LH峰值出现时间较早[5]。与非多胎母羊相比,Booroola多胎母羊血浆LH浓度显著较高[6]。湖羊作为中国著名的多胎品种之一,发情周期血液中的FSH和LH,无论基础浓度、谷值或峰值都显著高于单胎美利奴羊[7]。因此,LH基因可列为与高繁殖力有关的候选基因。

本研究以高繁殖力绵羊品种(湖羊)和低繁殖力绵羊品种(陶赛特、特克赛尔和哈萨克羊)为试验材料,采用单链构象多态(Single strand conformation polymorphism, SSCP)方法对 LHβ 基因进行单核苷酸多态性(Single nucleotide polymorphism, SNP)检测,比较该基因在不同绵羊品种中的多态性,并对具SSCP多态性的DNA片段进行测序比较分析,旨在寻找与产羔数相关的遗传标记,为绵羊高繁殖力的标记辅助选择提供科学依据。

1 材料与方法

1.1 试验材料

选择江苏省东山镇湖羊保种区具有生产繁殖记录的湖羊(231只)、特克赛尔(16只)、陶赛特(19只)和新疆紫泥泉绵羊育种中心的单胎哈萨克羊(41只),采集耳组织样,用酚鄨氯仿抽提法提取基因组DNA,超纯水稀释至100ng/μL,-20℃冷冻保存。

1.2 主要试剂

TaqDNA聚合酶为FERMENTAS(MBI),dNTP为Genscript公司产品,购自南京基天生物技术有限责任公司。50bp DNA ladder marker D512A(TaKaRa)购自宝生物工程(大连)有限公司。

1.3 引物设计和PCR扩增

根据 $LH\beta$ 基因的5'调控区以及外显子1、2、3的序列(GenBank登录号:S64695)设计6对引物,其中,前4对引物扩增LHβ基因5'调控区和外显子1,扩增片段长度分别为292bp、250bp、263bp、232bp;后2对引物扩增 $LH\beta$ 基因外显子2、3,扩增片段长度分别为195bp、275bp[8]。引物由上海生工生物工程有限公司合成,引物序列见表1。

PCR扩增反应总体积为25μL,其中100 ng/μL DNA模板2.5μL,10×缓冲液2.5μL,10mmol/L dNTP 0.5μL,25mmol/L的 Mg^{2+} 1.0~2.5μL,上下游引物各1.0μL,TaqDNA聚合酶为1 U,其余用超纯水补齐。PCR反应条件:94℃预变性5min;94℃变性30s,57~60℃退火30s,72℃延伸30s,30循环;72℃延伸8min,4℃保存。用1.2%琼脂糖凝胶电泳检测扩增效果。

表 1　PCR 扩增引物序列
Table 1　Sequences of primers used in PCR amplification

引物 Primer	序列 Sequence	
引物 1（117~308）	F：5'-accagatcttggcccttg-3'	R：5'-ccaaagcctgagtccaac-3'
引物 2（265~514）	F：5'-attgaagctacgcccctc-3'	R：5'-gaagacacccaaggagaag-3
引物 3（435~697）	F：5'-tgatttcttgtactcccacc-3'	R：5'-tgttcacctagtcttatacctg-3'
引物 4（616~847）	F：5'-attagtgtccaggttacccccac-3'	R：5'-tactgccctccccacactcttc-3'
引物 5（1 017~1 211）	F：5'-cctgaggcaetggccttgtcc-3'	R：5'-caccatgctggggcagtagcc-3'
引物 6（1 413~1 687）	F：5'-catggaaacactcaagctc-3'	R：5'-ttagaggaagaggatgtctg-3'

1.4　PCR-SSCP 分析和 PCR 测序

取 4μL PCR 产物置于 PCR 管中，加 10μL 上样缓冲液［98% 甲酰胺、0.025% 溴酚蓝、0.025% 二甲苯氰、10mmol/L EDTA（pH 值 8.0）和 10% 甘油］，离心混匀，98℃ 变性 10min，迅速插入冰中，-20℃ 放置 10min 使之保持变性状态。变性后 PCR 产物在非变性聚丙烯酰胺凝胶中电泳。室温电泳 18h 后银染显色。凝胶自动成像系统拍照和分析，挑选不同基因型个体样品 DNA 送上海生工生物工程有限公司测序。

PCR-SSCP 分析条件为：聚丙烯酰胺凝胶交联度为 29:1（引物 2 为 19:1），聚丙烯酰胺凝胶浓度为 12%（引物 1、3、6）；14%（引物 4），15%（引物 2、5），电压为 170 V（引物 1、3、4、6）；180 V（引物 5）；320 V（引物 2），室温电泳 18 h 后银染显色。

1.5　数据统计分析

配合模型 $y_{ijkl} = \mu + HYS_i + P_j + G_k + e_{ijkl}$ 进行方差分析，比较生产繁殖性状在 $LH\beta$ 基因型之间的差异。

式中：y_{ijkl} 为性状记录值 μ 为总体均值；HYS_i 为第 i 个场年季的固定效应；P_j 表示第 j 个胎次的固定效应；G_k 表示某一位点第 k 个基因型的固定效应；e_{ijkl} 为第 i 个观察值的随机残差效应。利用 SPSS16.0 的 GLM 模板进行统计分析。

2　结果

2.1　PCR 扩增结果

用所设计的引物对绵羊基因组 DNA 进行扩增，PCR 产物用 1.2% 琼脂糖凝胶电泳检测，扩增结果良好，得到特异性片段，可直接进行 SSCP 分析。6 对引物的扩增结果见图 1。

2.2　PCR 产物的 SSCP 和测序结果

对 6 对引物扩增的 PCR 产物分别进行 PCR-SSCP 分析，发现引物 2、引物 4、引物 5 扩增的片段存在多态性，其中，引物 5 中特克赛尔羊不存在多态性，且哈萨克羊的 3 对引物中均不存在多态。这 3 对引物的 PCR-SSCP 分析见图 2。

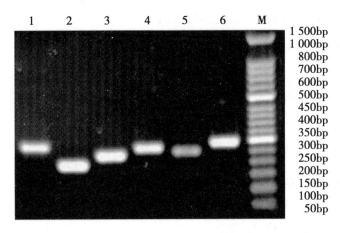

M: Marker；1：引物1（117~308）；2：引物2（265~514）；
3：引物3（435~697）；4：引物4（616~547）；5：引物5
（1017~1211）；6：引物6（1017~1211）。

图1 6对引物的 PCR 产物

Fig. 1 PCR products of six pairs of primers

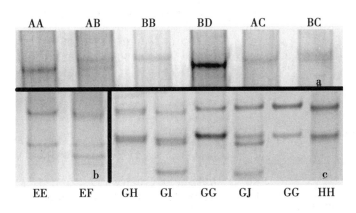

a、b、c、分别代表引物2、4、5的PCR-SSCP图谱

图2 引物2、4、5 PCR 扩增产物的 SSCP 分析

Fig. 2 SSCP analysis of PCR amplification using primers2、4、5（a，b，c）

用 DNAMAN 和 Chromas 序列分析软件对所测结果进行分析，并上传至 http：//www.ncbi.nlm.nih.gov/blast/网站进行 BLAST 比较分析。测序结果表明：引物2扩增片段中，BB 型与 AA 型相比在439bp 处发生 T→C 的碱基突变，BB 为该位点突变纯合子，AB 为该位点杂合子；AC 型与 AA 型相比在424bp 处发生 A→G 的碱基突变，AC 为该位点杂合子；BD 型在286bp 处发生 T→C 的碱基突变，还在439bp 处发生 T→C 的碱基突变，BD 为286bp 和439bp 两个位点杂合子；BC 为424bp、439bp 两个位点杂合子。引物4扩增片段中 EF 型与 EE 型相比在705bp 处发生 G→A 的碱基突变；EF 为该位点杂合子。引物5扩增片段中，HH 型与 GG 型相比在1 136bp 处发生 C→T 的碱基突变，HH 为该位点突变纯合子，GH 为该位点杂合子；GI 型与 GG 型相比在1 042bp 处发生 C→G 的碱基突变，GI 为该位点

杂合子；GJ 为 1 042bp、1 136bp 两个位点杂合子。

2.3 不同绵羊品种之间基因型频率和基因频率的分析

对湖羊、特克赛尔、陶赛特、哈萨克羊进行了 *LHβ* 亚基因的基因型检测，计算不同品种绵羊的基因型频率和等位基因频率，统计结果（表2）显示：对于引物2共有6种基因型（AA、AB、AC、BB、BC、BD），在湖羊和陶赛特羊中除 BC 基因型外有 5 种基因型；特克赛尔羊中有 BC 基因型，但未发现 BB、BD 基因型，不存在 D 等位基因；哈萨克羊只存在野生型（AA）。对于引物4，除哈萨克羊只存在野生型（EE）外，湖羊、陶赛特和特克赛尔羊均有 EE 和 EF2 种基因型。引物 5 在湖羊中有 5 种基因型（GG、GH、GI、GJ、HH）；在陶赛特羊中有 2 种基因型（GG 和 GI），不存在等位基因 H 和 J；特克赛尔羊和单胎哈萨克羊只存在野生型（GG）。

表2 4个品种 *LHβ* 基因各位点的基因型及等位基因频率
Table 2 Genotype and allele frequencies of *LHβ* gene in four breeds

引物 Primers	基因型或 等位基因 Genotype	湖羊 Hu sheep	无角陶赛特 Dorset sheep	特克赛尔 Texel sheep	哈萨克 Kazak sheep
Primer 2 基因型频率 Genotype frequency	AA	0.792 (183)	0.632 (12)	0.438 (7)	1.000 (41)
	AB	0.147 (34)	0.105 (2)	0.187 (3)	0.000 (0)
	AC	0.039 (9)	0.053 (1)	0.313 (5)	0.000 (0)
	BB	0.013 (3)	0.105 (2)	0.000 (0)	0.000 (0)
	BD	0.009 (2)	0.105 (2)	0.000 (0)	0.000 (0)
	BC	0.000 (0)	0.000 (0)	0.062 (1)	0.000 (0)
等位基因频率 Allele frequency	A	0.885	0.711	0.688	0.000
	B	0.091	0.210	0.125	0.000
	C	0.020	0.026	0.187	0.000
	D	0.004	0.053	0.000	0.000
Primer 4 基因型频率 Genotype frequency	EE	0.905 (209)	0.789 (15)	0.3135 (5)	1.000 (41)
	EF	0.095 (22)	0.211 (4)	0.6865 (11)	0.000 (0)
等位基因频率 Allele frequency	E	0.952	0.895	0.656	1.000
	F	0.048	0.105	0.344	0.000
Primer 5 基因型频率 Genotype frequency	GG	0.887 (205)	0.947 (18)	1.000 (16)	1.000 (41)
	GH	0.065 (15)	0.000 (0)	0.000 (0)	0.000 (0)
	HH	0.004 (1)	0.000 (0)	0.000 (0)	0.000 (0)
	GI	0.035 (8)	0.053 (1)	0.000 (0)	0.000 (0)
	GJ	0.009 (2)	0.000 (0)	0.000 (0)	0.000 (0)
等位基因频率 Allele frequency	G	0.942	0.974	1.000	1.000
	H	0.037	0.000	0.000	0.000
	I	0.017	0.026	0.000	0.000
	J	0.004	0.000	0.000	0.000

2.4 不同绵羊品种纯合度、杂合度、有效等位基因数及多态信息含量

基因型个数、有效等位基因数、多态信息含量、遗传纯合度及遗传杂合度是评价群体遗

传变异的重要指标，遗传参数的不同代表各群体间遗传上有本质差异。4 个绵羊品种的遗传参数（表3）显示：引物 2 的陶赛特和特克赛尔的多态信息含量分别是 0.398、0.427；而在引物 4 中特克赛尔的多态信息含量则是 0.349。按照 Botstein 等提出的分类标准，这些位点属于中度多态（0.25 < PIC < 0.50）。

表3 不同绵羊品种遗传多态参数
Table 3 The genetic polymorphism parameters in different sheep breeds

	遗传多态参数 genetic polymorphism parameter	NG	Ho	He	Ne	PIC
引物2	湖羊 Hu sheep	5	0.792	0.208	1.262	0.194
	无角陶赛特 Dorset sheep	5	0.541	0.459	1.810	0.398
	特克赛尔 Texel sheep	4	0.508	0.492	1.910	0.427
	哈萨克 Kazak sheep	1	1.000	0.000	1.000	0.000
引物4	湖羊 Hu sheep	2	0.909	0.091	1.100	0.087
	无角陶赛特 Dorset sheep	2	0.8065	0.1935	1.232	0.170
	特克赛尔 Texel sheep	2	0.534	0.466	1.822	0.349
	哈萨克 Kazak sheep	1	1.000	0.000	1.000	—
引物5	湖羊 Hu sheep	5	0.888	0.112	1.126	0.108
	无角陶赛特 Dorset sheep	2	0.947	0.053	1.054	0.049
	特克赛尔 Texel sheep	1	1.000	0.000	1.000	—
	哈萨克 Kazak sheep	1	1.000	0.000	1.000	—

注：遗传多态参数 NG、Ho、He、Ne、PIC 依次表示基因型个数、遗传纯合度、遗传杂合度、有效等位基因数、多态信息含量

表4 $LH\beta$ 亚基基因型湖羊繁殖性状的最小二乘均值及标准误
Table 4 The least square mean and standard error of prolificacy Hu Sheep with different $LH\beta$ genotypes

引物	基因型	最小二乘均值及标准误		
		产羔数（只）	初生重（kg）	初生体高（cm）
引物2	AA	2.128 ± 0.090 b	3.134 ± 0.084a	34.181 ± 0.333a
	AB	2.583 ± 0.178 a	3.700 ± 0.236b	36.300 ± 0.943b
	AC	2.000 ± 0.436ab	2.967 ± 0.305ab	35.333 ± 1.217
	BB	—	3.400 ± 0.747ab	35.000 ± 2.982ab
	BD	—	3.500 ± 0.528ab	35.000 ± 2.982ab
引物5	GG	2.165 ± 0.084b	—	—
	GH	2.455 ± 0.263 ab	—	—
	GI	3.000 ± 0.872 ab	—	—
	GJ	4.000 ± 0.872 a	—	—

注：同列比较，不同小写字母表示差异显著（$P < 0.05$）

2.5 *LHβ* 基因不同基因型对生产繁殖性状的影响

如表 4 所示：对于湖羊，在引物 2 中，AB 基因型产羔数最小二乘均值比 AA 基因型多 0.45 只（$P<0.05$）；而在引物 4 中，EE 基因型的产羔数比 EF 基因型多 0.03 只（$P>0.05$），在引物 5 中，GJ 基因型产羔数最小二乘均值比 GG 基因型多 1.83 只（$P<0.05$），说明引物 2 和引物 5 基因突变与产羔数成正相关，而引物 4 基因突变与产羔数无显著相关。

表 4 还显示：在引物 2 中，AB 基因型初生重最小二乘均值比 AA 基因型多 0.56kg（$P<0.05$）；体高最小二乘均值比 AA 基因型多 2.12 cm（$P<0.05$）。而其他基因型的初生性状之间差异均不显著（$P>0.05$）。

3 讨论

国内外对 *LHβ* 基因突变研究多集中在人类生殖疾病方面[9-11]，国内学者对 *LHβ* 基因与繁殖性能关系进行了一定研究。Basavarajappa 等[12]对印度水牛 *LHβ* 基因进行了 PCR-SSCP 分析，发现 7 个突变位点。李利等[13]对南江黄羊 *LHβ* 基因进行了 RFLP 分析，发现内含子 1 中的第 401 位发生了 G→A 或 C 碱基突变。师庆伟等[14]研究发现，在民猪 *LHβ* 基因外显子 2 中的 1 757bp 处 T→C 的突变对产仔数和初生窝重有极显著影响。王爱华等[15]对二花脸猪、约克夏猪和长白猪 3 个群体进行分析，仅在内含子中有两个多态性位点，但未发现与产羔数相关。

本研究设计了 6 对引物用于 PCR 扩增，发现引物 2、4、5 存在多态位点，湖羊存在除 BC 外的所有基因型；陶赛特羊中未发现 BC、GH、HH、GJ 基因型；仅在特克赛尔羊中发现 BC 基因型，但未发现 BB、BD 基因型，且引物 5 中只有野生型；哈萨克羊 3 对引物中均不存在多态。在湖羊中，BD 型在 286bp 处存在 T→C 突变，AB 型与 AA 型相比在第 439bp 处存在 T→C 的突变，AC 型和 AA 型相比在第 424bp 处存在 A→G 的突变；EF 型与 EE 型相比在第 705bp 下处有 1 个 G→A 的碱基突变；GH 型与 GG 型相比在第 1 042bp 处存在 C→G 的突变，GI 型与 GG 型相比在第 1 136bp 处存在 C→T 的突变，其中，第 286bp、439bp、705bp、1 042bp 处突变在小尾寒羊中曾发现[16]。另外本研究发现位点 424bp 存在 A→G 的突变和 1 136bp 处的 C→T 突变，而在小尾寒羊中存在的 763 位碱基突变在本研究中并未检出。本研究仅在高繁殖力的湖羊中检测到 H 和 J 等位基因，H 和 J 等位基因是否可以作为湖羊特有的遗传标记值得深入研究。

本研究结果初步表明，AB 基因型湖羊产羔数显著高于 AA 基因型，GJ 基因型湖羊产羔数显著高于 GG 基因型，而 EE 基因型的产羔数与 EF 基因型的产羔数的差异不显著，可以认为 AA 基因型和 GG 基因型发生基因突变具有增加湖羊产羔数的作用，而 EE 基因型发生的基因突变对湖羊产羔数则没有显著影响。另外 AB 基因型与 AA 基因型之间，初生重、初生体高差异显著，可以认为 AA 基因型发生基因突变与初生重和体高相关。

参考文献

[1] Moyle W R, Campbell R K, Myers R V, et al. Co-evolution of ligand-receptor pairs [J]. Nature, 1994, 368: 251 - 255.

[2] Elter K, Erel C T, Cine N. et al. Role of the mutations Trp^8→Arg and Ile^{15}→Thr of the human luteinizing hormone βsubunit in women with polycystic ovary syndrome [J]. Fertility and Sterility, 1999, 71 (3): 425 - 430.

[3] Nakav S, Jablonka-Shariff A, Kaner S, et al. The *LHβ* gene of several mammals embeds a carboxyl-terminal peptide-like sequence revealing a critical role for mucin oligosaccharides in the evolution of lutropin to chorionic gonadotropin in the animal phyla [J]. Journal of Biological Chemistry Biol, 2005, 280 (17): 16 676 - 16 684.

[4] Hearn M T, Gomme P T. Molecular architecture and biorecognition process of the cysteine knot protein superfamily: part I. The glycoprotein hormones [J]. Journal of Molecular Recognition, 2000, 13 (5): 223 - 278.

[5] 张泉福, 徐苏标, 白莲清. 湖羊垂体——卵巢轴内分泌与性发育相关研究 [J]. 浙江农业学报, 1995, 7 (5): 412 - 415.

[6] Montgomery G W, Mcnatty K P, Dvais G H. Physiology and molecular genetics of mutations that increase ovulation rate in sheep [J]. Endoncrine Reviews, 1992, 13: 309 - 328.

[7] 张德福, 郑亦辉. 湖羊多产的生殖内分泌机理研究——湖羊和美利奴羊对外源性促性腺激素释放激素的差异 [J]. 中国养牛, 1994 (1): 25 - 26.

[8] Brown P, Mcneilly J R, Wallace R M, et al. Characterization of the ovine LH beta-subunit gene: the promoter directs gonadotrope-specific expression in transgenic mice [J]. Mol Cell Endocrinol, 1993, 93 (2): 157 - 165.

[9] Ramanujam L N, Liao W X, Roy A C, et al. Association of molecular variants of luteinizing hormone with male infertility [J]. Human Reproduction, 2000, 15 (4): 925 - 928.

[10] Berger K, Billerbeck A, Costa E, et al. Frequency of the allelic variant (Trp^{8}Arg/Ile^{15}Thr) of the luteinizing hormone gene in a Brazilian cohort of healthy subjects and in patients with hypogonadotropic hypogonadism [J]. Clinics, 2005, 60 (6): 461 - 464.

[11] Takahashi K, Karino K, Kanasaki H, et al. Influence of missense mutation and silent mutation of *LHβ*-subunit gene in Japanese patients with ovulatory disorders [J]. European Journal of Human Genetics, 2003, 11 (5): 402 - 408.

[12] Basavarajappa M S, DE S, Thakur M, et al. Characterization of the luteinizing hormone beta (LH-β) subunit gene in the Indian river buffalo (Bubalus bubalis) [J]. General and Comparative Endocrinology, 2008, 155: 63 - 69.

[13] 李利, 张红平, 吴登俊. 南江黄羊 *LHβ* 基因序列多态性与产羔数的相关分析 [J]. 吉林农业大学学报, 2006, 28 (5): 567 - 573.

[14] 师庆伟, 王希彪. 促黄体素 *LHβ* 亚基基因的单核苷酸多态性及其与猪繁殖性状的相关性 [J]. 江苏农业科学, 2006 (6): 302 - 304.

[15] 王爱华, 李宁, 吴常信. 猪 *LHβ* 亚基基因的单核苷酸多态性研究 [J]. 遗传, 2002, 24 (6): 649 - 652.

[16] 邓峥. 促黄体素 β 亚基基因多态性与小尾寒羊高繁殖力关系的研究 [D]. 杭州: 浙江大学, 2002.

原文发表于《江苏农业学报》, 2010, 26 (2): 325 - 330.

NRF-1 和 PGC-1α 在山羊卵巢卵泡发育中的作用研究[*]

周峥嵘[**]，万永杰，张艳丽，王子玉，王　锋[***]

（南京农业大学，江苏省家畜胚胎工程实验室，南京　210095）

摘　要：家畜胎儿时期的卵巢中存储着大量卵泡，但出生时，大约2/3的卵泡会发生凋亡。研究表明线粒体在哺乳动物卵泡和卵母细胞发育中发挥关键作用。本试验以胎60日龄（胎羊）到出生后30日龄（羔羊）的山羊卵巢组织为研究对象，研究 NRF-1 和 PGC-1α 在山羊卵泡发育过程中的作用及其与卵巢细胞凋亡的关系。结果发现，在胎羊或羔羊卵巢中，卵母细胞巢是最早能识别的生殖细胞。在胎60日龄至120日龄卵巢中，卵母细胞巢比例从92.68%减少到25.08%，而单个卵泡比例从7.32%升高到74.92%；在胎90日龄至120日龄卵巢中，原始卵泡比例从9.98%升高到61.56%（$P<0.01$）；在新生1日龄到出生30日龄的羔羊卵巢中卵母细胞巢和原始卵泡比例没有发现显著变化（$P=0.12$）。另外，胎90日龄到新生1日龄卵巢中初级卵泡比例从1.23%升高到37.93%（$P=0.01$），但是新生1日龄到出生30日龄卵巢中初级卵泡比例没有发现显著变化（$P=0.11$）。同时，次级卵泡和三级卵泡比例随着日龄的增加而逐渐增多。另一方面，NRF-1 蛋白主要在胎羊卵母细胞巢，原始卵泡和初级卵泡的卵母细胞胞质中表达，PGC-1α 蛋白主要在胎羊和羔羊卵母细胞巢和各发育阶段卵泡的卵母细胞胞质中表达。胎60日龄卵巢中 NRF-1 基因的表达水平显著高于新生1日龄羔羊卵巢（$P<0.05$），而 PGC-1α 基因的表达水平差异不显著（$P=0.05$）。不过，胎60日龄卵巢中的凋亡细胞数和 caspase-3 活性显著低于新生1日龄羔羊卵巢（$P<0.01$，$P=0.01$）。综上所述，山羊原始卵泡形成主要发生在胎90~120日龄，原始卵泡向初级卵泡转换主要胎120日龄至新生1日龄。在胎羊和羔羊卵巢卵泡发育过程中，NRF-1 和 PGC-1α 可能参与调控卵巢细胞凋亡。

关键词：凋亡；发育；卵泡；山羊；NRF-1；PGC-1α

---

[*] 基金项目：国家十二五支撑计划（2011BAD19B02），国家自然科学基金（31272443），江苏省研究生创新计划（CXLX12-0295）；
[**] 作者简介：周峥嵘，(1985—)，女，江苏镇江人，博士研究生；
[***] 通讯作者：王锋，教授，博士生导师，主要从事动物胚胎工程和羊业科学研究，E-mail：caeet@njau.edu.cn

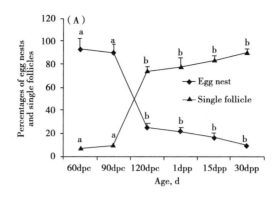

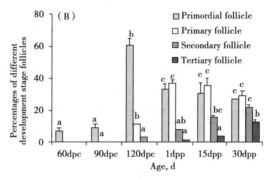

图 1 胎羊和羔羊卵巢中卵母细胞巢和卵泡的比例

A：卵母细胞巢和单个卵泡比例；B：不同发育阶段卵泡比例；dpc = 产前；dpp = 产后；字母不同表示差异显著（$P<0.05$）

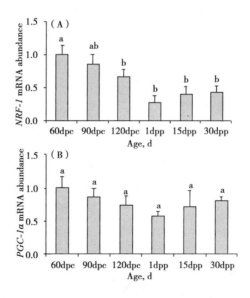

图 2 *NRF*-1 和 *PGC*-1α 基因在胎羊和羔羊卵巢中的表达

A：*NRF*-1 基因的表达水平；B：*PGC*-1α 基因的表达水平

dpc：产前；dpp：产后；不同字母表示差异显著（$P<0.05$）

原文发表于《Journal of Animal Science》，2012，90（11）：3 752 - 3 761.

$PGC\text{-}1\alpha$ 和 $NRF\text{-}1$ 在山羊卵泡发育和闭锁过程中表达变化的研究[*]

张国敏[**]，万永杰[***]，张艳丽，贾若欣，王子玉，樊懿萱，王锋[****]

（南京农业大学，江苏省家畜胚胎工程实验室，南京 210095）

摘　要：哺乳动物大多数卵泡（99.9%）在发育过程中都发生闭锁退化，卵泡闭锁主要是由颗粒细胞凋亡引起的，但决定颗粒细胞命运的内在分子机制还有待进一步研究。本试验以性成熟山羊卵巢为研究对象，卵泡剥离后根据不同的直径（≤2mm、2～5mm 和 ≥5mm）和状态（健康和闭锁）分组，然后通过 qRT-PCR 和 Western blot 等方法，初步探索线粒体相关基因 $PGC\text{-}1\alpha$ 和 $NRF\text{-}1$ 在山羊卵泡发育和闭锁过程中的表达变化。研究结果表明，$PGC\text{-}1\alpha$ 和 $NRF\text{-}1$ 蛋白主要在各发育阶段卵泡的颗粒细胞内表达。随着卵泡的发育（卵泡体积的增大），$PGC\text{-}1\alpha$ 和 $NRF\text{-}1$（mRNA 和蛋白水平）的表达量显著升高（$P<0.05$，图2）。与健康卵泡相比，闭锁卵泡内雌激素（E2）的含量和 E2/孕酮（P4）的比值显著降低（$P<0.05$），并且 $PGC\text{-}1\alpha$ 和 $NRF\text{-}1$ 的表达量也有下降的趋势，而 BAX 的表达量与 BAX/BCL-2 的比值显著升高（$P<0.05$）。综上所述，在卵泡发育过程中，线粒体相关基因 $PGC\text{-}1\alpha$ 和 $NRF\text{-}1$ 表达模式的改变，可能会导致卵泡闭锁。

关键词：$PGC\text{-}1\alpha$；$NRF\text{-}1$；BAX/BCL-2；卵泡发育；闭锁；山羊

---

[*] 基金项目：农业部转基因肉羊新品种培育重大专项（2011ZX08008-003），国家自然科学基金项目（31272443）；
[**] 作者简介：共同第一作者：张国敏（1987—　），男，陕西人，博士研究生；
[***] 万永杰（1979—　），男，河南漯河人，讲师；
[****] 通讯作者：王锋，教授，博士生导师，主要从事动物胚胎工程和羊业科学研究，E-mail：caeet@njau.edu.cn

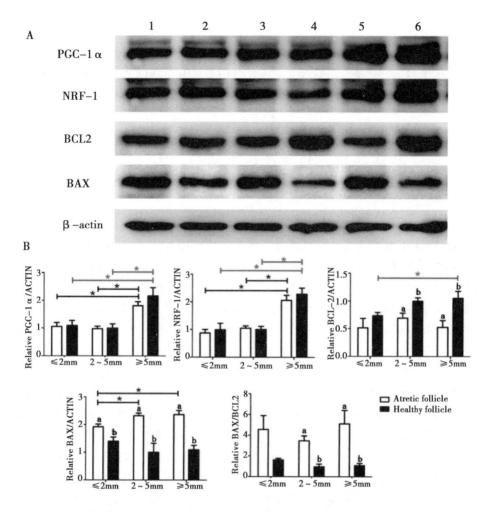

图 1 免疫印迹分析目的蛋白在不同直径的健康和闭锁卵泡中颗粒细胞内的表达

注：A：蛋白印迹条带；B：灰度分析；1：≤2mm 闭锁卵泡；2：≤2mm 健康卵泡；3：2~5mm 闭锁卵泡；4：2~5mm 健康卵泡；5：≥5mm 闭锁卵泡；6：≥5mm 健康卵泡。在相同直径的卵泡中，a 和 b 不同字母代表不同状态（健康和闭锁）卵泡内基因表达差异显著（$P<0.05$）。在相同状态的卵泡中，＊代表不同直径卵泡内基因表达差异显著（$P<0.05$），红色星号标示健康卵泡组，黑色星号代表闭锁卵泡组

原文发表于《Reproduction in Domestic Animals》，2015，50（3）：465－473.

湖羊 17β 羟基类固醇脱氢酶基因的分子克隆与表达研究

王昌龙[#]，应诗家[#***]，王子玉，邢慧君，
王立中，何东洋，肖慎华，王 锋[***]

(南京农业大学，江苏省肉羊产业工程技术中心，南京 210095)

摘 要：17β 羟基类固醇脱氢酶 2 型酶（17β-HSD2）以 NAD/NADP 作为受体催化 C17 位上的酮基和醇基之间的氧化还原反应，使低活性的雌酮、雄烯二酮与高活性的睾酮、雌二醇之间相互转化。17β-HSD2 在人和鼠的多种组织中表达，但是其在湖羊体内完整的基因序列和表达组织却没有被明确探明。在本试验中，克隆出了它的全部基因序列以及在高低日粮饲喂的 12 只湖羊体内 28 个组织中它的表达情况，湖羊 17β-HSD2 总共是 1 317bp，编码区长 1 167bp，编码 389 个氨基酸残基。湖羊 17β-HSD2 与以下物种的 17β-HSD2 基因有较高的同源性：牛 (96.13%)，猪 (77.06%)，犬 (70.44%)，猕 (65.72%)，长臂猿 (65.46%)，黑猩猩 (65.21%)，人 (64.69%)，小家鼠 (58.35%)，与斑马鱼的此基因序列同源性较低，为 37.85%。17β-HSD2 在湖羊的消化道组织、肝脏组织中的表达量比较高，在肺脏中没有检测到基因表达。不同能量组饲喂的湖羊 17β-HSD2 在瘤胃、网胃、十二指肠、垂体、盲肠组织表达存在差异性。17β-HSD2 的广泛分布说明了其在维护湖羊身体的性激素代谢水平中发挥了重要的作用；在消化道组织以及肝脏组织中表达量最高，推测消化道组织以及肝脏组织为类固醇激素的重要代谢位点。本试验为进一步研究湖羊的 17β-HSD2 基因提供了基础。

关键词：17β-HSD2；湖羊；组织表达分析

---

[*] 基金项目：国家肉羊产业体系项目（编号CARS-39）；
[**] 作者简介：#共同第一作者：王昌龙（1988— ），男，硕士研究生；应诗家（1984— ），男，博士研究生；
[***] 通讯作者：王锋，教授，博士生导师，主要从事羊业科学和动物胚胎工程技术研究，E-mail：caeet@njau.edu.cn

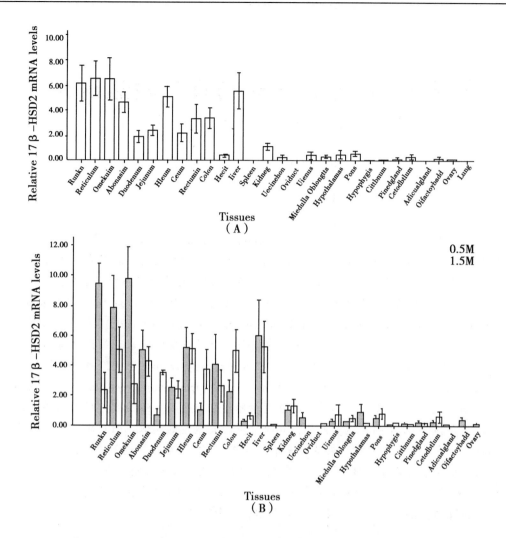

图 1 荧光定量 PCR 检测湖羊 17β-HSD2 基因 mRNA 表达水平（A）. 17β-HSD2 基因 mRNA 在不同能量水平日粮组同一组织中的表达水平（B）.

原文发表于《Molecular Biology Reports》, 2013, 40: 1 073–1 080.

湖羊 Lrh-1 基因分子特性与表达研究[*]

王利红[1,2**]，张 伟[2]，吉俊玲[2]，高勤学[2]，肖慎华[1]，王 锋[1***]

(1. 南京农业大学动物科技学院，南京 210095；2. 江苏畜牧兽医职业技术学院，泰州 225300)

摘 要：肝受体同系物-1（Liver receptor homolog-1, Lrh-1）属于核受体 5A 家族（Nuclear receptor family 5A；NR5A）成员，在脂类代谢、胚胎发育以及芳香族化合物的调节方面发挥着重要的作用。本研究的目的是为了解绵羊 Lrh-1 基因序列信息以及在生殖器官组织中的表达特点。通过 RT-PCR（Reverse transcription-polymerase chain reaction）和 RACE（Rapid amplification of cDNA ends）方法，从湖羊肝组织中克隆 Lrh-1 基因，获得序列信息，并分析了核受体亚家族基因共有的保守区域——DNA 结合域和配体结合域的特性。通过 western blot 方法检测湖羊组织中 Lrh-1 蛋白表达量，结果显示，与经 qRT-PCR（Quantitative real-time polymerase chain reaction）方法测得的转录产物表达量间存在相关性。经检测分析，湖羊发情后期下丘脑中 Lrh-1 的表达量最高，其他阶段的表达量则相似，而在垂体中，发情周期 4 个阶段的表达量间存在显著差异，其中，发情前期的表达量最高，且各阶段的表达量变化趋势与 FSH 浓度间存在显著相关，这一结果表明，湖羊垂体中 Lrh-1 的表达与促性腺激素的分泌存在相关性，可能会影响卵巢上卵泡的发育。

关键词：Lrh-1；湖羊；荧光定量 PCR；蛋白印迹

---

[*] 基金项目：国家肉羊产业技术体系（CARS-39）；江苏省自然科学基金项目（BK2010356）；
[**] 作者简介：王利红（1975— ），女，山西省太原市人，副教授，博士生，主要从事动物遗传繁育研究 E-mai：wanglihong345@yahoo.com.cn；
[***] 通讯作者：王锋，E-mail：caeet@njau.edu.cn

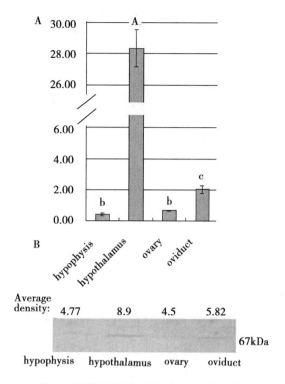

图1 湖羊下丘脑和垂体中 *Lrh*-1 的表达

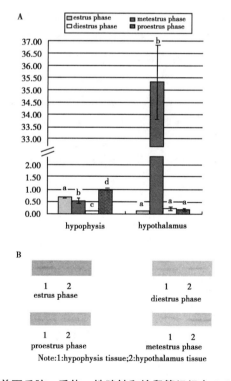

图2 湖羊下丘脑－垂体－性腺轴和输卵管组织中 *Lrh*-1 的表达

原文发表于《Genetics and Molecular Research》，2013，12（2）：1 490－1 500.

湖羊 *LHR* 基因在发情周期非性腺组织中的表达研究[*]

王利红[1,2**]，张 伟[2]，高勤学[2]，王 锋[1***]

(1. 南京农业大学动物科技学院，南京 210095；
2. 江苏畜牧兽医职业技术学院，泰州 225300)

摘 要：促黄体素（Luteinizing hormone；LH）是调节哺乳动物性腺功能，调控发情周期不同阶段生理变化重要的糖蛋白激素。LH 的功能行使必须通过促黄体素受体 (*LHR*) 来实现。为了检测绵羊发情周期 4 个阶段非性腺组织中 *LHR* 基因的表达特点，本研究选取了健康、经产湖羊母羊为研究对象，以卵巢形态为发情周期阶段判断依据，采用实时荧光定量 PCR 和 ELISA 方法（以 GAPDH 基因为参照）进行组织中 *LHR* 表达检测。研究结果显示，*LHR* mRNA 的表达量与蛋白浓度间存在显著相关，其中，在嗅球、下丘脑、瘤胃、小肠、肾和子宫非性腺组织中 *LHR* 的表达量较丰富。通过对比同一组织在发情周期四个阶段时 *LHR* 基因表达水平变化，结果显示，其存在显著差异，其中，多数非性腺组织中的 *LHR* 表达量在发情期时相对较低。在下丘脑与直肠、垂体与输卵管、回肠与子宫以及在空肠、嗅球和肾组织中 *LHR* 表达量变化趋势存在极显著相关（$P<0.01$），在十二指肠与输卵管、下丘脑与延髓、空肠与子宫、瓣胃与皱胃、网胃与结肠组织中的表达量变化趋势存在显著相关（$P<0.05$）。这一结果表明，*LHR* 基因（或 LH）可能是影响绵羊非性腺组织功能的重要因素之一，同时，在部分组织中，LH 的作用强度可能与绵羊发情周期的生理状态有关。

关键词：促黄体素受体基因；非性腺组织；qRT-PCR；ELISA

---

[*] 基金项目：国家肉羊产业技术体系（CARS-39）；江苏省自然科学基金项目（BK2010356）；
[**] 作者简介：王利红（1975— ），女，山西省太原市人，副教授，博士生，主要从事动物遗传繁育研究 E-mai：wanglihong345@yahoo.com.cn；
[***] 通讯作者：王锋，主要从事羊业科学和动物胚胎工程技术研究，E-mail：caeet@njau.edu.cn

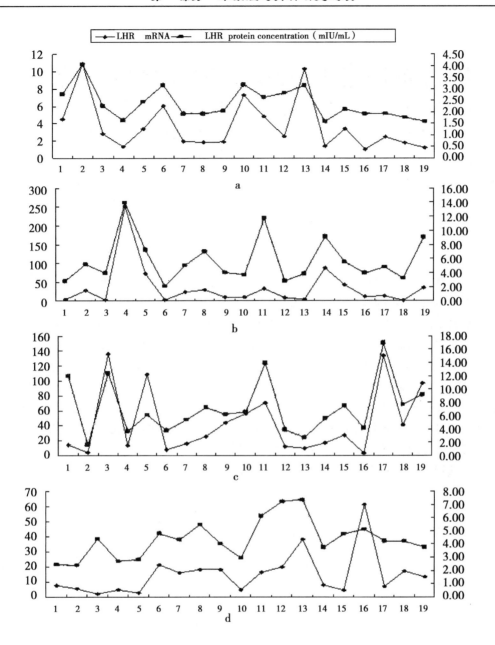

图 1 发情期（第 0 天）、发情后期（第 3 天）、间情期（第 10 天）和发情前期（第 14 天）湖羊组织中 *LHR* mRNA 表达量（qRT-PCR）与 *LHR* 蛋白浓度（ELISA）对比图

原文发表于《Genetics and Molecular Research》, 2012, 11 (4): 3 766 – 3 780.

巴音布鲁克羊 *BMPR-IB* 基因的研究[*]

左北瑶[1,2**]，钱宏光[3]，王子玉[1]，王旭[2]，努尔尼萨[2]，艾邓巴依尔[4]，应诗家[1]，胡晓龙[2]，宫昌海[2]，郭志勤[5]，王 锋[1***]

(1. 南京农业大学动物胚胎工程技术中心，南京 210095；2. 新疆巴州畜牧工作站，库尔勒 841000；3. 内蒙古自治区农牧业科学院，呼和浩特 010031；4. 新疆巴州种畜场，博湖 841400；5. 新疆畜牧科学院，农业部家畜繁育生物技术重点开放实验室，乌鲁木齐 830000)

摘 要：巴音布鲁克羊群体平均双羔率为2%～3%，但是最近发现一个与巴音布鲁克羊遗传相近的群体平均每胎产2～3羔。为了探明影响其产羔率的主效基因，本文以高产羊群A和随机选择的100头正常巴音布鲁克羊群B作为研究对象，采用连接酶检测反应对3个候选的高产基因10个突变位点分型，分别是 *BMPR-IB* 基因的 *FecB* 位点，*BMP15* 基因的 *FecXI*、*FecXB*、*FecXL*、*FecXH*、*FecXG* 和 *FecXR*，以及 *GDF9* 基因的 *G1*、*G8* 和 *FecTT*。检测的10个位点中，*FecB* 和 *G1* 具有多态性。独立检验表明 *FecB* 位点与巴音布鲁克羊的产羔率显著关联，*G1* 突变在高产群体中频率低且对巴音布克羊的产羔率无显著影响。综上，在检测的10个候选位点中，*FecB* 是影响巴音布鲁克羊高产的主效基因。

关键词：巴音布鲁克羊；产羔率；*BMPR-IB*；*GDF9*；*BMP15*

---

[*] 基金项目：(国家肉羊产业体系项目（编号 CARS-39）);
[**] 作者简介：左北瑶（1964—　），女，新疆人，推广研究员，博士研究生，研究方向为动物育种与繁殖。E-mail：beiyaozuo@163.com;
[***] 通讯作者：王锋，教授，博导，主要从事动物胚胎工程研究，E-mail：caeet@njau.edu.cn

表1　巴音布鲁克羊 *BMPR-IB* 基因 *FecB* 位点基因型

	基因型（理论值）			Σ	df	χ^2
	GG	GA	AA			
FlockA	3 (0.5)	14 (2.33)	3 (17.17)	20		
FlockB	0 (2.5)	0 (11.67)	100 (85.83)	100		
Σ	3	14	103	120	2	98.75

表2　巴音布鲁克羊 GDF9 基因 G1 位点基因型

	基因型（理论值）			Σ	df	χ^2
	AA	AG	GG			
Flock A	0 (0.5)	1 (1.5)	19 (18)	20		
Flock B	3 (2.5)	8 (7.5)	89 (90)	100		
Σ	3	9	108	120	2	0.865

原文发表于《Asian-australasian Journal of Animal Science》2013，26（1）：36-42.

高低极端繁殖力黄淮山羊在发情周期和卵巢摘除后外周血液孕酮和雌二醇浓度变化的比较*

庞训胜[1,2]**，王子玉[1]，祝铁刚[1]，殷定忠[2]，
张艳丽[1]，孟 立[1]，王 锋[1]***

(1. 南京农业大学动物科技学院，南京 210095；2. 安徽科技学院，凤阳 233100)

摘 要：本研究调查了江淮地区 6 450 只黄淮山羊繁殖母羊，分析 427 只极端高繁殖力山羊（至少 1 次窝产羔数≥5 羔，HP）窝产羔数的变化，并与低繁殖力山羊（窝产羔数≤3 羔，PP）比较其外周血液孕酮（P_4）和雌二醇（E_2）浓度的差异。母羊经过间隔 12 天两次氯前列烯醇同期发情处理后，在自然发情周期和卵巢摘除后 1~5 天，自颈静脉瘘管逐天采集血液 2mL，抗凝，分离血浆置于 -20℃ 冻存，以放射免疫测定其激素浓度。结果表明，HP 羊窝产羔数逐胎增加，在第 5 胎次至峰值，之后成下降趋势；在 3~6 胎次，窝产羔数≥4 羔的母羊比例占 44.5%~58.3%。相对于第 5 胎次，第 3、第 4 和第 6 胎次的窝产羔数差异不显著（$P>0.05$）。在黄体期初期，HP 羊外周血 P_4 浓度的上升速度早于并且高于 PP 羊，在 P_4 平台期，呈极显著差异（$P<0.01$），然而，在卵泡期和卵巢摘除后，两组之间无显著性差异。在发情周期中，HP 羊外周血平均 E_2 均显著高于 PP 羊，并在黄体期早期出现两个 E_2 峰值，而 PP 羊只有一个 E_2 峰值。通过体外测量黄体的结果显示，相对于 PP 羊，HP 羊卵巢拥有更多的小黄体（<6mm 直径，$P<0.05$）。在卵巢摘除后，E_2 在第 1 天的浓度均分别显著高于 HP 羊（$P<0.01$）和 PP 羊（$P<0.05$）在发情周期中 E_2 的最低值（$P<0.05$），低于黄体期中期 HP 羊 12.3% 和 PP 羊 26.2%（$P<0.05$）；在卵巢摘除期间，HP 羊 P_4 总体浓度低于 PP 羊，但无显著差异（$P>0.05$）。

关键词：黄淮山羊；多胎性；孕酮；雌二醇；发情周期

表 1 极端高繁殖力山羊的窝产羔数

胎次	n	平均窝产羔数	母羊（窝产羔数≥4）比例（%）	最低窝产羔数（母羊比例%）	最高窝产羔数（母羊比例%）
1	427	2.53 ±0.05[D]	17.80[G]	1 (10.77)	7 (0.23)
2	427	3.13 ±0.05[C]	27.87[F]	1 (4.22)	7 (0.23)

---

* 基金项目：国家科技支撑计划课题（2008BADB2B04）；江苏省高技术研究项目（BG2007324）；
** 作者简介：庞训胜（1966— ），男，安徽砀山县人，副教授，博士，主要从事动物遗传育种与繁殖教学与研究，E-mail：pangxunsheng@163.com；
*** 通讯作者：王锋，教授，博士生导师，主要从事羊业科学和动物胚胎工程技术研究，E-mail：caeet@njau.edu.cn

（续表）

胎次	n	平均窝产羔数	母羊（窝产羔数≥4）比例（%）	最低窝产羔数（母羊比例%）	最高窝产羔数（母羊比例%）
3	427	3.56±0.06^{B}	44.50^{Cd}	1 (0.47)	6 (3.51)
4	423	3.66±0.06^{B}	53.66^{AB}	1 (3.78)	7 (0.24)
5	400	3.78±0.06^{a}	58.25^{A}	1 (2.75)	7 (0.50)
6	310	3.60±0.08^{B}	47.42^{BC}	1 (3.23)	7 (0.97)
7	243	3.26±0.08^{C}	37.45^{DE}	1 (4.12)	7 (0.82)
8	203	3.13±0.10^{C}	34.98^{Ef}	1 (9.85)	7 (1.48)
Total	427	3.33±0.02	40.24	1 (4.65)	7 (0.45)

注：同列数据间相比较，肩标相同字母者，同为大写或同为小写，表示差异不显著（$P>0.05$）；如果一个大写，另一个小写者，表示差异显著（$P<0.05$）。肩标不同字母者，表示差异极显著（$P<0.01$）

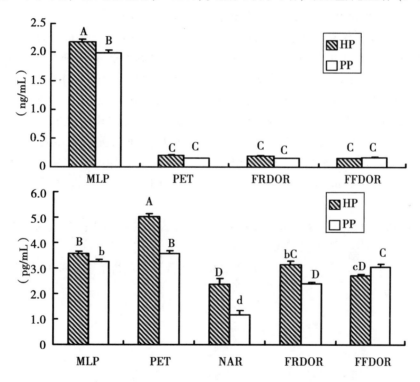

图1　山羊发情周期和卵巢摘除后外周血液孕酮（P4）和雌二醇（E2）浓度

注：MLP 为发情周期 11~12 天；PET 为发情前 2~3 天；FRDOR 为黄体摘除后第 1 天；FFDOR 为黄体摘除后第 5 天；P 为极端高繁殖力母羊；PP 为低繁殖力母羊；NAR 为发情周期中 E2 最低值。数据间相比较，肩标相同字母者，同为大写或同为小写，表示差异不显著（$P>0.05$）；如果一个大写，另一个小写者，表示差异显著（$P<0.05$）；肩标不同字母者，表示差异极显著（$P<0.01$）

原文发表于《Asian-australasian Journal of Animal Science》2013, 26 (1): 36-42.

绵羊角蛋白中间丝 I 型基因多态性及其与羊毛性状的关系[*]

应诗家[1][**]，王　锋[1][***]，石国庆[2]，刘　源[1]，祝铁刚[1]，王子玉[1]，
崔　璐[1]，吴勇聪[1]，张永胜[3]，陈玲香[3]，张有法[4]，陈　玲[4]

(1. 南京农业大学动物胚胎工程技术中心，南京　210095；2. 新疆兵团绵羊繁育生物技术重点实验室，石河子　832000；3. 新疆紫泥泉绵羊育种中心，石河子　832025；4. 江苏省苏州市种羊场，苏州　215000)

摘　要：采用 PCR-RFLP 分子标记技术，检测了湖羊、哈萨克羊和中国美利奴羊多胎羊、"A"型羊和细型、超细型羊 5 个群体共 314 只个体角蛋白中间丝 I 型基因第一外显子遗传多态性，并与绵羊羊毛性状相关性进行分析。结果表明：480 bp PCR 产物经 $MspI$ 消化分析后在 5 个绵羊群体中均有两个等位基因突变（M = 0.9108，N = 0.0892）和 3 种基因型（MM = 0.8392，MN = 0.1415，NN = 0.0193）。优势等位基因 M 基因频率比欧洲和印度绵羊品种高。序列比对发现，第一个 $MspI$ 酶切位点发生一个碱基 C→T 突变（g.160 C > T）。中国美利奴羊在该位点处于 Hardy-Weinberg 不平衡状态（$P < 0.05$），其中中国美利奴细型、超细型群体在该位点处于 Hardy-Weinberg 极不平衡状态（$P < 0.01$）。该位点与羊毛纤维直径不相关。

关键词：中国美利奴；角蛋白中间丝 I 型基因；羊毛性状；多态性；羊毛弹力

原文发表于《江苏农业科学》，2009，(5)：216 - 218.

---

[*] 基金资助：国家科技支撑计划（编号：2006BAD01A11）；
[**] 作者简介：应诗家（1984— ），男，安徽巢湖人，在读博士生，研究方向：动物生殖生理与营养调控。E-mail：ysj2009205007@ yahoo. com，Tel：025 - 84395381；
[***] 通讯作者：王锋（1963— ）：男，教授，博导，研究方向：动物胚胎工程、动物生殖调控和草食动物安全生产。E-mail：caeet@ njau. edu. cn，Tel：025 - 84395381

湖羊 GnRH 受体基因的单核苷酸多态性研究[*]

刘 源[1][**]，应诗家[1]，祝铁钢[1]，王 锋[1,3][***]，王子玉[1]，
张有法[2]，陈 琳[2]，石国庆[3]，张永胜[4]

(1. 南京农业大学动物胚胎工程技术中心，南京 210095；2. 苏州市种羊场，苏州 215125；3. 新疆兵团绵羊繁育生物技术重点实验室，石河子 832000；4. 新疆紫泥泉绵羊育种中心，石河子 832025)

摘 要：以影响不同绵羊品种产羔数的 BMPR-IB、BMP15 和 GDF9 基因作为候选基因，采用连接酶检测反应（LDR）法，检测 10 个突变位点在德国肉用美利奴羊上的多态性及其对产羔数的影响。结果表明：在德国肉用美利奴羊中未发现 BMPR-IB 基因的 FecB 突变和 BMP15 基因 FecXI、FecXB、FecXL、FecXH、FecXG、FecXR 突变及 GDF9 基因的 FecGH（G8）、FecTT 突变，但在 GDF9 上检测到 G1 突变，该突变处于 Hardy-Weinberg 平衡状态，达到中度多态水平，但其多态性与产羔数无显著性相关。

关键词：德国肉用美利奴羊；繁殖力；BMPR-IB；GDF9；BMP15

原文发表于《江西农业学报》，2009，21（7）：4-8.

---

[*] 基金项目：国家科技支撑计划项目（2008BADB2B04-7 和 2006BAD01A11）；
[**] 作者简介：刘源（1984— ），女，山东淄博人，硕士研究生，研究方向：动物生殖调控；
[***] 通讯作者：王锋

三个山羊群体抑制素-α 5′区的单核苷酸多态性分析

王瑞芳[1][**]，祝铁钢[1]，庞训胜[1]，王子玉[1]，
丁晓麟[1]，王　锋[1][***]，陈启康[2]

(1. 南京农业大学动物胚胎工程技术中心，南京　210095；
2. 江苏沿江地区农业科学研究所，如皋　226541)

摘　要：采用 PCR-SSCP 技术检测抑制素 α (inhibin-α, *INHA*) 基因 5′调控区在高繁殖力山羊品种（黄淮山羊和长江三角洲白山羊）以及低繁殖力品种（波尔山羊）中的单核苷酸多态性，同时研究该基因对黄淮山羊繁殖力的影响。设计 3 对引物扩增山羊 *INHA* 基因 5′调控区序列，只有引物 2 在 3 个山羊品种中检测到多态性，出现了 3 种基因型 (AA、AB、BB)，测序结果表明 BB 型和 AA 型相比在 *INHA* 基因 5′调控区都发生了两处碱基突变 (260G→T 和 353 A 缺失)。黄淮山羊突变纯合型 (BB) 和突变杂合型 (AB) 平均产羔数分别比野生型 (AA) 多 1.36 只 ($P<0.01$) 和 0.86 只 ($P<0.05$)。研究结果初步表明 *INHA* 基因可能是影响黄淮山羊高繁殖力的一个主效基因或是与之存在紧密遗传连锁的一个分子标记。

关键词：山羊；抑制素-α 亚基基因；PCR-SSCP；多态性

原文发表于《江苏农业学报》，2008，24 (5)：687-691.

---

[*]　基金项目：科技部支撑计划项目子课题 (2006BAD14B08-03)；江苏省农业高技术项目 (BG2007324)；
[**]　作者简介：王瑞芳 (1980—　　)，男，河北石家庄人，硕士研究生，研究方向为动物生殖调控。
[***]　通讯作者：王锋

长江三角洲白山羊 GDF9 基因第二外显子 SSCP 分析*

张寒莹[1][**]，丁晓麟[1]，应诗家[1]，王子玉[1]，庞训胜[1]，
王瑞芳[1]，陈启康[2]，施健飞[3]，张 浩[3]，王 锋[1][***]

(1. 南京农业大学动物科技学院，南京 210095；2. 江苏沿江地区农业科学研究所，
如皋 226541；3. 江苏省海门市种羊场，海门 226100)

摘 要： 本研究采用 PCR-SSCP 方法，检测了长江三角洲白山羊、黄淮山羊及波尔山羊等 187 只个体 GDF9 基因第二外显子的遗传多态性。结果表明，3 个群体 GDF9 基因第二外显子在引物 3 和引物 4 扩增片断均发现多态性。其中，对于引物 3 扩增片断，3 个山羊品种都出现 AA、AB 和 BB 3 种基因型，长江三角洲白山羊还出现了 AC 基因型。测序结果表明，与 AA 基因型相比，BB 基因型在第二外显子的 562bp 处发生了 A→C 的单碱基突变，导致谷氨酰胺→脯氨酸的改变；AC 基因型在第二外显子的 421bp 处发生了 C→T 的单碱基突变，导致丙氨酸→缬氨酸的改变。对于引物 4 扩增片断，3 个山羊品种都出现 DD 和 DE 2 种基因型，黄淮山羊还出现 EE 基因型，长江三角洲白山羊及波尔山羊还出现 DF 基因型。测序结果表明，与 DD 基因型相比，EE 基因型在第二外显子的 792bp 处发生了 G→A 的单碱基突变，导致缬氨酸→异亮氨酸的改变；DF 基因型在第二外显子的 791bp、792bp 处均发生了 G→A 的突变，其中，791bp 处的突变是沉默突变。

关键词： PCR-SSCP；山羊；GDF9 基因；繁殖力

原文发表于《江苏农业科学》，2008，(5)：51-53.

---

* 基金项目：科技部支撑计划项目子课题（2006BAD14B08-03）；江苏省农业高技术项目（BG2007324）；
** 作者简介：张寒莹（1982— ），女，山东东营人，硕士研究生，研究方向为动物遗传育种与繁殖。E-mail：2005105014@njau.edu.cn
*** 通讯作者：王锋，教授，博士生导师。TEL：(025) 84395381

第二部分 羊胚胎与基因工程进展

人乳铁蛋白 cDNA 基因乳腺表达载体的构建与鉴定*

孟 立[1]**,张艳丽[1],许 欣[1],王子玉[1],闫益波[1],庞训胜[1],
钟部帅[1],黄 荣[1],宋 洋[1],王金玉[2],王 锋[1]***

(1. 南京农业大学动物胚胎工程技术中心,南京 210095;
2. 扬州大学动物科技学院,扬州 225009)

摘 要:为了构建人乳铁蛋白基因(*hLF*)的乳腺表达载体并验证其在乳腺细胞中的表达情况,本载体以山羊 β-casein 基因上游包括启动子、外显子1、内含子1、部分外显子2作为5′端调控序列,下游包括部分外显子7、内含子7、外显子8、内含子8、外显子9及3′部分基因组片段作为3′端调控序列,长度分别为6.2kb 和7.1kb,将 *hLF* 基因(目的基因)和 Neo 基因(筛选标记)分别插入到5′端调控序列和3′端调控序列的下游,构建成 pBC1-hLF-Neo 载体,其全长为25.348kb。为了检测该载体的生物学功能,用脂质体介导法将其分别导入到山羊乳腺上皮细胞 GMC 和小鼠乳腺癌细胞株 C127 中进行表达验证,经 G418 抗性筛选 8-10d,得到了药物抗性细胞克隆,经催乳素、胰岛素及氢化可的松诱导培养,通过 RT-PCR、Western blotting 以及重组 *hLF* 抑菌圈试验表明,山羊 β-casein 基因启动子驱动的 *hLF* 基因能够在 C127 和 GMC 乳腺上皮细胞中转录翻译,且重组 *hLF* 具有抑制大肠杆菌生长的生物活性,这为下一步建立稳定整合 *hLF* 基因奶山羊胎儿成纤维细胞系奠定了基础。

关键词:*hLF*;pBC1-hLF-Neo;GMC 细胞;C127 细胞;生物学功能

---

* 基金项目:国家"转基因生物新品种培育"重大专项(No. 2008ZX08008-004),江苏省动物繁育与分子设计实验室开放课题(YDKT0801)资助;
** 作者简介:孟立,硕士研究生;
*** 通讯作者:王锋,教授,博士生导师,主要从事动物胚胎工程研究,E-mail:caeet@njau.edu.cn

Construction and Identification of Mammary Expressional Vector for cDNA of Human Lactoferrin

Meng Li[1], Zhang Yanli[1], Xu Xin[1], Wang Ziyu[1], Yan Yibo[1], Pang Xunsheng[1], Zhong Bushuai[1], Huang Rong[1], Song Yang[1], Wang Jinyu[2], Wang Feng[1]

(1. Center of Animal Embryo Engineering & Techonology, Nanjing Agricultural University, Nanjing 210095, China; 2. College of Animal Science and Technology, Yangzhou University, Yangzhou 225009, China)

Abstract: The aim of this study was to construct a mammary gland-specific expressional vector pBC1-hLF-NEO for Human Lactoferrin (*hLF*) Gene and testing its expression in the mammary gland epithelium cells. The constructed vector contains the 6.2kb 5' flank regulation region sequence including promoter, extron1, intron 1 and part of extron 2 of goat β-casein gene and 7.1kb 3' flank regulation region sequence including transcriptional ending signal of goat β-casein gene with *hLF* gene locating between them. A cassette of NEO gene was also inserted into the vector and the total length of the vector is 26.736kb. The recombinant plasmids were identified by restriction fragment analysis and partial DNA sequencing. The results show that the structure of the final constructed vector accords with the designed plasmid map. In order to analyze the bioactivity of the vector, the lined vector DNA by SalI was transfected into the dairy goat mammary gland epithelium cells and C127 cells by Lipofectamine™ 2000. After selection with G418 for 8~10 days, G418-risistant clones were obtained. PCR analysis demonstrated that *hLF* gene cassette had been integrated into the genomic DNA of the transfected GMC cells and C127 cells individually. After proliferation culture, the two kinds of transgenic cells were cultured in induction medium containing serum-free DMEM-F12 medium with prolactin, insulin and hydrocortisone, which could induce recombinant *hLF* expression. RT-PCR and Western-blotting analysis showed that the constructed mammary gland specific vector pBC1-hLF-Neo has the whole bioactivity to efficiently express *hLF* in both mammary gland cells and secrete the protein into outside of the cells. At the same time, it was first time to confirm that the mouse mammary tumor epithelium cells line C127 equally valid to normal goat mammary epithelium cells in testing the bioactivity of mammary gland specific expressional vector. Above all, this study laid a firm foundation for preparing the *hLF* gene transgenic goat fetal-derived fibroblast cells.

Key words: *hLF*; pBC1-hLF-Neo; GMC cells; C127 cells; biological function

人乳铁蛋白是一种具有高级空间结构的糖蛋白[1]，具有广泛的生物学作用。大量体内外试验表明：hLF 不仅在肠道铁离子[2]的吸收以及抵抗细菌[3]、病毒[4]、真菌、单细胞生物[5]等方面发挥重要作用，而且在调节炎症反应[6]、调控基因表达[7]及促进骨骼生长方面[8]也具有重要功能。因此，hLF 在疾病防治[9]、营养补充[10]、食物或药品的贮藏等[11]方面具有广阔的应用前景，已成为近几年来研究的热点之一。人乳铁蛋白转基因奶羊不但可用于生产重组人乳铁蛋白，而且可以改变羊奶的营养成分，使其品质更接近于人乳，从而可以提高羊奶的应用价值[12]。

制备转人乳铁蛋白基因奶山羊的第一步是构建 hLF 乳腺表达载体，构建一个合理和有效的乳腺表达载体需要考虑多种因素，其中，乳蛋白上游调控序列、目的基因及下游调控序列是其中 3 个最基本的要素。本研究将 hLF cDNA 克隆入以山羊 β-酪蛋白基因作为调控序列的 pBC1 载体中，构建了 hLF 基因的乳腺表达载体 pBC1-hLF-Neo，此载体可以作为其他外源基因在动物乳腺中进行表达的通用载体。并将此表达载体利用脂质体包裹的方法分别转入到山羊乳腺上皮细胞和小鼠乳腺上皮细胞中，并在细胞中表达出了具有免疫和生物活性的重组人乳铁蛋白，这为下一步制备稳定表达重组人乳铁蛋白的转基因克隆山羊奠定了基础。

1 材料与方法

1.1 材料及主要试剂

hLF cDNA[12]由上海转基因中心惠赠，质粒 pBC1 由扬州大学成勇教授惠赠，C127 细胞系为南京农业大学杨倩教授惠赠，质粒 pcDNA3.1（-）购自 invitrogen 公司，PCR 引物的合成及载体测序均由上海英俊有限公司完成，DH5α 和 TOP10 菌株系本试验室保存。pMD19-T 载体购自 TAKARA 公司，细胞培养液 DMEM-F12、胎牛血清、G418 均购自 Gibco 公司，所有的工具酶和高保真 DNA 聚合酶 Phusion 均购自 NEB 公司，LATaq 聚合酶、RNAiso Plus 均购自大连宝生物有限公司，DNA 片段的胶回收和纯化试剂盒、Wizard DNA 纯化系统（A7280）、逆转录酶 AMV 均购自 Promega 公司；Lipofectamine^{TM} 2000 购自 Invitrogen 公司，基因组 DNA 提取试剂盒 TIANGEN 生物公司，胰岛素（Insulin）、催乳素（Luteotropic Hormone）、氢化可的松（Hydrocortisone）均购自 Sigma 公司；Mouse monoclonal anti-Human Lactoferrin 购自 Abcam，Western-blot 试验常规试剂购自南京凯基生物技术有限公司。

1.2 方法

1.2.1 hLF 乳腺特异性载体的构建及酶切鉴定

设计并合成一对特异性引物，利用 Phusion 高保真聚合酶扩增 hLF 的 cDNA，并在上下游引物两端分别引入 Xho I 单酶切位点，长度为 2133bp，将其克隆到 PMD19-T（TAKARA）载体上测序保存。用 Xho I 分别酶切 pBC1 和 PMD19-T-hLF，使用热敏磷酸酶将酶切后的 pBC1 去磷酸化，后将 pBC1 和 hLF 通过 T4 连接酶连接，通过菌液 PCR 和酶切鉴定得到正确重组质粒命名为 pBC1-hLF。

设计并合成一对特异性引物 P3/P4，扩增新霉素抗性基因 neo 及其调控序列，以 pcDNA3.1 为模板，利用高保真聚合酶 Phusion 扩增出长度为 1613bp 的 SV40-neo-PolyA 的片段，两边酶切位点为 Not I，扩增出的片段克隆到 PMD19-T 载体上，测序正确后，连接到 pBC1-hLF 载体上的 Not I 酶切位点处，鉴定方向，测序，正确重组质粒命名为 pBC1-hLF-Neo，以上过程所用引物见表1，载体构建过程详见图1。

表1 引物序列及 PCR 反应程序
Table 1 Primer sequences and PCR parameters

基和和 DNA 片段 Gene name and DNA fragment	引物 Primer (upper and lower primer in turns in line)	限制性内切酶 Restriction enzymes	PCR 条件 PCR parameters
hLF cDNA (2 133bp)	P1：5'-CCGCTCGAGATGAAACTTGTCTTCCTCGTCCT-3' P2：5'-CCGCTCGAGTTACTTCCTGAGGAATTCACAGG-3'	*Xho* I *Xho* I	98℃20s 65℃30s 72℃2min
SV40-neo-PolyA (1 613bp)	P3：5'-GCGGCCGCTGTGTGTCAGTTAGGGTGTGGA-3' P4：5'-GCGGCCGCACACTTTATGCTTCCGGCTCGT-3'	*Not* I *Not* I	98℃20s 63℃30s 72℃90s
pBC1-neo (1 687bp)	P5：5'-GCAGCACTTTCACAGCATCA-3' P6：5'-ACACTTTATGCTTCCGGCTCGT-3'		95℃30s 61℃30s 72℃2min
pBC1-hLF-I (1 981bp)	P7：5'-GGGGACTGGGCAAGAGAAACTGAC-3' P8：5'-GCCCACCGCACACCACACG-3'		95℃30s 65℃30s 72℃ 2min
pBC1-hLF-Ⅱ (3 260bp)	P9：5'-AGCGGCCGAAGTCTACG-3' P10：5'-AAGTTGCCATATTTCCAGTCG-3'		95℃30s 55℃30s 72℃ 2min
β-actin (404bp)	P11：5'-GGACTTCGAGCACGAGATGG-3' P12：5'-ACATCTGCTGGAAGGTGGAC-3'		95℃30s 62℃30s 72℃ 30S
GAPDH (194bp)	P13：5'-GATTGTCAGCAATGCCTCCT-3' P14：5'-AAGCAGGGATGATGTTCTGG-3'		94℃30s 65℃30s 72℃ 30s
RT-PCR 引物 (2 067bp)	P15：5'-AGGAGTGTTCAGTGGTGCGCCG-3' P16：5'-TTACTTCCTGAGGAATTCACAGG-3'		94℃30s 65℃30s 72℃2min

1.2.2 山羊乳腺上皮细胞的制备及原代培养

无菌采取泌乳期的关中奶山羊乳腺组织，用 PBS 培养液洗数次，剥除其他组织后，将乳腺组织剪成1mm³小块，均匀放置直径60mm培养皿中，在37℃、5% CO_2 和饱和湿度的培养箱中进行培养，等组织块贴壁后，加入 1mL 的培养液（DMEM-F12 + 10% FBS + 10 ng/mL EGF + 1% insulin + 100 U/mL 青霉素 + 100μg/mL 链霉素），第 2d 补加 3mL 培养液，以后每隔3d换一次液。传代 2～3 次，除去成纤维细胞，以获得山羊乳腺上皮细胞。C127细胞培养液同上。

1.2.3 山羊乳腺上皮细胞 GMC 和小鼠乳腺上皮细胞 C127 细胞的转染与筛选

将生长状态良好的 GMC 和 C127 细胞按 $2×10^5$ 分别接种于6孔板，培养24h，待细胞生长至80%～90%汇合后，按照转染试剂说明书转染 pBC1-hLF-Neo 载体。转染48 h 后，用胰蛋白酶消化每孔细胞接种于60mm培养皿中，分别加入 G418 至终浓度300μg/mL，继续培养，每3天换液一次，8～10 天后，将两种细胞的 G418 抗性细胞克隆扩大培养、冷冻保存备用。

1.2.4 外源基因的整合鉴定

收集扩大培养的 G418 抗性 GMC 和 C127 细胞，分别提取基因组 DNA，设计两对引物

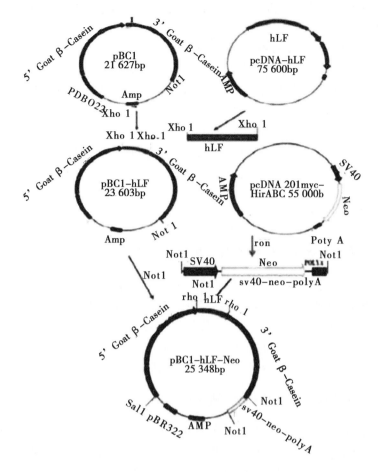

图 1　pBC1-hLF-Neo 载体构建示意

Fig. 1　Construction of the pBC1-hLF-Neo mammary specific expression vector

（见表 1）P7/P8 和 P9/P10 检测 *hLF* 的转录盒子（5' β-酪蛋白 + hLF + 3' β-酪蛋白）是否整合到两种细胞基因组 DNA 中，引物 P7 和 P8 分别取自 5' 端 β-酪蛋白调控序列和 *hLF* 基因序列，引物 P9/P10 分别取自 *hLF* 序列和 3' 端 β-酪蛋白调控序列。

1.2.5　阳性细胞的激素诱导培养

将转基因 GMC 细胞和转基因 C127 细胞分别铺板，待细胞长至平皿 80% 时弃去上清，分别加入诱导培养液（DMEM-F12 + 10μg/mL 胰岛素 + 5μg/mL 催乳素 + 10μg/mL 氢化可的松）进行诱导培养，每隔 6h 收集一次细胞上清，连续收集 12 次。选择非转基因的 GMC 细胞和 C127 细胞作为阴性对照。

1.2.6　RT-PCR 检测目的基因 *hLF* 在 mRNA 水平上的表达情况

提取诱导培养的细胞总 RNA，以 1μg 总 RNA 为模板反转录合成 cDNA 的第一条链，后以 cDNA 为模板，使用引物 P15/P16 检测转基因细胞诱导培养后是否有 *hLF* 基因在 mRNA 水平的表达，同时用山羊内参基因 GAPDH 和小鼠 β-actin 基因作为内参对照。

1.2.7　Western-blot 检测 *hLF* 蛋白分泌情况

将收集到的细胞上清进行浓缩，进行 SDS-PAGE 电泳（12%），后转到正电荷尼龙膜（PVDF），在封闭液中封闭 2h 后，在 4℃环境中和一抗 Anti-Human Lactoferrin 孵育过夜，一抗浓度为1：1 000稀释，后与二抗（1：1 000）孵育1h，洗膜，TMB显色，胶片曝光显影。详细操作步骤见[13]。

1.2.8 细胞上清中重组人乳铁蛋白的抑菌试验

取10mL转基因细胞上清液置于冻干机中冻干处理后，然后溶解于细胞培养液中，离心除去杂质后备用。将DH5α菌株接种于无菌LB液体培养基中于37℃、220r/min培养12~14h，OD值为1.4~1.6为宜。取一定量的菌体均匀地平铺于无菌LB琼脂固体培养板上，待其凝固后，将直径为6mm的无菌滤纸片均匀地放于琼脂板上，分别滴加20μL转基因细胞的上清液样品滴于滤纸片上，后用封口膜将培养板封口后置于37℃培养箱中过夜，观察抑菌圈的大小。试验中，以非转基因细胞上清液、细胞培养液作为阴性对照。

2 结果与分析

2.1 乳腺特异性表达载体pBC1-hLF-Neo的鉴定

经过Xho I 单酶切得到了23.215kb + 2.133kb的酶切片段，经过Not I 单酶切得到了23.669kb + 1.613kb的片段，酶切鉴定结果见图2A；通过PCR反应，使用引物P7/P8和P3/P4，分别得到了大小为1 981bp（包含了载体和 hLF 的部分序列）和1 687bp（包含了载体和Sv40-Neo-poly的部分序列）的目的片段，PCR鉴定结果见图2B。pBC1载体与目的片段的连接处测序结果如图2C和2D所示。证明所构建的载体结构完全正确。

2.2 山羊乳腺上皮细胞GMC和C127细胞的培养

乳腺组织块培养7~10天周围开始出现乳腺上皮细胞，细胞沿小组织块周围向外生长。随后长出成纤维细胞。根据乳腺上皮细胞和成纤维细胞对消化酶敏感性的不同，可将二者分离。经过2~3次传代培养可得到纯化的山羊乳腺上皮细胞（图3）。

2.3 乳腺上皮细胞的转染及目的基因的整合

乳腺表达载体pBC1-hLF-Neo分别转染两种乳腺上皮细胞后，经过G418筛选8~10d获得了抗性细胞克隆。由于本试验目的是检测 hLF 的表达情况及验证所构建载体是否有效，故在本试验中并未对这两种乳腺细胞抗性单克隆进行分离纯化，而是分别将一种细胞的抗性单克隆收集在一起，将培养液中的G418筛选浓度减半成维持浓度250ng/μL，对抗性克隆集中扩大培养。提取细胞基因组DNA，PCR扩增 hLF 转录表达盒，未转染细胞无目的条带，而G418抗性细胞则有目的条带（图4），表明 hLF 转录表达盒已经完整地整合到这两种细胞的基因组DNA中。

2.4 RT-PCR检测 hLF 基因在转基因细胞中的表达

RT-PCR结果如图5所示，在图5A中，细胞为GMC，内参基因为山羊GAPDH基因，模板分别为经过激素诱导培养的非转基因细胞和转基因细胞的RNA及反转录成的cDNA。以RNA为模板进行PCR没有扩增出条带，证明提取的总RNA中没有细胞基因组DNA的污染；以激素诱导培养过的非转基因细胞的cDNA作为模板进行PCR扩增也不能得到条带，但是以激素诱导培养过的转基因细胞的cDNA作为模板，则可以得到长度为2 067bp的目的条带。图5B中细胞为C127，内参基因选择为小鼠β-actin基因，结果与前者相似。从而证

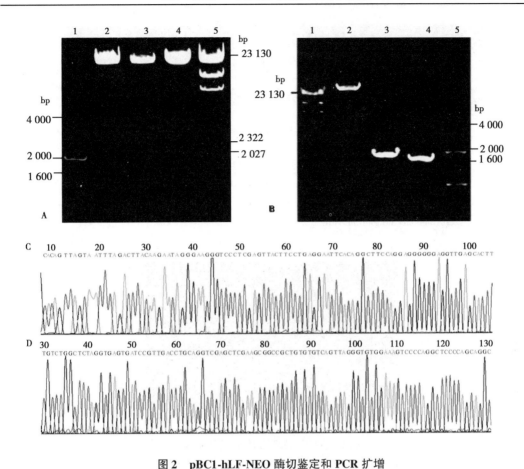

图 2　pBC1-hLF-NEO 酶切鉴定和 PCR 扩增

**Fig. 2　Identification of vector pBC1-hLF-Neo by enzyme digestion,
PCR amplification and partial sequencing**

(A) Identification of vector pBC1-hLF-Neo by enzyme digestion. 1: 200bp marker; 2: product digested by XhoI; 3: product digested by NotI; 4: pBC1-hLF-Neo plasmid; 5: λ-HindⅢ marker. (B) Identification of vector pBC1-hLF-Neo by PCR amplification. 1, 5: λ-Hind III marker and 200bp DNA marker, respectively; 2: The plasmid pBC1--hLF-Neo; 3: the product with the primer P7/P8; 4: the product with the primer P5/P6. (C) DNA chromatogram of the sequence at the linking position between 3′ goat β-casein gene promoter and the hLF gene coding sequence. (D) DNA chromatogram of the sequence at the linking position between 3′ goat β-casein gene promoter and the Neo gene coding sequence.

明 *hLF* 基因已经稳定整合进了两种转基因细胞的基因组 DNA 中且都能进行 RNA 水平上的转录表达，且在两种细胞中的表达结果一致。

2.5　Western blotting 检测转基因细胞分泌目的蛋白

收集诱导培养的两种转基因细胞上清液，经 Western blotting 检测，在 73kDa 处都有特异性条带形成，而未转染细胞无条带（图6），表明转基因细胞经激素诱导后，山羊 β-酪蛋白基因启动子驱动的 *hLF* cDNA 基因能够转录翻译成 *hLF* 蛋白，而且能进行翻译后加工形成糖蛋白分泌到细胞外；同时也说明了 *hLF* 在两种转基因细胞的蛋白翻译、加工成熟、分泌到胞外的修饰过程和调节机制是一致的。

图 3　培养的山羊乳腺上皮细胞和小鼠乳腺上皮细胞

Fig. 3　The cultivated goat mammary epithelium cells and C127 cells

A：Primary cultural goat mammary epithelium cells on 13th day（200×）；B：Purified goat Mammary epithelium cells（100×）；C：C127 cells（100×）

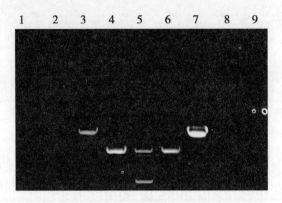

图 4　药物抗性细胞 PCR 鉴定结果

Fig. 4　PCR analysis of drug-resistant cell colonies

Lane 1，2：PCR products of GMC cells as negative control. Lane 3，4：PCR products of G418-resistant GMC cells by P9/P10 and P7/P8, individually；Lane5：200bp DNA Marker；Lane6，7：PCR products of G418-resistant C127 cells by P7/P8 and P9/P10, individually；Lane 8，9：PCR products of C127 cells as negative control.

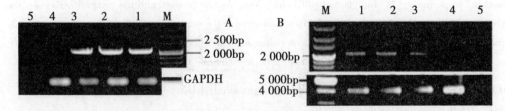

图 5　两种转基因细胞中的 hLF 基因 mRNA 表达检测

Fig. 5　RT-PCR analysis of recombinant hLF transcription in two kinds of transgenic cells.

M：200bp DNA marker. A and B：Lane1，3：PCR with cDNA samples of the transgenic cells on induction at 24，48，and 72 h；Lane4：PCR with cDNA samples of the non-transgenic cells by induction；Lane5：PCR with RNA samples of the transgenic cells by induction.

2.6　重组人乳铁蛋白的生物活性检测

抑菌圈试验可以检测重组目的蛋白是否具有生物活性，本试验结果如图 7 所示，在滴有

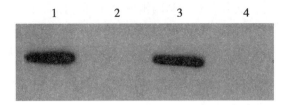

图6 Western-blot 检测重组 hLF 在两种转基因细胞上清中的分泌

Fig. 6 hLF protein secretion detected by western blot.

M：marker. Lane1：Supernatant of induction culture of the transgenic goat mammaryepithelium cells at 48 h；Lane2：Supernatant of induction culture of the normal mammary epithelium cells at 48 h，negative control；Lane3：Supernatant of induction culture of the transgenic C127 cells at 48 h；Lane 4：Supernatant of induction culture of the normal C127 cells at 48 h，negative control.

两种转基因乳腺上皮细胞液的滤纸片外可以看到明显的抑菌圈，但是山羊乳腺上皮细胞的抑菌圈直径明显大于小鼠乳腺上皮细胞，原因可能与 hLF 基因在细胞基因组中的整合位置有关[14]。而在滴有非转基因细胞液和普通细胞培养液的滤纸上则没有观察到抑菌圈。这说明转基因乳腺上皮细胞所表达的重组人乳铁蛋白具有抑制大肠杆菌生长的生物学功能。进一步说明了载体具有完整的生物学功能。

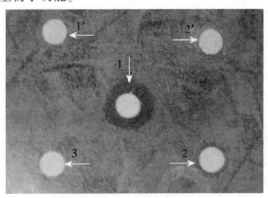

图7 重组 *hLF* 大肠杆菌抑菌环试验

Fig. 7 Anti-bacteria bioactivity of recombinant *hLF* expressed by transferred cells.

1：20μL medium supernatant cultivating goat mammary epithelium transfected cells. 1′：20μL medium supernatant cultivating non-transfected cells；2：20μL medium supernatant cultivating transfected C127 cells；2′：20μL medium supernatant cultivating non-transfected C127 cells；3：20μL normal cell cultivating medium as negative control.

3 讨论

本研究中使用的基础载体为 pBC1[15-16]，该载体是一种乳腺特异性表达载体，包含了以下真核表达功能元件：山羊 β 酪蛋白 5′端调控区、山羊 β 酪蛋白 3′端非翻译区、鸡的 β-珠蛋白基因绝缘子。山羊酪蛋白 5′端调控区长达 6.2kb，含有 β 酪蛋白的启动子能使 *hLF* cD-

NA 在乳腺上皮细胞中表达，而其含有的基因组成分（部分内含子、外显子）能有效提高目的蛋白的表达水平；山羊 β 酪蛋白 3′端调控序列长达 7.1kb，其内含子可以提高外源基因的表达水平，其 3′端非翻译区，决定翻译终止并参与 *hLF* mRNA 多聚腺苷酸化；鸡的珠蛋白基因绝缘子可在表达载体随机整合入动物基因组时，有效地减少插入位点附近调控元件对 *hLF* 表达的影响。但是，pBC1 载体中没有提供信号肽序列，为保证 *hLF* 能够顺利地分泌到转基因奶山羊的乳汁中，本研究中的 *hLF* cDNA 序列前面自带了一段长约 57bp 的信号肽序列。鉴于此载体拥有以上优点，可以作为其他外源基因在山羊乳腺中进行表达的通用载体，使用时只需将目的基因把 *hLF* 基因替换掉即可。

将构建好的载体 pBC1-hLF-Neo 分别转染到了山羊乳腺上皮细胞和小鼠乳腺上皮细胞系中，筛选分别得到了具有药物抗性的细胞克隆，使用引物 P7/P8、P9/P10 对药物抗性的细胞克隆进行 PCR 鉴定，结果证明，*hLF* 及其转录表达盒已经成功地整合到了乳腺细胞的基因组中。由于本试验的目的是验证表达载体在乳腺细胞中的表达情况，而不是为生产转基因动物提供核供体细胞，所以，不需要对单个 G418 抗性克隆进行扩大培养，而是直接将单独一种乳腺细胞经过药物筛选得到的抗性克隆集中在一起扩大培养，这样做既缩短了扩大培养的周期又保证了转基因细胞的纯度。

乳腺上皮细胞合成乳蛋白需要合适的激素诱导，影响乳腺上皮细胞泌乳的激素种类很多，但主要是催乳素、肾上腺糖皮质激素及胰岛素这 3 种激素[17]，激素通过特异性受体识别与胞内信号传导来调控靶基因的转录表达。为了鉴定目的基因 *hLF* 在转基因细胞中的表达情况，分别在这 2 种细胞培养液中添加了胰岛素、催乳素、氢化可的松，对细胞进行诱导培养，培养 24h、48h、72h 后，收集培养液上清，使用 RT-PCR 和 Western blotting 检测了 *hLF* 基因 mRNA 和蛋白表达水平，结果证明，两种转基因细胞所合成的 *hLF* 都可以分泌到细胞上清中，并且表达的目的蛋白分子量大小一致，为 73kDa 左右，小于 *hLF* 标准蛋白的分子量 77kDa；通过抑菌圈试验表明重组 *hLF* 具有抑制大肠杆菌生长的作用，说明了重组 *hLF* 拥有完整的生物功能区；曹阳等在小鼠 MA3782 细胞表达了分子量为 34kDa 的重组 *hLF*[18]，Lin 等将构建的山羊 β-酪蛋白为 5′端调控序列表达载体转入山羊乳腺上皮细胞中得到了分子量为 42kDa 的 *hLF*[14]，都比本研究所获得的蛋白分子量要小；可能原因是外源目的基因整合到细胞染色体中时，由于受到细胞内核酸酶等影响，使得表达产物在加工、分泌和运送到胞外过程中受到影响，有可能导致重组 *hLF* 没有得到正确的折叠或者非折叠区域被降解从而导致分子量变小。Van Berkel 等以牛 αS1 调控序列指导 *hLF* 在转基因牛体内表达融合蛋白的分子量较标准 *hLF* 小 1~2kDa[19]；李宁等以含有完整 *hLF* 基因的长度为 150kb 左右细菌人工染色体（BAC）作为载体在转基因牛体内生产了重组 *hLF*，分子量较标准 *hLF* 小 1~2kDa 左右[20]。这些结果均与本试验研究相似，研究表明重组蛋白的糖基化过程是受宿主和表达位点共同决定的，重组糖基化蛋白实际分子量大小随着宿主个体不同而有所差别[18]。

本研究发现，小鼠乳腺上皮细胞 C127 和正常山羊乳腺上皮细胞 GMC 相比，在 *hLF* 基因 mRNA 的转录表达及蛋白翻译后的修饰过程没有差异；因山羊原代乳腺上皮细胞制备过程繁琐，乳腺细胞体外分化培养的难度大、表达效果受到体外培养的各种不确定因素的影响；而使用小鼠乳腺上皮细胞 C127 则可克服这一缺点，能够避免每次试验培养原代细胞的麻烦，从而消除因细胞问题引起的试验误差，使试验结果一致。

总之，本研究证明了所构建的乳腺特异性表达载体 pBC1-hLF-Neo 的结构完全正确，具有完整的生物活性，可以有效地在山羊乳腺上皮细胞和小鼠乳腺上皮细胞表达和分泌 hLF；此外，本试验证明了 C127 细胞和 GMC 细胞在检测 hLF 基因表达方面没有差异，可以用于验证外源基因的乳腺特异性表达载体在乳腺细胞中表达情况。

参考文献

[1] Waarts B L, Onwuchekwa J C, Smit J M, et al. Antiviral activity of human lactoferrin: inhibition of alphavirus interaction with heparin sulfate [J]. Virology, 2005, 333 (2): 284–292.

[2] Lonnerdal B, Bryantthe A. Absorption of iron from recombinant human lactoferrin in young US women [J]. Am J Clin Nutr, 2006, 83 (2): 305–309.

[3] Varadhachary A. Wolf J S, Petrak K, et al. Oral lactoferrin inhibits growth of established tumors and potentiates conventional chemotherapy [J]. Int J Cancer, 2004, 111 (3): 398–403.

[4] Berlov M N, Korableva E S, Andreeva Y V, et al. Lactoferrin from canine neutrophils: isolation and physicochemical and antimicrobial properties [J]. Biochemistry, 2007, 72 (4): 445–451.

[5] Wilk K M, Hwang S A, Actor J K. Lactoferrin modulation of antigen-presenting-cell response to BCG infection [J]. Postepy Hig Med Dosw, 2007, 61 (1): 277–282.

[6] 袁玉国，丁国梁，成勇，等. 以经过转染的乳腺上皮细胞生产克隆羊 [J]. 生物工程学报, 2009, 25 (8): 1 138–1 143.

[7] Naot D, Grey A, Reid IR, et al. Lactoferrin-a novel bone growthfactor [J]. Clin Med Res, 2005, 3: 93–101.

[8] Saidi V H, Eslahpazir J, Carbonneil C, et al. Differential modulation of human lactoferrin activity against both R5 and X4-HIV-1 adsorption on epithelial cells and dendritic cells by natural antibodies [J]. J Immunol, 2006, 177 (20): 5 540–5 549.

[9] Wolf J S, Li G, Varadhachary A, et al. Oral lactoferrin results in T cell-dependent tumor inhibition of head and neck squamous cell carcinoma in vivo [J]. Clin Cancer Res, 2007, 13 (5): 1 601–1 610.

[10] Paesano R, Torcia F, Berlutti V, et al. Oral administration of lactoferrin increases hemoglobin andtotal serum iron in pregnant women [J]. Biochem Cell Biol, 2006, 84 (3): 377–380.

[11] Liang Q W, Richardson T. Expression and characterization of human lactoferrin in yeast Saccharomyces cerevisiae [J]. J Agric Food Chem, 1993, 41 (10): 1 800–1 807.

[12] Zhang J, Li L, Cai Y, et al. Expression of active recombinant human lactoferrin in the milk of transgenic goats [J]. Protein Expr Purif, 2008, 57: 127–135.

[13] Sambrook J, Fritsh E F, Maniatis T. Molecular Clonging: A Laboratory Manual. 2nd ed [M]. New York: Cold Spring Harbor Laboratory Press, 1989.

[14] Zhao M T, Lin H, Liu F J, et al. Efficiency of human lactoferrin transgenic donor cell preparation for SCNT [J]. Theriogenology, 2009, 71: 376–384.

[15] He Z Y, Yu S L, Li N, et al. Maternally transmitted milk containing recombinant human catalase provides protection against oxidation for mouse offspring during lactation [J]. Free Radical BIO MED, 2008, 45: 1135–114.

[16] Zhang Y L, Wan Y J, Wang F, et al. Production of dairy goat embryos, by nuclear transfer, transgenic for human acid β-glucosidase [J]. Theriogenology, 2010, 73 (5): 681–690.

[17] Robert E, Rhoads, Ewa G N. Translational regulation of milk protein synthesis at secretory activation [J]. J Mammary Gland Bio Neoplasia, 2007, 12: 283–292.

[18] 曹阳，高华颖，于黎，等. 人乳铁蛋白基因克隆及细胞表达研究 [J]. 遗传, 2002, 24 (1): 9–14.

[19] Van Berkel P H, Welling M M, Geerts M, et al. Large scale production of recombinant human lactoferrin in the milk of transgenic cows [J]. Nat Biotechnol, 2002, 20 (5): 484–487.

[20] Yang P H, Wang J W, Li N, et al. Cattle mammary bioreactor generated by a novel procedure of transgenic cloning for large-scale production of functional human Lactoferrin [J]. PLoS One, 2008, 3 (10): e3453.

原文发表于《生物工程学报》，2011，27 (2): 253–261.

奶山羊胎儿成纤维细胞的分离培养及脂质体法转染研究[*]

张艳丽[**]，许　丹，庞训胜，万永杰，王子玉，
孟　立，宋　辉，王　锋[***]

（南京农业大学动物胚胎工程技术中心，南京　210095）

摘　要：为获得转基因克隆羊的供体细胞，本试验采用组织块培养法结合胰蛋白酶消化法分离纯化得到奶山羊胎儿成纤维细胞（diary goat fetal fibroblast cells，gFFCs），绘制了生长曲线，鉴定了胎儿细胞性别及核型特征，并且研究了脂质体量、质粒量和转染时间对gFFCs的绿色荧光蛋白（GFP）转染效率的影响。结果表明：该培养体系可以支持奶山羊胎儿成纤维细胞的体外生长，其细胞形态为梭形，高度汇合后呈火焰状，增殖特性以及核型特征均为正常，性别鉴定显示该奶山羊胎儿细胞为雌性，符合体细胞转基因克隆的基本要求。24孔板中采用脂质体转染试剂4.0μL、质粒DNA1.2μg，转染6h可以获得最佳的转染效果，转染效率达4.21%。

关键词：胎儿成纤维细胞；分离培养；脂质体；转染；奶山羊

In vitro Culture of Diary Goat Fetal Fibroblast Cells and Gene Transfection through Liposome

Zhang Yanli, Xu Dan, Pan Xunsheng, Wan Yongjie,
Wang Ziyu, Meng Li, Song Hui, Wang Feng

(Center of Animal Embryo Engineering and Technology, Nanjing Agricultural
University, Nanjing　210095, China)

Abstract: In order to prepare donor cells for diary goat transgenic cloning, goat fetal fibroblasts cells (gFFCs) were isolated by attaching tissue explants from a day 30 goat fetus and purified by trypsin. The gFFCs were examined by cell morphology, growth curve and karyotype of chromosome, sex-determined region Y gene (SRY) of the gFFCs was also identified, which indicated that it's suitable for the need of transgenic

---

[*] 基金项目：高产优质转基因奶羊新品种培育项目（2008ZXD8008 - 004）；江苏省国际合作项目（BZ2007065）；
[**] 作者简介：张艳丽，博士研究生；
[***] 通讯作者：王锋，教授，博士生导师，主要从事动物胚胎工程研究，E-mail：caeet@njau.edu.cn

clone. Important factors involved in cationic liposome mediated gene transfer were also evaluated through in vitro transfection of gFFCs: the concentration of DNA and liposome, the effect of transfection time on the efficiency of gFFCs to express a reporter gene (GFP). The results showed that gFFCs cultured in 24 well with 4.0μL liposome and 1.2μg plasmid DNA for 6 hours resulted in the highest transfection efficiency, which was 4.21%. The parameters set in this study will establish a foundation for utilizing transfected fibroblast cells to generate transgenic animals through nuclear transfer.

Key words: fetal fibroblast cells; isolation and culture; liposome; transfection; diary goat

体细胞核移植技术是目前生产转基因家畜最佳的方法。国外研究者利用多种体细胞已经成功地获得了转基因牛[1]、绵羊[2-3]、山羊[4]、猪[5-6]和猫[7]。我国也已经通过该技术路线获得了转基因山羊[8-9]、牛[10]和猪[11]。在利用体细胞克隆技术生产转基因动物的研究中，供体细胞在体外的传代次数、基因组的稳定性是非常重要的，胎儿成纤维细胞因其易培养、体外生长快、转基因效率高等特点，已成为生产转基因克隆动物的首选体细胞系，如近年产生的转基因克隆绵羊[3]、牛[12]、山羊[13]以及基因定点修饰的绵羊[2]和猪[5]等均来自于胎儿成纤维细胞。

脂质体是介导外源基因进入细胞的重要试剂，由于其应用简单、效果稳定，现已成为非病毒载体转染细胞的主要转染手段。但是，不同公司生产的阳离子脂质体，其具体类型有较大的差异；同时，被转染细胞种类、分离培养方法、代次和生理状态等都对其转染效率有着重要的影响[10]。因此，针对具体的体细胞系和特定转染试剂应该建立相对稳定、高效、低毒的转染程序，这对于转基因体细胞克隆动物的生产是非常重要的技术基础。

奶山羊因其泌乳性能良好，世代间隔短，易于饲养，成本相对较低，是目前制作转基因动物乳腺生物反应器的理想动物。因此本文通过组织块贴壁培养法分离纯化培养得到奶山羊胎儿成纤维细胞，对其进行性别鉴定、生长特性和细胞核型分析，并以绿色荧光蛋白基因为目标基因，研究脂质体、DNA浓度和细胞在脂质体-DNA复合物中的孵育时间对gFFCs转染效率的影响，旨在建立一种简便快速、高效、低毒、重复性好的基因转移体系，为其他基因转染gFFCs以及利用体细胞克隆法生产转基因奶山羊的研究奠定基础。

1 材料和方法

1.1 材料

1.1.1 实验动物

约30d胎龄的奶山羊胎儿取自徐州澳华肉食品有限公司种羊场，将胎儿连同子宫放入37℃灭菌生理盐水中，2h内带回实验室。

1.1.2 酶和试剂

pEGFP-C1质粒购自Clontech公司，DMEM培养液和Lipofectamine2000™、胰蛋白酶、胎牛血清均购自Gibco公司，质粒提取和纯化试剂盒购自Omega公司。

1.2 方法

1.2.1 体细胞采集、培养和纯化

无菌操作获得妊娠约30d的奶山羊胎儿，转移到超净工作台内，将获得的胎儿用含500IU/mL双抗的PBS洗涤2次，去除头、四肢和内脏后，将剩余组织在70%乙醇中浸泡30s，再用不含双抗的PBS洗涤胎儿组织3~5次，然后剪成1mm³大小的组织块，移入组织培养瓶的底壁上，用吸管将组织块均匀地铺开，小心翻转培养瓶，置于37℃，5% CO_2培养箱中静置4~5h。在组织块周围开始变干以前加入DMEM培养液，浸没组织块，过夜，第2天补加入2~3mL DMEM培养液。每隔2~3d观察并换液。原代细胞采用DMEM添加15%胎牛血清进行贴壁培养，细胞长成致密单层后，用0.25%胰酶消化，待大部分细胞变圆时，加培养液终止消化，并反复吹打。因为成纤维细胞消化脱壁比上皮细胞快，在前3代传代经酶消化，待细胞刚变圆即终止消化，只收集脱壁细胞，这样便可得到纯化的成纤维细胞。当细胞生长至70%~80%时汇合状态时即可冷冻保存，以备细胞特性分析以及基因转染使用。

1.2.2 胎儿细胞系的性别鉴定

参照《分子克隆实验指南》[14]提取细胞基因组DNA，通过Sry-PCR方法[15]进行性别鉴定，对照组分别为成年公羊和母羊的耳部组织，常规方法提取DNA。Sry引物：F：5'-CGAAAGGTGGCTCTAGAGAA-3'；R：5'-ATAGCTAGTAGTCTCTGTGCCT-3'。在25μL PCR反应体系中依次加入如下组分：10×PCR Buffer 2.5μL，2.5mmol/L dNTP Mixture 0.5μL，25mmol/L Mg^{2+} 1.3μL，10mmol/L Sry-F和Sry-R各1μL，DNA模板1μL，LA Taq DNA聚合酶0.2μL，无菌三蒸水至25μL；PCR反应程序为：94℃预变性10min后，95℃变性45s，55℃退火45s，72℃延伸45s，32个循环，最后72℃延伸8min。产物用1.2%琼脂糖凝胶进行电泳分析。

1.2.3 生长曲线的测定

取第5代处于对数生长期的细胞，按2×10^4个/mL的密度接种于24孔培养板，每孔接种1mL。从接种时间算起，每隔24h计数3孔内的细胞密度，算出平均值，共计7d。以培养时间（d）为横坐标，细胞密度为纵坐标作生长曲线。

1.2.4 细胞核型分析

取对数生长期细胞，在终浓度为0.1μg/mL的秋水仙素溶液中培养5~6h后，消化并离心细胞，再加入预热至37℃的75mmol/L KCl溶液5~6mL，室温下低渗30min；离心后弃上清液，然后加入固定液（甲醇：冰醋酸=3∶1）5mL固定30min，离心，重复固定一次。加1mL新配的固定液制成细胞悬浮液，在预冷的干净玻片上滴加细胞悬液3~4滴，室温下晾干，用100g/L的Giemsa染色液，滴在染色体玻片标本上，染色15min，蒸馏水冲洗干净，晾干。抽取分散较好的中期相进行染色体计数和核型分析。

1.2.5 质粒DNA的提取和体细胞转染方法

pEGFP-C1质粒转化大肠杆菌DH5α，培养扩增后小量提取纯化质粒作鉴定，然后大量提取质粒DNA，测定浓度后冷冻保存，以备转染体细胞。按Lipofectamine2000™说明书，将冻存细胞复苏后接种到24孔细胞培养板，生长至90%汇合时，再把培养液更换为无血清的DMEM培养液，根据试验设计加入脂质体和质粒DNA混合物以及在不同转染时间后将转染试剂更换为完全培养液，转染24h后的细胞用倒置荧光显微镜观察。

1.2.6 转染效率计算和数据处理

于转染24h后,将贴壁细胞消化为单细胞悬液,分别在荧光显微镜和明视野下对阳性转染细胞和总细胞计数,以放大100倍的显微视野为标准,每孔随机选取5个视野,每组实验条件重复3~5次,阳性细胞占总细胞的百分数为转染效率。数据用SPSS软件的ANOVA模块进行统计分析。

2 结果与分析

2.1 奶山羊胎儿成纤维细胞组织块贴附法分离培养结果

在倒置显微镜下观察,发现组织块贴壁2~3d后,上皮细胞先从组织块周围长出,然后成纤维细胞沿组织块周围向外生长,上皮细胞与成纤维细胞之间界限明显(图1-A)。5d后成纤维细胞向组织块外大量扩展呈铺开状放射样分布,互相平行排列,生长迅速,表现出很强的分裂增殖生长特征(图1-B)。当原代细胞达到80%~90%汇合时,细胞呈现放射状、火焰状或旋涡状,中间夹杂着少量卵原形的上皮细胞,但细胞之间界限清楚。经过3~4次传代培养即可除去混杂的上皮细胞,成纤维细胞达到很高的纯度。

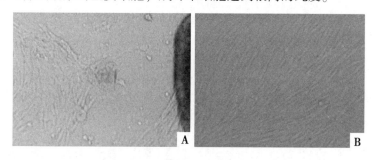

图1 胎儿成纤维细胞形态特点

Fig. 1 Morphology characteristics of fetal fibroblast cells

A. 原代组织块周围的成纤维细胞与上皮细胞(×100) The 1st passage of fibroblast cells and epithelia;

B. 传代的成纤维细胞(×100) Fibroblast cells after several passages

2.2 奶山羊胎儿成纤维细胞性别鉴定

Sry-PCR方法电泳分析PCR扩增结果显示(图2),阳性对照公羊特异地扩增出一条130bp左右的片段,而阴性对照母羊和培养的胎儿成纤维细胞中无任何条带。因此,该胎儿成纤维细胞为雌性,可以作为转基因克隆的供体细胞,以发挥乳腺生物反应器的优势。

2.3 传代细胞生长曲线

从F_5代生长曲线看(图略),接种2d后细胞数量开始明显增加,第2~5天为对数生长期,第5~7天进入平台期。F_5代细胞呈现"潜伏期-对数生长期-停滞期"的生长模式。

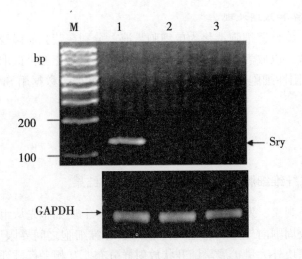

图2 Sry-PCR法扩增产物电泳分析
Fig. 2　Amplification products of Sry-PCR
1. 阳性对照 Negative control；2. 阴性对照 Positive control；3. 胎儿成纤维细胞 gFFCs

2.4　奶山羊胎儿成纤维细胞核型分析

对 F_{12} 代细胞的 100 个中期分裂相进行分析，结果表明，奶山羊染色体数目为 $2n=60$ 者占观察总数的 74%，$2n \neq 60$ 的细胞占观察细胞数的 16%，表明奶山羊的染色体数目为 $2n=60$，该奶山羊（♀）的核型式为 58（A），XX（A，A）（图3）。

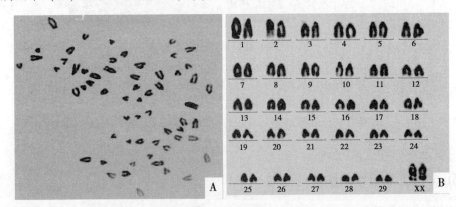

图3　奶山羊染色体（A）及核型（B）（F_{12}代）
Fig. 3　The metaphase mitotic chromosome and karyotype of diary goat

2.5　奶山羊胎儿成纤维细胞转染效率的优化

细胞转染 24h 后，在荧光显微镜下能够观察到强绿色荧光的表达（图4）。结果表明，绿色荧光蛋白 GFP 基因已经成功地转入体外培养的奶山羊胎儿成纤维细胞，且基因获得较好的表达。

2.5.1　不同脂质体量的转染效率

24 孔细胞培养板中在质粒量为 0.8μg、转染时间为 6h 的条件下，分别采用 2.0μL、

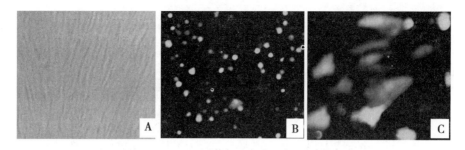

图 4 奶山羊胎儿成纤维细胞 EGFP 的荧光观察

Fig. 4 EFGP fulorescence detection of transfected fetal fibroblast cells

A. 未转染的细胞（×100）Non-transgenic cells；

B 转染后 24h 胰酶消化的细胞（×100）Transfected dairy goat fetal fibroblasts was trypsined；

C. 转染后 24h 24h post transfection（×200）

3.0μL 和 4.0μL 的阳离子脂质体试剂对奶山羊胎儿成纤维细胞进行转染。结果显示（表1），转染效率随着脂质体量的增加而增加，4.0μL 组的转染效率最高，为 3.67%，与 2.0μL 组差异极显著（$P<0.01$），与 3.0μL 组差异显著（$P<0.05$）。

2.5.2 不同质粒量的转染效率

24 孔细胞培养板中在脂质体量为 4.0μL、转染时间为 6h 的条件下，分别采用 0.4μg、0.8μg 和 1.2μg 的质粒 DNA 对奶山羊胎儿成纤维细胞进行转染，结果显示（表2），在一定范围内继续增加 DNA 浓度，转染效率并不会显著提高，1.2μg 组的转染效率极显著高于 0.4μg 组（$P<0.01$），而 0.8 和 1.2μg 两组的转染效率差异不显著（$P>0.05$）。

表 1 不同脂质体量对转染效率的影响

Table 1 Effects of different liposomal transfection regenton transfection efficiency

脂质体/μL Liposome	质粒/μg Plasmid	转染时间/h Transfection time	转染效率/% Transfectionefficiency
2.0	0.8	6	0.97^{Bc}
3.0	0.8	6	2.31^{ABb}
4.0	0.8	6	3.67^{Aa}

表 2 不同质粒量对转染效率的影响

Table 2 Effects of different plasmid DNA concentrations on transfection efficiency

质粒/μg Plasmid	脂质体/μL Liposome	转染时间/h Transfection time	转染效率/% Transfection efficiency
0.4	4.0	6	0.90^{Cb}
0.8	4.0	6	3.67^{BCa}
1.2	4.0	6	4.21^{ABa}

注：表中同一列标注大写、小写字母不同分别表示差异极显著（$P<0.01$）、差异显著（$P<0.05$）。

Data with different superscripts in the same column differ significantly (a, b, c: $P<0.05$; A, B: $P<0.01$), the same as below.

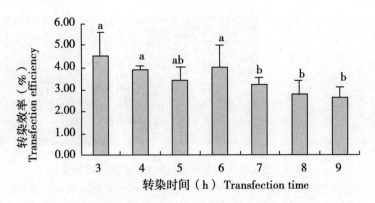

图 5 不同转染时间对转染效率的影响
Fig. 5 Effects of different transfection time on transfection efficiency

2.5.3 不同转染时间的转染效率

24 孔细胞培养板每孔接种细胞数 2.6×10^4、质粒 DNA 量为 $0.8\mu g$，脂质体为 $4\mu L$ 时，设定 7 个不同转染时间（3h、4h、5h、6h、7h、8h 和 9h），结果表明（图 5）：在 3~6h 时转染效率差异不显著（$P>0.05$），之后再延长转染时间，转染效率反而有所降低，6 h 组与 7h、8h、9h 组差异显著（$P<0.05$）。

3 讨论

转基因动物克隆技术在生物技术、生物制药、家畜育种及基础研究方面应用潜力巨大。转基因克隆方法将基因转染及筛选的步骤提前到了体外细胞培养阶段，大大提高了基因转染及筛选的灵活性，但目前转基因克隆的总体效率还很低，因此，建立供体细胞体外培养模式和优化外源基因转染体系是转基因克隆动物生产的重要前提。

本试验取样是在开放的环境下进行的，为防止胎儿体表污染，除用含大量抗生素的 PBS 多次冲洗外，还采用 70% 乙醇浸泡胎儿 30s，确保了试验的成功。原代培养通常采用酶消化法和组织块培养法，但组织块培养获得的原代细胞各种特性更接近组织细胞本身，得到的细胞均质性好，便于选择，而且可以避免酶消化对细胞造成的损伤。因此，本试验运用组织块培养法得到了奶山羊胎儿细胞原代培养物，它是上皮细胞和成纤维细胞的混合物，传代时根据上皮细胞与成纤维细胞对胰蛋白酶消化敏感性的不同，将二者分离得到纯化的成纤维细胞。从本试验培养细胞的生长规律来看，存在早期生长延缓和晚期生长抑制现象，符合体外细胞的生长特征，具有正常的细胞生物学特性。

对于体细胞克隆而言，从细胞转染到获得阳性克隆至少需要 20~30d（相当于 F_8 至 F_{10} 代），到转基因细胞核移植时，细胞在体外至少已经培养了 10~13 代，其体外传代次数远高于大多数体细胞核移植所用的供体细胞代次。因此体外的长期培养以及不同的培养方法，可能会导致培养细胞遗传物质发生一定的变异，引起染色体畸变率的增加。本试验发现 F_{12} 代的成纤维细胞二倍体的中期相占观察总数的 74%，与其他学者对牛胎儿成纤维细胞进行染色体分析的效果（76%）相似[16]，染色体的畸变率并没有明显增加，这说明本研究的培养体系比较适合细胞培养，经长期传代后，不会显著引起染色体的变异，可以作为转基因克隆的核供体来源。

脂质体法在目前体外转染真核细胞方法中应用比较广泛，具有可重复性强，便于操作及结果可靠等优点,然而,其转染效率并不高,这限制了它的广泛应用。因此,如何提高脂质体转染效率已成为研究热点。本研究对常用商业化脂质体Lipofectamine2000™转染奶山羊胎儿成纤维细胞的技术程序进行了优化,结果表明,当质粒DNA量与转染时间一定时,随着脂质体用量增加转染效率也在提高,说明本试验培养的细胞对脂质体耐受性较强,脂质体对细胞没有产生明显毒性。这一结论与李扬等[17]对牛胎儿成纤维细胞的研究结论一致。然而Zabner等[18]对HeLa和COS-1细胞的研究显示脂质体对细胞有毒性,这些结论的不一致可能是由于所用细胞类型和脂质体种类不同等造成的。当脂质体和转染时间一定时,在一定范围内继续增加DNA剂量,转染效率并不会显著提高,这说明细胞对DNA的摄取是有一定限度的;当脂质体与DNA量一定时,随着细胞在脂质体-DNA复合物中孵育时间的延长,起初转染效率有所提高,但6 h后转染效率逐渐降低,这种下降很可能是由于转染过程中培养液中不含血清,细胞长时间处于营养不足状态导致细胞凋亡甚至死亡引起的。这一结果也与Oliveira[16]和于建宁[19]对牛胎儿成纤维细胞和小鼠体细胞的研究结果一致。

为建立转基因奶山羊乳腺生物反应器,供体细胞应为雌性。本研究结合Sry-PCR法和核型分析两种技术对培养的胎儿细胞进行性别鉴定,两种方法结果一致,说明Sry-PCR法可以替代较繁琐的核型分析法用于细胞的性别鉴定,这为进行已知性别转基因动物克隆提供了一种简便可行的技术手段。

总之,本研究建立了奶山羊胎儿成纤维细胞的体外培养体系,并应用带有绿色荧光蛋白基因的质粒pEGFP-C1对脂质体法的转染效率进行了优化,获得了脂质体转染该细胞的最佳条件:24孔细胞培养板中采用4.0μL脂质体转染试剂、1.2μg质粒DNA,细胞在复合物中孵育6 h,这为下一步转基因克隆奶山羊研究奠定了实验基础。

参考文献

[1] Wall R J, Powell A M, Paape M J, et al. Genetically enhanced cows resist intramammary staphylococcus aureus infection [J]. Nat Biotechnol, 2005, 23: 445-451.

[2] McCreath K J, Howcroft J, Campbell K H, et al. Production of gene-targeted sheep by nuclear transfer from cultured somatic cells [J]. Nature, 2000, 405: 1 066-1 069.

[3] Schnieke A E, Kind A J, Ritchie W A, et al. Human factor IX transgenic sheep produced by transfer of nuclei from transfected fetal fibroblasts [J]. Science, 1997, 278: 2 130-2 133.

[4] Yue J H, Yue H, Baldassarre H, et al. Recombinant human butyrylcholinesterase from milk of transgenic animals to protect against organophosp-hate poisoning [J]. PNAS, 2007, 104 (34): 13 603-13 608.

[5] Lai L, Kolber-Simonds D, Park K W, et al. Production of alpha-1, 3-galactosyltransferase knockout pigs by nuclear transfer cloning [J]. Science, 2002, 295: 1 089-1 092.

[6] Lee G S, Kim H S, Hyun S H, et al. Production of transgenic cloned piglets from genetically transformed fetal fibroblasts selected by green fluorescent protein [J]. Theriogenology, 2005, 63: 973-991.

[7] Yin X J, Lee H S, Yu X F, et al. Generation of cloned transgenic cats expressing red fluorescence protein [J]. Biol Reprod, 2008, 78 (3): 425-31.

[8] 成勇,王玉阁,罗金平,等. 由成年转基因山羊体细胞而来的克隆山羊 [J]. 生物工程学报, 2002, 18 (1): 79-83.

[9] 邹贤刚,袁三平,鲜建,等. 转基因克隆奶山羊大量生产重组人的抗凝血酶Ⅲ蛋白(rhATⅢ)[J]. 生物工程学报, 2008, 24 (1): 117-123.

[10] 龚国春,戴蕴平,樊宝良,等. 利用体细胞核移植技术生产转基因牛 [J]. 科学通报, 2003, 48 (24): 2 528-2 533.

[11] 刘忠华,宋军,王振坤,等. 体细胞核移植生产绿色荧光蛋白转基因猪 [J]. 科学通报, 2008, 53 (5):

556-560.

［12］Cibelli J B, Stice S L, Golueke P J, et al. Cloned transgenic calves produced from nonquiescent fetal fibrobalsts［J］. Science, 1998, 280: 1 256-1 258.

［13］Lan G C, Chang Z L, Luo M I, et al. Production of cloned goats by nuclear transfer of cumulus cells and long-term cultured fetal fibroblast cells into abattior-derived oocytes［J］. Mol Reprod Dev, 2006, 73 (7): 834-840.

［14］萨姆布鲁克, 拉塞尔 D. W. 黄培堂等译. 分子克隆实验指南［M］. 3 版. 北京: 科学出版社, 2002: 463-470.

［15］潘求真, 田亮, 徐曙光, 等. 体外培养山羊成纤维细胞系方法的建立［J］. 中国农业大学学报, 2006, 11 (1): 29-34.

［16］Oliveira R R, Carvalho D M, Lisauskas S, et al. Effectiveness of liposomes to transfect livestock fibroblasts［J］. Genetics and Molecμlar Research, 2005, 4 (2): 185-196.

［17］李扬, 吴凯峰, 郭旭东, 等. 脂质体介导外源基因体外转染牛胎儿成纤维细胞条件的优化［J］. 遗传, 2002, 24 (6): 653-655.

［18］Zabner J, Fasbender A J, Moninger T, et al. Cellular and molecular barrier to gene transfer by a cationic lipid. J Biol Chem［J］. 1995, 270 (32): 18 997-19 007.

［19］于建宁, 苗德强, 马所峰, 等. 影响小鼠体细胞脂质体转染效率的因素［J］. 实验生物学报, 2005, 38 (5): 404-409.

原文发表于《南京农业大学学报》, 2010, 33 (1): 81-86.

转绵羊 IRF-1 基因牛胎儿成纤维细胞的 BVDV 抗性研究

齐巍巍[1]**，唐泰山[2]，王子玉[1]，闫益波[1]，钟部帅[1]，吴勇聪[1]，张常印[2]，茆达干[1]，王 锋[1]***

(1. 南京农业大学动物胚胎工程技术中心，南京 210095；
2. 江苏出入境检验检疫局，南京 210001)

摘 要：为研究 IRF-1 基因在抗病毒方面的作用，将 IRF-1 基因转染牛胎儿成纤维细胞，制备了瞬时表达 IRF-1 基因的转基因细胞，再将携带单股正链 RNA 的牛病毒性腹泻病毒（BVDV）作用于上述转基因细胞，观察该病毒在转基因细胞和非转基因细胞上的滴度变化及 2 种细胞形态、增殖、凋亡和基因表达情况上的差异。结果显示：与非转基因细胞相比，病毒在转基因细胞上滴度显著提高，病毒作用 48h 和 72h 后转基因细胞病变程度明显低于非转基因细胞；流式细胞仪检测发现 72h 时细胞凋亡率显著降低，荧光定量 PCR 检测结果显示，转基因细胞中 IRF-1 基因的表达水平显著提高。结论：IRF-1 基因具有促进细胞抗 BVDV 感染的作用。

关键词：IRF-1；转基因；牛胎儿成纤维细胞（BFF）；BVDV 病毒；抗病毒

Study on the Anti-BVDV Activity of Ovis Aries IRF-1 Transfected Bovine Fetal Fibroblast Cells

Qi Weiwei[1], Tang Taishan[2], Wang Ziyu[1],
Yan Yibo[1], Zhong Bushuai[1], Wu Yongcong[1],
Zhang Changyin[2], Mao Dagan[1], Wang Feng[1]

(1. Center of Embryo Engineering and Technology, Nanjing Agricultural University, Nanjing 210095, China; 2. Jiangsu Entry-Exit Inspection and Quarantine Bureau, Nanjing 210001 China)

Abstract: To evaluate the antivirus efficiency of IRF-1, transfected bovine fetal fibroblast (BFF) that transiently expressed IRF-1 were prepared, and then the above cells were treated with bovine viral diarrhea virus (BVDV) which belonged to positive-strand RNA virus. Cells were examined on their TCID 50, cell morphology, growth curve, apoptosis and gene expression level. The results showed that compared to non-transfected

---

* 基金项目：转基因生物新品种培育重大专项（2008ZX08008 - 005）；
** 作者简介：齐巍巍，硕士研究生；
*** 通讯作者：王锋，教授，博导，主要研究方向为动物胚胎工程，E-mail：caeet@njau.Edu.cn

cells, the TCID50 on the transgenic cells was significantly higher, the cytopathic effect (CPE) of the transgenic cells was remarkably alleviated at 48h and 72h, and the transfected cells' apoptosis rate was also significantly lower by the flow cytometric analysis, whereas the expression levels of *IRF*-1 was remarkable higher in the transgenic cells. The results indicated that *IRF*-1 played an important role in BVDV control.

Key words: *IRF*-1; transgene; bovine fetal fibroblast (BFF); bovine viral diarrhea virus (BVDV); antivirus

动物疾病尤其是病毒性疾病一直是困扰畜牧业发展的问题。随着转基因技术的出现,生产遗传修饰动物来抵抗特定传染病的策略备受关注。从长远来看,这种基因工程动物从遗传本质上提高了自身的抗病能力。转基因抗病育种在未来可能成为减少动物传染性疾病的最有前途的方法之一[1]。目前研究的抗病基因有3类:①存在于宿主个体中的天然抗病基因,如与多种传染病、寄生虫抗性相关的主要组织相容性抗原复合体(MHC)等位基因;②存在于各种病原的结构蛋白基因,如病毒的衣壳蛋白基因;③针对病原体mRNA人工设计合成的基因,如反义基因等[2]。干扰素(interferon,IFN)是由脊椎动物细胞产生的一类分泌型糖蛋白,具有广谱抗病毒和增强免疫应答的作用,在免疫应答调控中处于中心地位[3]。干扰素调节因子1(interferon regulatory factor-1,*IRF*-1)是干扰素调节因子(IRF)家族中最早被发现的因子,可以激活Ⅰ类IFN及IFN相关基因的表达[4],具有多种生物学功能。

牛病毒性腹泻病毒(bovine viral diarrhea virus,BVDV),属于黄病毒科、瘟病毒属[2],是单股正链RNA病毒。根据在细胞培养物中能否产生细胞病变,BVDV分为致细胞病变型(cytopathogenic,CP)和非细胞病变型(NCP)两种生物型[5]。牛感染此病毒后可通过接触而传染其他牛只,病理特征为:消化道黏膜糜烂、坏死、胃肠炎和腹泻。病毒还可通过胎盘感染胎牛,导致怀孕母牛流产或死产,存活的小牛可出现免疫耐受,终生排毒[6]。该病毒还可感染其他偶蹄类动物,如羚羊、鹿等野生动物[7]。

牛、羊均属反刍动物,很多生理特征等相似,其*IRF*-1基因核苷酸的同源性为98%,氨基酸的同源性为98.14%。本文采用转基因技术将绵羊*IRF*-1基因载体转染牛胎儿成纤维细胞(BFF),用牛病毒性腹泻病毒作用于转基因细胞,初步研究转基因细胞的抗病毒功效,以便为抗病转基因动物的检测提供参考。

1 材料与方法

1.1 材料

约5月龄黑白花奶牛胎儿取自南京窦村屠宰场;BVDV毒株取自江苏出入境检验检疫局BVDV分离株;pIRES2-IRF-1-EGFP载体由中国农业大学惠赠;DMEM细胞培养液、细胞凋亡、RNA提取、反转录试剂盒均购自Invitrogen;转染试剂FuGENE HD、荧光定量试剂购自罗氏公司;细胞增殖及毒性检测试剂盒购自南京凯基生物技术公司。

1.2 质粒的提取

将pIRES2-IRF-1-EGFP质粒转化大肠杆菌DH5α,培养扩增后使用Omega Plasmid Mini Kit Ⅰ试剂盒小量提取纯化质粒进行鉴定,然后使用Omega Endo-free Plasmid Mini Kit Ⅱ试剂

盒大量提取 DNA，测定浓度后冷冻保存，以备转染细胞。

1.3 牛胎儿成纤维细胞的制备、转染条件的优化和转基因细胞的 PCR 鉴定

按常规组织块培养法制备牛胎儿成纤维细胞（BFF）[8]，传 3~4 代后获得纯化的 BFF。将纯化的 BFF 用无抗生素的培养液传代至 6 孔板中，待细胞融合至 80%~90% 时，准备转染。在无血清、无抗生素的培养液中稀释 DNA 至 0.02μg/μL 后，分装成 3 管；向稀释好的 DNA 溶液中分别加入相应体积的转染试剂，使 DNA 的终质量浓度分别达到 2μg/μL、3μg/μL、4μg/μL 和 5μg/μL，混合均匀后于室温下孵育 20min；向上述 BFF 上清液中加入转染混合物（每孔 120μL），24h 后用倒置荧光显微镜观察。收集转染 48h 细胞，用 PBS 洗涤离心（2 000r/min，3min）后于 488nm 条件下进行流式细胞仪检测转染效率。以优化的条件转染细胞，于 48h 提取细胞基因组 DNA，取 100ng 作为模板用于外源 *IRF-1* 基因的 PCR 鉴定。PCR 引物序列：5′-GAAGGTATCGGGGCTGTAT-3′/5′-GCTCCTGGACGTAGCCTT-3′，扩增片段长度为 1 462bp。

1.4 病毒的扩增及滴度的测定

取刚传代未贴壁的 BFF，接种复苏的 BVDV，放入温箱中培养。在 24~48h 内，细胞病变（cytopathogenic effect，CPE）达到 80% 时，将细胞放入 -20℃ 冰箱，冻融 2 次，分装，-70℃ 保存。按文献[2]的方法测定病毒对细胞的半数感染量（TCID50）。

1.5 病毒对转基因和非转基因细胞生物学特性的影响

在 6 孔细胞培养板中，以优化的条件转染 BFF，48h 时吸取上清液置 2mL 离心管内备用。用 0.25% 胰蛋白酶液消化转染细胞，待细胞变圆快要脱落时，用原上清液重悬细胞，并加入含 10% 新生牛血清的培养液至 2mL。同时，未转染的细胞以同样的方法消化为单细胞悬液。

在上述 2 种细胞悬液中，每孔加入 2 000 TCID50 的 BVDV，混匀后于培养箱中培养。每天观察并记录细胞病变情况。记录 24h、48h 和 72h 细胞的形态变化并收集 72h 的细胞，按凋亡试剂盒说明检测细胞凋亡情况。

1.5.1 病毒对转基因细胞滴度的影响

以上述方法制备含原培养上清液的转基因单细胞悬液，按 1.4 的方法测定 TCID50。

1.5.2 MTT 法测定病毒对转基因细胞和非转基因细胞增殖活性的影响

按同样方法制备含培养上清液转基因和非转基因的单细胞悬液。分别将上述 2 种细胞以约 1×10^4 个/mL 铺至 96 孔板中，作为未加病毒组；再在剩余的 2 种单细胞悬液中加入 2 000 TCID50 的 BVDV，混匀后铺至 96 孔板中，作为加病毒组；同时设置空白对照组（无细胞）。每个处理组细胞设 6 个复孔。24h 细胞贴壁后，加入 50μL 噻唑蓝（MTT）溶液，37℃ 孵育 4h，使 MTT 还原为甲瓒。吸出上清液，每孔加入 150μL 二甲基亚砜（DMSO）使甲瓒溶解，用平板摇匀。用酶标仪检测每孔的 D_{550} 值。共记录 7d。

1.5.3 转基因细胞和非转基因细胞中 *IRF-1* 基因表达水平的测定

登录号：AF331970.1）和山羊 *β-actin* 基因序列（AF481159）分别设计引物（表 1），引物由上海英骏生物技术有限公司合成。

表 1　实时 PCR 引物序列及相关参数
Table 1　The sequences and parameters of primers for real-time PCR

基因 Gene	序列（5′→3′）Sequence	位置 Location	产物长度/bp Product length	退火温度/℃ Annealing temperature	参考序列 Reference sequence
IRF-1	F：CAGCAGCACTCTCCCTAACT R：TTCCCTTCCTCGTCCTCATC	795~814 907~926	132	56	AF331970.1
β-actin	F：TGAACCCCAAAGCCAACC R：AGAGGCGTACAGGGACAGCA	74~91 161~180	107	56	AF481159

按照 RNA 提取试剂盒、qRT-PCR 试剂盒说明书提取转基因细胞和空白细胞的 RNA 并进行反转录。

在荧光定量 PCR 管内依次加入以下试剂（20μL）：无酶水 6.8μL、引物（10μmol/L）0.6μL、cDNA 模板 2μL、Fastart Universal SYBR Green Master 10μL。以 β-actin 基因为参照进行实时 PCR。反应条件为：95℃ 10min；95℃ 15s，56℃ 20s，72℃ 30s，共 40 个循环，反应结束绘制熔解曲线。用 2-ΔΔCT 法对 IRF-1 基因的表达进行相对定量分析。

1.6　数据统计分析

采用 SPSS 13.0 软件对数据进行 t 检验。

2　结果与分析

2.1　质粒 DNA 的鉴定

pIRES2-EGFP-IRF-1 载体上目的基因两端含有 EcoR I、Sal I 酶切位点（图 1 – A），故将提取的 DNA 用 EcoR I、Sal I 双酶切后进行 2% 琼脂糖凝胶电泳鉴定。结果显示，酶切后的片段大小分别为 5 133 和 1 326bp，与预期结果相符（图 1 – B）。这说明提取的质粒 DNA 为目的 DNA。

2.2　转基因细胞的制备及鉴定

在倒置显微镜下观察发现，组织块贴壁 6~7d 后，成纤维细胞沿组织块周围向外生长，中间夹杂少量卵圆形的上皮样细胞；经传代纯化后，成纤维细胞纯度较高，呈旋涡状生长（图 2 – A）。细胞转染 24 h 后，在荧光显微镜下能够观察到强绿色荧光的表达（图 2 – B）。

以未转染的 BFF DNA 的扩增产物为对照进行电泳，结果显示，未转染的细胞没有扩增出目的片段，而转基因细胞扩增出了目的片段（图 2 – C）。表明 IRF-1 基因已成功转染到 BFF 中。

流式细胞仪（488 nm）检测转染效率结果如图 2 – D~H 所示。可以看出，以 DNA 终质量浓度为 4μg/μL 转染细胞的转染效率最高，为 11.27%。

2.3　非转基因细胞和转基因细胞的 TCID50 测定

BVDV 作用于 BFF 和 T-BFF 后，细胞病变如图 3 所示。按 Reed-Muench 法计算出病毒在

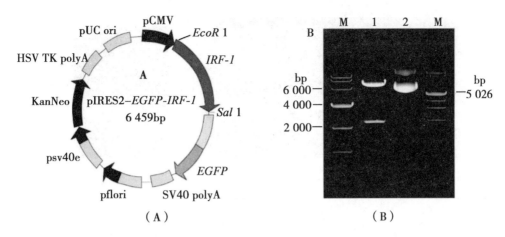

图 1 pIRES2-EGFP-IRF-1 结构（A）及酶切电泳鉴定（B）

Fig. 1 Structure (A) and enzyme digestion analysis (B) of pIRES2-EGFP-IRF-1

B: 1. 酶切后质粒 The plasmid digested with EcoR I and Sal I; 2. 原质粒 The plasmid; M. Marker

BFF 上的 $TCID_{50}$ 是 $10^{-5.4}$/mL，而在转基因 BFF（T-BFF）的 $TCID_{50}$ 为 $10^{-5.6}$/mL，是在非转基因细胞中测定滴度的 6.31 倍，结果差异明显。

2.4 病毒对转基因细胞和非转基因细胞形态的影响

如图 3 所示，将 2000 TCID50 病毒加入 BFF 和 T-BFF 上清液中，48h 后非转基因细胞出现了明显的病变，而转基因细胞少量出现了死亡、变圆、脱落现象。72h 时，非转基因细胞几乎全部脱落，而转基因细胞中仍有大量细胞为成纤维状态，但细胞变圆、脱落、聚集等病变较 48h 时更明显。

2.5 病毒对转基因细胞和非转基因细胞增殖活性的影响

如图 4 所示，BFF 的生长表现出潜伏期、对数期、平台期的生长规律，其潜伏期较长，为 2~3d；T-BFF 生长速度较慢，其对数期的生长速度明显慢于非转基因细胞。BVDV 作用后，非转基因 BFF 的生长受到明显的抑制，3d 后其生长速度下降较快，在 4~5d 时细胞几乎全部死亡；而 T-BFF 首先表现出增殖的生长趋势，在 3d 时，病毒作用明显地影响了其生长，此后，其生长速度明显降低。

2.6 病毒对转基因细胞和非转基因细胞凋亡情况的影响

利用流式细胞仪分析了 BVDV 作用 72 h 后非转基因细胞和转基因细胞的凋亡情况，结果如图 5 所示，转基因细胞的凋亡率极显著低于非转基因细胞（$P<0.01$），存活率极显著高于非转基因细胞（$P<0.01$）。

2.7 转基因细胞和非转基因细胞中 IRF-1 基因的表达水平

利用荧光定量 PCR 方法分析了外源基因转染对 BFF IRF-1 基因表达的影响。图 6-A 显示，IRF-1 基因的熔解曲线为单峰，表达特异性强。图 6-B 表明，转基因 BFF 的 IRF-1 mRNA 的转录水平显著高于未转染细胞（$P<0.05$）。

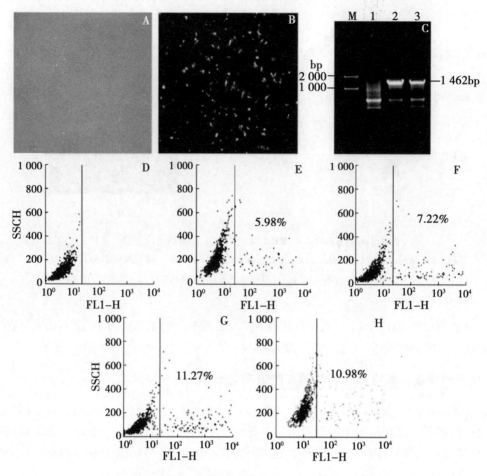

图2 转基因牛胎儿成纤维细胞（T-BFF）的制备及鉴定
Fig. 2 Preparation and identification of the transgenic BFF（T-BFF）

A. 纯化的 BFF Purified BFF；B. BFF 的 EGFP 荧光观察（×50）Fluorescence observation of BFF；C. T-BFF 的鉴定 Identification of the T-BFF（M. Marker；1. 空白对照 Control；2，3. T-BFF）；D~H. 细胞转染效率检测图 Detection of cells transfection efficiency（D. 空白对照 Control；E~H. DNA 在转染试剂中的终浓度分别为 2μg/μL、3μg/μL、4μg/μL 和 5μg/μL The DNA concentration is 2μg/μL, 3μg/μL, 4μg/μL and 5μg/μL in FuGENE HD, respectively.）

3 讨论

稳定表达是抗体药物生产的金标准，然而，其过程耗费时间长，费用高，不利于进行大量的抗病相关抗性研究。瞬时基因表达技术是指外源基因进入受体细胞后，存在于游离的载体上，不整合至染色体，较短时间内就可获得目的基因的表达产物，但随着细胞的分裂增殖，这种外源基因最终会消失，持续时间为几天到两周。瞬时基因表达可为研究病毒的相关抗性提供简便的方法。本研究通过使用脂质体 FuGENE HD 的介导将外源的 *IRF*-1 转染到牛胎儿成纤维细胞中，制备了瞬时表达 *IRF*-1 基因的转基因细胞。目前，测定细胞转染效率的方法主要有细胞计数法、流式细胞仪测定法。流式细胞仪已广泛应用于生物学和医学、药学等领域，具有快速、准确度高、灵敏度高等特点，避免了计数产生的主观误差。本试验中，

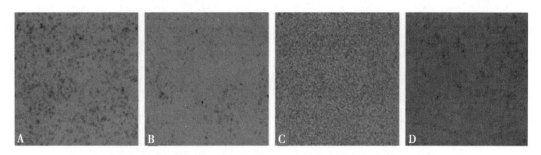

图3 BVDV 对 BFF 和 T-BFF 形态的影响（×100）

Fig. 3 Influence of the BVDV on BFF and T-BFF

A、C 分别为病毒作用 48h 和 72h 时的 BFF，B、D 分别为病毒作用 48h 和 72h 时的 T-BFF。

A，C represent BFF treated with virus for 48h and 72 h respectively; B，D represent T-BFF treated with virus for 48h and 72 h respectively.

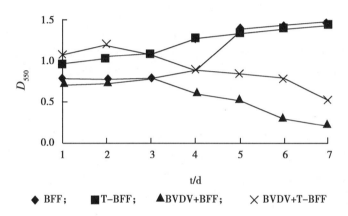

◆ BFF; ■ T-BFF; ▲ BVDV+BFF; × BVDV+T-BFF

图4 BVDV 对 BFF 和 T-BFF 生长曲线的影响

Fig. 4 Influence of the BVDV on the growth curves of BFF and T-BFF

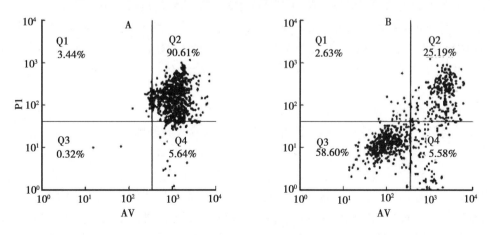

图5 BVDV 对 BFF（A）和 T-BFF（B）凋亡的影响

Fig. 5 Influence of the BVDV on the cell apoptosis in BFF（A）and T-BFF（B）

Q1. 死亡细胞 Dead cells; Q2. 晚期凋亡细胞 Late-phase apoptosis region cells; Q3. 活细胞 Live cells; Q4. 早期凋亡细胞 Early-phase apoptosis region cells

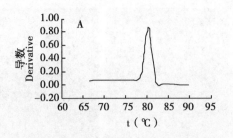
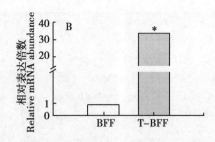

图6 *IRF*-1 基因扩增产物的熔解曲线（A）和在两种细胞中的
表达（B，$*P<0.05$）

Fig. 6 The melting-curve of the amplified product (A) and relative expression
of *IRF*-1 in BFF and T-BFF (B)

细胞转染 48 h 后，在荧光显微镜下观察，转染效率高达 70%～80%，但是，利用流失细胞仪测定的转染效率只有 11.27%。分析可能原因：①人的主观误差；②细胞转染本身对细胞有负面影响，而且样品处理到上机检测过程时间较长，可能降低了转染效率；③流式细胞仪参数设置问题。由于试验条件的原因，所用流式细胞仪测定项目较多，仪器操作人员可能未正确设置参数。所测转染效率虽然较低，但是经后期分析，发现转基因细胞与非转基因细胞基因表达差异显著，可以用作后续研究。

本试验用 BVDV 作用于转基因细胞，发现 BVDV 对转 *IRF*-1 基因细胞和非转基因细胞的形态及增殖活性影响显著，72h 观察到转基因细胞损伤程度明显低于非转基因细胞；BVDV 在转基因细胞中的滴度也有明显的提高，而荧光定量显示转基因细胞中 *IRF*-1 基因的表达量显著高于非转基因细胞，这可能是因为病毒作用后，转基因细胞中较高表达量的 *IRF*-1 诱导了 I 类 *IFN* 及相关基因的表达，从而激活了细胞内抗病毒作用通路，提高了细胞抗病毒的能力。Krger 等[9]报道，正常状态下，*IRF*-1 属于组成型表达，当病毒感染、*IFN* 刺激或一些生长因子等处理细胞时，*IRF*-1 会被激活转移至胞浆中，与 *IRF* 结合序列结合，激活 I 类 *IFN* 及依赖 *IFN* 基因的表达，从而发挥调节 *IFN* 表达的抗细菌和抗病毒的免疫作用。另外，Reis 等[10]将人 *IRF*-1 cDNA 转染人 GM-637 细胞株，经 NDV（新城疫病毒）刺激后，发现 *IFN-β*、*IFNs* 诱导基因 2′，5′-OAS（寡核苷酸合成酶）和 *HLA-B7* 基因的 mRNA 水平明显增高，细胞表面 MHC I 类抗原表达增加。病毒作用后，从细胞形态上来看，*IRF*-1 发挥了抗病毒的功能。

从细胞生长曲线上观察，转基因 BFF 较未转染的细胞生长速度慢，其原因可能是外源基因的表达对其产生了影响。有报道认为，*IRF*-1 过表达导致细胞停滞在 G1/G0 期，抑制了细胞增殖[9]。Yokota 等[4]将携带正向人 *IRF*-1 基因的载体转染宫颈鳞癌细胞系 SiHa 后，通过 5BrdU 渗入法测定细胞增殖活性，与非转基因细胞相比其增殖活性显著降低，这与本研究结果一致。病毒作用后，虽然转基因细胞的生长速度也呈下降趋势，但其下降速度低于非转基因细胞，其生长曲线呈现出先升高后降低的趋势。其原因可能是病毒侵入细胞后其复制的最初阶段受到了细胞内 *IRF*-1 参与的抗病毒通路的影响，导致病毒的增殖受到了抑制。但是，随着病毒数量的积累，其对细胞的损害程度增加，从而使细胞发生形态改变、死亡或凋亡的现象，细胞的生长受到明显的抑制。

病毒作用后会激活抗病毒信号通路，包括 IFN、NO（一氧化氮）等细胞因子的产生，I 型 IFN 激活两种细胞因子 PKR（蛋白激酶，依赖于双链 RNA）和 2′，5′-OAS 的表达。PKR

会导致细胞内基因转录停滞和细胞死亡,而 2′,5′-OAS 会通过激活 RNase(核糖核酸酶)的表达抑制病毒和细胞蛋白的合成而诱导细胞凋亡[11]。本研究发现 BVDV 对两种细胞凋亡率的影响有极显著差异,转基因细胞的凋亡率显著低于非转基因细胞。Yamanetffu[11]报道,CP 型 BVDV 作用细胞后,病毒的复制导致细胞内 dsRNA(双链 RNA)的积累,引起细胞病变,激活细胞内部 PKR 和 OAS-1 的表达,诱导细胞凋亡,dsRNA 的数量是引起细胞病变、凋亡的关键因素。因此,本研究推测转染外源 IRF-1 后,细胞增强了抵抗病毒的能力使病毒 dsRNA 的数量相对降低,这可能是两者凋亡差异极显著的主要原因。

综上所述,本研究结果显示,IRF-1 能够使细胞对 BVDV 病毒的敏感度降低,细胞病变程度减弱,病毒作用后细胞凋亡率降低,具有很好的抗病毒作用,为开展基因工程抗病毒育种的研究提供了一条新的途径,从而推动畜牧业健康发展。

参考文献

[1] 鲍永华,郭永臣,赵志辉,等. RNA 干扰技术在动物抗病育种中的应用前景 [J]. 中国兽医学报,2010,30 (10):1 402-1 407.

[2] 殷震,刘景华. 动物病毒学 [M]. 2 版. 北京:科学出版社,1997:201-202,329-331,645-647.

[3] Gao Y, Wang S, Du R. Isolation and identification of a bovine viral diarrhea virus from sika deer in China [J]. Virology Journal, 2011, 8:83.

[4] Yokota S, Okabayashi T, Yokosawa N, et al. Growth arrest of epithelial cells during measles virus infection is caused by upregulation of interferon regulatory factor 1 [J]. Journal of Virology, 2004, 78 (9):4 591-4 598.

[5] Ammari M, McCarthy F M, Nanduri B. Analysis of bovine viral diarrhea viruses-infected monocytes: identification of cytopathic and non-cytopathic biotype differences [J]. BMC Bioinformatics, 2010, 11 (Suppl 6):S9.

[6] 中国农业科学院哈尔滨兽医研究所. 动物传染病学 [M]. 北京:中国农业出版社,2008:403-407.

[7] Peterhans E, Bachofen C, Stalder H, et al. Cytopathic bovine viral diarrhea viruses (BVDV): emerging pestiviruses doomed to extinction [J]. Vet Res, 2010, 41 (6):44-57.

[8] 张艳丽,许丹,庞训胜. 奶山羊胎儿成纤维细胞的分离培养及脂质体转染研究 [J]. 南京农业大学学报,2010,33 (1):81-86.

[9] Krger A, Kster M, Schroeder K, et al. Activities of IRF-1 [J]. J Interferon Cytokine Res, 2002, 22 (1):5-14.

[10] Reis L F, Harada H, Woichock J D, et al. Critical role of a common transcription factor, IRF-1, in the regulation of IFN-beta and IFN-inducible genes [J]. EMBO J, 1992, 11 (1):185-193.

[11] Yamane D, Kato K, Tohya Y, et al. The double-stranded RNA-induced apoptosis pathway is involved in the cytopathogenicity of cytopathogenic bovine viral diarrhea virus [J]. J Gen Virol, 2006, 87 (10):2 961-2 970.

原文发表于《南京农业大学学报》,2012,35 (3):107-113.

山羊 DAZL 基因的克隆及在山羊骨髓间充质干细胞中的表达*

张艳丽**，钟部帅，樊懿萱，周峥嵘，王子玉，
应诗家，郭 蓉，王 锋***

（南京农业大学 动物胚胎工程技术中心，南京 210095）

摘 要：DAZL（Deleted in Azoospermia-Like）基因是精子发生过程中减数分裂的重要调控因子，在生殖细胞中特异表达，参与调节生殖细胞的发育和分化。本研究首次以山羊睾丸组织为材料，用 RT-PCR 方法成功克隆了山羊 DAZL 基因的 cDNA 序列 950bp，测序和生物信息学分析表明含有 885bp 的完整开放阅读框（ORF），编码 295 个氨基酸，与牛的氨基酸序列同源性为 97.97%，编码产物含有典型的 RNA 识别基序和 DAZ 重复基序；将山羊 DAZL 基因亚克隆至表达载体 pEGFP-C1 上，构建了山羊 DAZL 基因真核表达载体 pEGFP-DAZL，采用脂质体法将其瞬时转染至山羊骨髓间充质干细胞（bone marrow mesenchymal stem cells，BMSCs），通过荧光显微镜下观察和 RT-PCR 检测确定重组质粒在山羊 BMSCs 内的表达和定位，这为进一步研究山羊 DAZL 基因功能以及下一步诱导山羊 BMSCs 体外向雄性生殖细胞发生转分化提供基础。

关键词：山羊；DAZL 基因；序列分析；真核表达；骨髓间充质干细胞

Cloning of Goat DAZL Gene and Its Expression in Goat Bone Marrow Mesenchymal Stem Cells

Zhang Yanli, Zhong Bushuai, Fan Yixuan, Zhou zhengrong,
Wang Ziyu, Ying Shijia, Guo Rong, Wang Feng

(Center of animal embryo engineering and technology, Nanjing agricultural university, Nanjing 210095, China)

Abstract: DAZL (Deleted in Azoospermia-Like), is a germ cell-specific gene and

---

* **基金项目**：转基因生物新品种培育科技重大专项（2011ZX08008-003），南京农业大学青年科技创新基金项目（NO：KJ2010012）和南京农业大学院动物科技学院人才培养基金；
** **作者简介**：张艳丽，博士，讲师，主要从事动物转基因和胚胎工程研究，E-mail: zhangyanli@ njau.edu.cn；
*** **通讯作者**：王锋，教授，博士生导师，E-mail: caeet@ njau.edu.cn

plays critical roles in germ cell development and differentiation. In this study, we amplified goat *DAZL* gene 950bp by RT-PCR from goat testis, the result of sequence analysis showed that the CDS region of the goat *DAZL* gene included 885 nucleotides (ORF), encoding for 295 amino acids, and the amino acid similarity of *DAZL* gene between goat and bovine was 97.97%, and containing typical RRM domain and DAZ repeat motif. The *DAZL* gene was then subcloned into eukaryotic express vector pEGFP-C1 to generate recombinant expression vector pEGFP-*DAZL*. We then transfected pEGFP-*DAZL* plasmid into goat bone marrow mesenchymal stem cells (BMSCs) by liposome, and its expression was identified by observation of fluorescence microscopy and RT-PCR. The present study will lay a good foundation for further study of *DAZL* gene function and promotes germ cell differentiation from goat BMSCs by *DAZL* ectopic expression.

Key words: goat; *DAZL* gene; sequence analysis; eukaryotic expression vector; BMSCs

  *DAZL*属于*DAZ*基因家族，该家族包括位于Y染色体的*DAZ*基因、位于3号常染色体的*DAZL*基因和2号常染色体的*BOULE*基因3个成员，均具有保守的RRM（RNA recognition motif，RRM）结构域和*DAZ*重复基序[1]。*DAZL*基因最早克隆于蝇类的睾丸组织[2]，是一个进化上高度保守的基因，对人、小鼠、爪蟾和蝇类等*DAZL*基因的生物学功能研究表明，*DAZL*蛋白通过RRM与mRNA结合，以多聚体的方式参与mRNA的翻译起始，是精子发生的重要调控因子[3]。*DAZL*基因在生殖细胞发育早期开始表达，在配子生成的减数分裂过程中持续存在[4]；*DAZL*基因突变或表达缺乏将导致精子发生过程减数分裂障碍和雄性不育，爪蟾的卵母细胞缺失*Xdazl*基因，将会阻止其幼虫原始生殖细胞的发生[5]；雄性小鼠*DAZL*基因的丢失会导致A型精原细胞至A1型精原细胞的发育停滞[6]；人类*DAZL*基因表达缺乏会导致成熟精子的数量和质量明显下降[7]；*DAZL*基因表达缺失的犏牛生精小管内仅有少量的1~2层精原细胞，初级精母细胞稀少，且形态异常，无精子细胞及精子[8]。因此，可以看出*DAZL*基因在脊椎动物亚门各物种间的功能相似，是配子发生过程中的重要调控因子。但目前关于*DAZL*基因的研究主要集中在人类和模式动物中，国内外尚未见山羊*DAZL*基因的相关报道。近年来已有多篇关于通过异位过表达*DAZL*基因诱导人和小鼠胚胎干细胞分化为生殖细胞的报道，这为研究生殖细胞的发育提供了极为有利的工具[9-11]。但是胚胎干细胞自身建系困难，且需要大量卵母细胞及存在伦理争议等问题，必然使其作为种子细胞分化为生殖细胞的研究受到限制。由于骨髓间充质干细胞取材相对方便，且具有胚胎干细胞相似的多向分化潜能，是目前用于诱导分化为生殖细胞的研究热点[12-14]。鉴于此，本研究拟采用PCR扩增和克隆测序获得山羊*DAZL*基因编码区序列，并利用生物信息学方法分析山羊*DAZL*的序列以及与其他物种*DAZL*基因间的进化关系，然后构建山羊*DAZL*基因真核表达质粒，在脂质体介导下将其转染山羊骨髓间充质干细胞，并观察记录其表达情况，为进一步研究*DAZL*基因的功能和下一步诱导山羊BMSCs体外向雄性生殖细胞发生分化的研究提供基础。

1 材料与方法

1.1 材料

山羊睾丸组织由江苏金盛山羊繁育技术发展有限公司提供。载体 pEGFP-C1、菌株 JM109 均为本实验室保存。LA Taq 酶、pMD19-T 载体、T4 DNA 连接酶、DNA marker 和各种限制性内切酶购自 TaKaRa 公司，DNA 凝胶回收试剂盒和小量质粒提取试剂盒购自 Axygen 公司；无内毒素质粒提取试剂盒购自 Omega 公司。

细胞基本培养基（L-DMEM）、胎牛血清、胰蛋白酶、L-谷氨酰胺、丙酮酸钠、青霉素、链霉素均购自 Gibco 公司；Trizol 试剂、反转录试剂和 Lipofectamine LTX 转染试剂购自 In-vitrogen 公司。引物合成和基因测序由上海英骏生物技术有限公司完成。

1.2 方法

1.2.1 DAZL cDNA 的扩增与克隆

根据已发表牛 DAZL 基因 mRNA 序列（GenBank Accession No. NM_001081725.1），设计合成 1 对引物，引物 5'端设计了酶切位点，上游引物 Dazl-F：5'-CCGGAATTCGTGAA-CACTGGCTGTCGC-3'（下划线处为 EcoR I 酶切位点），下游引物 Dazl-R：5'-CGGATC-CCCTGTGACTTCCTATGAGACTAG-3'（下划线处为 BamH I 酶切位点）。利用 Trizol 试剂，通过氯仿抽提、异丙醇沉淀法制备山羊睾丸组织总 RNA，经反转录得到 cDNA，以 Dazl-F 和 Dazl-R 为引物进行 PCR 反应。反应条件为：94℃预变性 5min；94℃变性 45s，63℃退火 30s，72℃延伸 60s，30 个循环；72℃再延伸 10min。预期 PCR 产物长度应为 966bp。

1.2.2 pMD19-T 载体克隆与测序

PCR 产物经快速回收，回收产物（目的片段）和 pMD19-T 载体在 T4 DNA 连接酶作用下于 16℃连接。将连接产物转化感受态菌 JM109，菌液与 IPTG 和 X-gal 按比例混匀后涂布于含 100μg/mL 氨苄青霉素的 LB 平皿上筛选，挑取大小均匀的白斑摇菌，按照质粒抽提试剂盒说明书小量提取质粒，经 EcoR I 与 BamH I 双酶切鉴定，将获得的阳性克隆质粒（命名为 pMD-DAZL），送上海英骏生物技术有限公司测序。用 NCBI 在线工具 Blast 对所克隆 DAZL 基因序列与 GenBank 中其他物种的序列进行同源性比较分析。

1.2.3 pEGFP-DAZL 真核表达载体的构建

将载体质粒 pEGFP-C1 和测序正确的质粒 pMD-DAZL 用内切酶 EcoR I 与 BamH I 进行双酶切，琼脂糖凝胶电泳，回收载体质粒 pEGFP-C1 和 DAZL 基因片段，T4 DNA 连接酶连接过夜，连接产物转化大肠杆菌 JM109，经含卡那霉素（60μg/mL）的 LB 平皿培养筛选克隆、提取质粒后，用 EcoR I 与 BamH I 双酶切鉴定，再送公司测序。测序正确的菌株于 37℃扩增摇菌 100mL，利用无内毒素质粒试剂盒提取重组表达载体阳性质粒（命名为 pEGFP-DAZL），测定其核酸浓度备用。

1.2.4 山羊骨髓间充质干细胞的分离培养与扩增

取 1 月龄海门山羊快速放血致死，无菌条件下取出股骨和胫骨，剔除附着肌肉组织，置于 75% 乙醇中浸泡 10min。用灭菌钢钳剪除两侧骨骺端，再用 L-DMEM 培养基反复冲洗骨髓腔，收集骨髓液于无菌离心管中，1 000r/min 离心 20min，取沉淀，用含有 20% 胎牛血清的

L-DMEM 培养液重悬，轻轻吹打成单细胞悬液。将 5mL 细胞悬液接种于 25cm² 底面积的培养瓶，置 37℃、5% CO_2 培养箱内培养，3d 后更换培养液，倒置显微镜下观察细胞形态。待原代细胞接近 90% 融合时，用 0.25% 胰酶消化，按 1∶3 传代，一部分继续培养，另一部分按常规方法置于液氮中保存备用。取冻存前后的第 3 代 BMSCs，按 2×10^4 个/mL 的细胞密度分别接种于 24 孔培养板中，细胞每天各取 3 个孔进行计数，连续计数 7d。以培养时间为横坐标，细胞数为纵坐标绘制生长曲线。

1.2.5 重组质粒 pEGFP-DAZL 导入山羊骨髓间充质干细胞

转染前 2d，将山羊骨髓间充质干细胞接种至 6 孔板中，培养液为含 15% 胎牛血清，不含青霉素、链霉素的 L-DMEM。当细胞汇片达 80%～90% 时，严格按照 Lipofectamine LTX 转染试剂说明书的方法将重组质粒 pEGFP-DAZL 及空载体 pEGFP-C1 导入山羊 BMSCs，转染 6h 后换为含 15% 胎牛血清，青霉素、链霉素各 100 U/mL 的 L-DMEM。

1.2.6 RT-PCR 检测山羊 DAZL 基因表达

转染 24h 后荧光显微镜观察上述转染的山羊 BMSCs，48h 后用 Trizol 试剂提取山羊 BMSCs 总 RNA，再反转录成 cDNA 第一链，以此为模板，用 Dazl-F/R 引物进行 PCR 扩增。反应条件为：94℃ 预变性 5min；94℃ 变性 30s，63℃ 退火 30s，72℃ 延伸 60s，30 个循环；72℃ 延伸 10min。扩增产物经 1% 琼脂糖凝胶电泳，用凝胶成像系统观察结果。

2 结果

2.1 山羊 DAZL 基因 cDNA 的扩增

以山羊睾丸组织 cDNA 为模板，用 Dazl-F 和 Dazl-R 为引物进行 PCR 扩增，扩增产物经 1.0% 琼脂糖凝胶电泳分析，显示为单一条带，大小约为 1.0kb，与预期大小 966bp 基本一

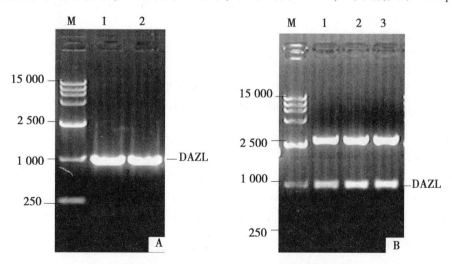

图 1 RT-PCR 扩增 DAZL 基因（A）及 pMD-DAZL 载体双酶切鉴定（B）
Fig. 1 A. *DAZL* gene amplified by RT-PCR. M：DNA marker；1，2：*DAZL* gene.
B. Identification of recombinant plasmid using restriction endonuclease digestion.
M：DNA marker；1，2，3：pMD-*DAZL* digested with *Eco*R I 与 *Bam*H I

致（图 1.A）。将 PCR 产物克隆到 pMD19-T 载体上，获得重组质粒 pMD-DAZL。由于特异性

扩增引物 Dazl-F 和 Dazl-R 两端设计了酶切位点，故采用 *EcoR* I 与 *BamH* I 对 pMD-*DAZL* 进行双酶切鉴定目的片段是否正确插入，双酶切后片段大小分别为 2 692bp 和 966bp，与预期结果相符（图 1. B）。

2.2 *DAZL* 基因序列分析结果

序列经 GeneBank Blast 比对分析，得到山羊 *DAZL* 基因 cDNA 序列950bp，进一步分析表明该序列含有 885bp 的完整开放阅读框（ORF），编码 295 个氨基酸，蛋白质分子量为 33.01kD。山羊 *DAZL* 基因 CDS 区及编码的氨基酸与 GeneBank 上公布的长尾猴、大鼠、黑猩猩、牛、普通狨、人、小鼠和小嘴狐猴等八种的序列相似度见表1。山羊与牛 *DAZL* 基因的序列相似度最高，为 97.30%；而与人、小鼠和大鼠的 *DAZL* 基因相似性分别为 92.34%、89.74% 和 84.73%。用 MEGA4.0 构建系统进化树，结果见图2。编码区编码的产物含有典型的 RRM 结构域、DAZ 重复基序，同时在 N 端还具有高度保守的 PABP 作用位点和 Pumilio-2 作用位点（图3），这说明哺乳动物的 *DAZL* 基因在进化上是高度保守的。

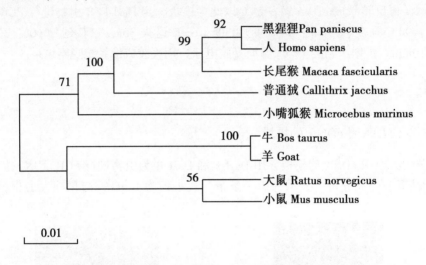

图 2　*DAZL* 蛋白水平系统进化树
Fig. 2　The phylogenetic trees of *DAZL* protein

2.3 pEGFP-*DAZL* 重组质粒的构建与鉴定

重组质粒 pEGFP-*DAZL*（图 4. A）分别经 *EcoR* I、*BamH* I 双酶切和 PCR，结果表明所插入的基因大小和方向均正确无误。*EcoR* I、*BamH*I 双酶切后可得到 4.7kb 和 966bp 的条带，利用 PCR 扩增重组质粒可得到 966bp 的特异性目的条带（图 4. B）。说明本研究构建的 pEGFP-*DAZL* 重组质粒是成功的。

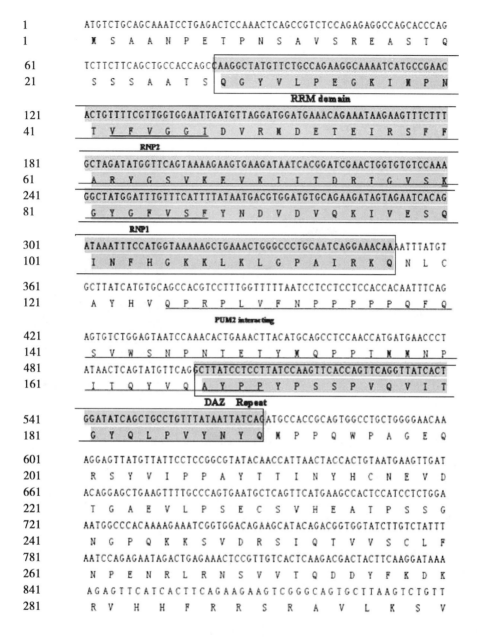

图3 山羊 *DAZL* 基因 cDNA 核苷酸序列及氨基酸序列

Fig. 3 Nucleotide and amino acid sequence of *DAZL*

表1 山羊与其他物种 *DAZL* 编码区序列和氨基酸相似度

Table 1 The similarity between *DAZL* CDS of goat and other species

物种	碱基序列相似度/%	氨基酸序列相似度/%
牛	97.30	97.97
小嘴狐猴	93.83	95.95
人	92.34	92.54

（续表）

物种	碱基序列相似度/%	氨基酸序列相似度/%
黑猩猩	92.23	92.54
长尾猴	92.00	92.54
普通狨	91.25	91.55
小鼠	89.74	92.28
大鼠	84.73	86.58

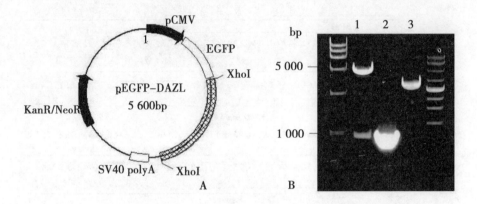

图4　pEGFP-*DAZL* 载体结构图（A）及重组质粒（B）的鉴定

Fig. 4　A. Schematic structure of expression vector pEGFP-*DAZL*

B. Identification of recombinant pEGFP-*DAZL* plasmid by endonuclease and PCR

1. pEGFP-*DAZL* plasmid digested with *EcoR* I、*BamH* I；

2. *DAZL* gene amplified from pEGFP-*DAZL* plasmid by PCR；3：pEGFP-*DAZL* plasmid.

2.4　山羊骨髓间充质干细胞的培养扩增

倒置相差显微镜观察发现，原代培养的山羊 BMSCs 混有大量红细胞，甚至掩盖已贴壁的 BMSCs，但红细胞随着换液可被逐步清除，原代细胞培养至 8~10d，细胞融合度达 90%，大多呈成纤维样生长（图 5.A）。随着代数的增加，悬浮的圆形细胞逐步减少，传至 3~4 代贴壁细胞形态较均一，大部分呈梭形，细胞突起增长增粗，彼此联系，细胞排列成旋涡状（图 5.B）。由图 5.C 可知，冷冻保存后的 F3 代山羊 BMSCs 仍然保持正常细胞的生长规律，培养 1~3d 时生长缓慢，3d 后生长开始加快，进入对数生长期，持续 3d 左右后生长速度开始趋于平缓，但是增殖速度比冻存前的 F3 代 BMSCs 慢，而且潜伏期较冻存前细胞略长。

2.5　荧光显微镜观察山羊 BMSCs 中 *EGFP* 基因的表达

将验证正确的重组质粒 pEGFP-*DAZL* 转染山羊 BMSCs，转染后 24 h，在荧光显微镜下可观察到山羊 BMSCs 表达绿色荧光蛋白，该蛋白在细胞核和细胞质内均有表达，呈高丰度的绿色荧光，这也进一步验证了所构建的表达载体的正确性（图6）。

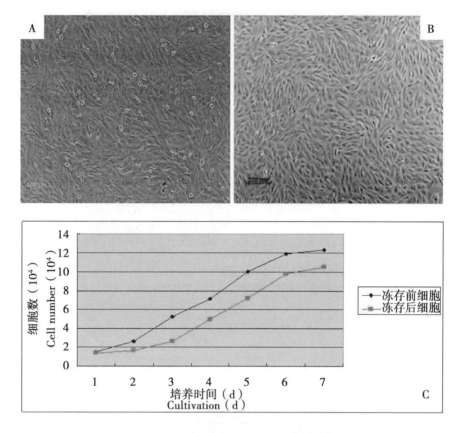

图 5 山羊 BMSCs 的体外培养扩增（100×）和冻存前后的生长曲线

Fig. 5 goat MSCs were cultivated and expanded in vitro（100×）

（A）Primary cells show different morphology with extend multiple processes；
（B）Passaged cells show spindle shaped fibroblast-like morphology；（C）Growth curves of goat BMSCs after cryopreservation

2.6 DAZL 基因真核表达载体转染山羊 BMSCs 的结果

山羊 BMSCs 转染 48 h 后，采用 RT-PCR 方法对外源 DAZL 基因表达情况的检测结果显示，转染 pEGFP-DAZL 后的山羊 BMSCs 中，能扩增出 966bp 的特异性片段，而转染空载体 pEGFP-C1 的对照组未扩增出目的片段，说明转染 pEGFP-DAZL 之后外源 DAZL 可以获得良好的转录（图 7）。

3 讨论

不同物种间 DAZL 基因序列具有高度的同源相似性，参与调控生殖细胞的发育和分化[15-17]。人 DAZL 基因的编码蛋白由 295 个氨基酸组成，在氨基酸链 32～117 处有一个 RNA 结合域，在 167～190 处有 DAZ 重复[18]；小鼠 DAZL 基因的编码蛋白由 298 个氨基酸组成，在氨基酸链 40～115、167～190 处有一个 RNA 结合域和一个 DAZ 重复[19]；牦牛 DAZL 基因编码区全长 885bp，编码 295 个氨基酸，在氨基酸链 28～117、157～190 处有一个 RNA 结合域和一个 DAZ 重复[20]。本研究序列结构的分析结果表明：山羊 DAZL 基因含有 885bp

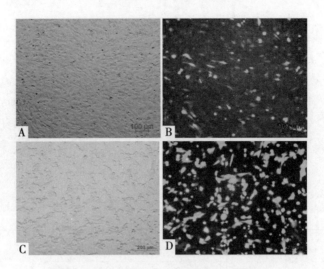

图 6 pEGFP-*DAZL* 和 pEGFP-C1 质粒和
转染山羊 BMSCs 的荧光检测 (100×)

Fig. 6 Detection of expression of pEGFP-*DAZL* in the goat BMSCs cells
under fluorescent microscope (100×)

(A, B) goat BMSCs transfected with pEGFP-*DAZL*; (C, D) goat BMSCs transfected wiith pEGFP-C1.

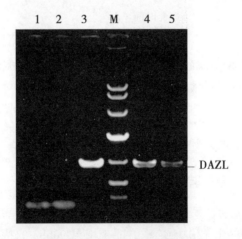

图 7 山羊 BMSCs 细胞中 *DAZL* 基因 mRNA 的检测
Fig. 7 RT-PCR analysis of *DAZL* mRNA in
transfected goat BMSCs

M: DNA marker; 1~2: goat BMSCs transfected with pEGFP-C1 (control);
3~5: goat BMSCs transfected with pEGFP-*DAZL*.

的完整开放阅读框 (ORF), 编码 295 个氨基酸, 含有 DAZ 基因家族所具有的典型 RNA 结合域和 DAZ 重复基序, 并且其氨基酸序列与牛的具有高度同源性, 为 97.97%。与其他哺乳动物小鼠、大鼠、黑猩猩、小嘴狐猴的同源性为 86%~96%。山羊与其他物种 *DAZL* 基因在序列上的高度同源性、结构上的高度一致性, 预示与其他物种 *DAZL* 基因功能相似, 即在山羊生殖细胞的发生过程中发挥重要的作用。

家畜优良性状的遗传都要通过生殖细胞来实现，因此，生殖细胞的基因调控也就成为当前动物生殖生物学研究的热点和难点之一。然而迄今为止，我们对生殖细胞发育和分化的了解还知之甚少，而干细胞在体外可以诱导分化为生殖细胞，这为研究生殖细胞的发育提供了有利的工具。Kee 等[8]将 DAZL、DAZ、BOULE 基因导入人胚胎干细胞诱导其体外向生殖细胞分化，并成功得到了单倍体细胞。Yu 等[9]将小鼠胚胎干细胞单独过表达 DAZL 基因，成功地促进了干细胞分化为精子样和卵子样细胞。这势必为研究生殖细胞的基因调控提供了新的思路。Haston 等[10]的研究结果也显示，DAZL 基因可能在体内生殖细胞多能性的维持、基因印记的擦除和重塑、生殖细胞减数分裂启动以及胚胎干细胞体外向生殖细胞的分化过程中都起着关键的调控作用。但是，家畜胚胎干细胞建系困难，这使其作为种子细胞分化为生殖细胞的研究受到限制。

骨髓间充质干细胞是一群存在于骨髓中具有不断增殖和自我更新能力的成体干细胞，在人、小鼠、大鼠、兔和猪等物种中的研究都已经证明了该类干细胞具有体外分化为多种细胞表型的能力，而且 BMSCs 具有来源充足、培养成活率高、易于外源基因的转染和表达等优点，是诱导分化为生殖细胞的种子细胞[21,22]。本研究采用全骨髓法成功分离得到山羊 BMSCs，操作简便、快速，且细胞增殖速度较快，经换液传代 2~3 代后，获得了纯度较高的山羊 BMSCs；而且在后期的转基因操作过程中，我们发现山羊 BMSCs 具有较高的转染效率，可达 67.91%。近几年，已有多篇关于 BMSCs 体外诱导条件下分化为雄性生殖细胞的报道，但是目前主要采用维甲酸（RA）诱导 BMSCs 向生殖细胞分化，其分化效率较低，且诱导分化机制尚不清楚。近期许多研究表明，通过人为调控细胞分化的某些关键基因的表达，可以引起其向特定的细胞表型转分化[23,24]。因此，可以尝试利用 DAZL 基因的异位过表达法诱导山羊 BMSCs 体外向雄性生殖细胞分化，但是，目前尚未见相关报道，还有待进一步研究。

因此，本研究将 DAZL cDNA 序列克隆到 pEGFP-C1 真核表达载体中，构建了 DAZL 基因真核表达载体，通过观察绿色荧光蛋白可对目标基因的表达进行实时观测，从侧面反映出 DAZL 蛋白的表达。我们将 pEGFP-DAZL 重组质粒转染到山羊 BMSCs 中，可以看到载体上带有的绿色荧光蛋白顺利表达，并通过 RT-PCR 证实了 DAZL 基因在转染的山羊 BMSCs 中获得了良好的转录，这为进一步研究山羊 DAZL 基因功能以及下一步通过异位表达 DAZL 基因诱导山羊 BMSCs 体外转分化为雄性生殖细胞的研究奠定了基础。

参考文献

[1] Xu E Y, Moore F L, Pera R A. A gene family required f or human germ cell development evolved from an ancient meiotic gene conserved in metazoans [J]. PNAS, 2001, 98 (13): 7 414 – 7 419.

[2] Eberhart C G, Maines J Z, Was serman S A. Meiotic cell cycle requirement for a fly homologue of human deleted in Azoospermia [J]. Nature, 1996, 381 (6585): 783 – 785.

[3] Reijo R A, Dorfman D M, Slee R, et al. DAZ family proteins exist throughout male germ cell development and transit from nucleus to cytoplasm at meiosis in humans and mice [J]. Biol Reprod, 2000, 63 (5): 1 490 – 1 496.

[4] Eberhart C G, Maines J Z, Wasserman S A. Meiotic cell cycle requirement for a fly homologue of human deleted in Azoospermia [J]. Nature, 1996, 381 (6585): 783 – 785.

[5] Houston D W, King M L. A critical role for Xdazl, a germ plasmlocalized RNA in the differentiation of primordial germ cells in Xenopus [J]. Development, 2000, 127 (3): 447 – 456.

[6] Schrans-Stassen B H, Saunders P T, et al. Nature of the sperma-togenic arrest in Dazl-/-mice [J]. Biol. Reprod. 2001, 65: 771 – 776.

[7] Vogel T, Speed RM, Ross A, et al. Partial rescue of the DAZL knockout mouse by the human DAZL gene [J]. Mol

Hum Reprod, 2002, 8 (9): 797-804.

[8] 张庆波, 李齐发, 李家瑱, 等. 牛精子发生相关新基因 b-*DAZL* 的克隆、生物信息学分析与组织表达研究 [J]. 自然科学进展, 2008, 18 (5): 493-504.

[9] Kee K, Angeles V T, Flores M, et al. Human *DAZ*, DAZ and BOULE genes modulate primordial germ-cell and haploid gamete formation [J]. Nature, 2009, 462: 222-225.

[10] Yu Z, Ji P, Cao J, et al. Dazl promotes germ cell differentiation from embryonic stem cells [J]. J Mol Cell Biol, 2009, 1 (2): 93-103.

[11] Haston K M, Tung J Y, Reijo Pera R A. Dazl functions in maintenance of pluripotency and genetic and epigenetic programs of differentiation in mouse primordial germ cells in vivo and in vitro [J]. PLoS One, 2009, 4 (5): e5654.

[12] Nayernia K, Lee J H, Drusenheimer N, et al. Derivation of male germ cells from bone marrow stem cells [J]. Lab Invest. 2006, 86 (7): 654-63.

[13] Lue Y, Erkkila K, Liu P Y, et al. Fate of bone marrow stem cells transplanted into the testis: potential implication for men with testicular failure [J]. Am J Pathol. 2007, 170 (3): 899-908.

[14] Drusenheimer N, Wulf G, Nolte J, et al. Putative human male germ cells from bone marrow stem cells [J]. Soc Reprod Fertil Suppl, 2007, 63: 69-76.

[15] Houston D W, Zhang J, Maines J Z, et al. A Xenopus DAZ-like gene encodes an RNA component of germ plasm and is a functional homologue of Drosophila boule [J]. Development, 1998, 125 (2): 171-180.

[16] Yen P H. Putative biological functions of the DAZ family [J]. Intl J Andro, 2004, 27 (3): 125-129.

[17] Linher K, Cheung Q, Baker P, et al. An epigenetic mechanism regulates germ cell specific expression of the porcine Deleted in Azoospermia-Like (*DAZL*) gene [J]. Differentiation, 2009, 77 (4): 335-3 497.

[18] Yen P H, ChaiN N, Salido E C. The human autosomal gene DAZLA: testis specificity and a candidate for male infertility [J]. Hum Mol Genet, 1996, 5 (12): 2 013-2 017.

[19] Maiwald R, Luche R M, Epstein C J. Isolation of a mouse homolog of the human DAZ (Deleted in Azoospermia) gene [J]. Mamm Genome, 1996, 7 (8): 628.

[20] 李新福, 谢元澄, 张庆波, 等. 牦牛 *DAZL* 基因编码区的克隆和序列特征与进化分析 [J]. 南京农业大学学报, 2010, 33 (3): 109-114.

[21] Porada C D, Zanjani E D, Almeida-Porad G. Adult mesenchymal stem cells: a pluripotent population with multiple applications [J]. Curr Stem Cell Res Ther, 2006, 1 (3): 365-369.

[22] Rho G J, Kumar B M, Balasubramanian SS. Porcine mesenchymal stem cells-current technological status and future perspective [J]. Front Biosci. 2009, 1 (14): 3 942-3 961.

[23] Ieda M, Fu J D, Delgado-Olguin P et al. Direct reprogramming of fibroblasts into functional cardiomyocytes by defined factors [J]. Cell, 2010, 142 (3): 375-386.

[24] Vierbuchen T, Ostermeier A, Pang Z P et al. Direct conversion of fibroblasts to functional neurons by defined factors [J]. Nature, 2010, 463 (7284): 1 035-1 041.

原文发表于《南京农业大学学报》, 2012, 35 (6): 104-110.

miRNA 介导山羊胎儿成纤细胞 MSTN 基因沉默的研究[*]

钟部帅[1,2**]，张艳丽[1,2] 闫益波[1]，王子玉[1]，
应诗家[2]，黄明睿[1]，王 锋[1,2***]

(1. 江苏省家畜胚胎工程实验室，南京 210095；
2. 江苏省肉羊产业工程技术研究中心，南京 210095)

摘 要：Myostatin（MSTN）是肌肉的负调控因子，对成肌细胞的增殖和分化都有抑制作用。MSTN 天然突变，以及基因工程手段敲除或敲低其表达，都会导致其功能失活，进而使哺乳动物的肌肉量增加，小 RNA（miRNA）介导的 RNA 干扰（RNAi）是一种非常有效的基因失活技术。本研究设计了 4 条 miRNA，在 293T 细胞中筛选到了干扰效率最高的两条。miRNA 在山羊胎儿成纤维细胞（CFF）瞬时转染可以使 MSTN mRNA 表达量下降 84%，稳定转染可以使 mRNA 表达量降低 31%。通过对 CFF 细胞干扰素（IFN）诱导基因 IFN-β 和 OAS2 检测，发现相对于瞬时转染，稳定转染可以显著降低 miRNA 的脱靶效应。综上所述，利用特异 miRNA 稳定转染干扰 MSTN 表达是一种非常有前景的提高转基因山羊肌肉量的方法。

关键词：miRNA；MSTN；成纤维细胞；山羊；基因沉默

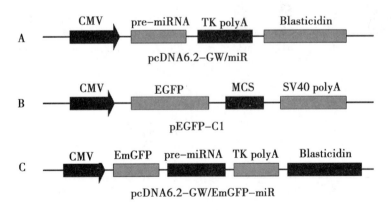

图 1 本研究中用到的 3 种载体

（A，C）miRNA 表达载体 pcDNA6.2-GW/miR 和 pcDNA-GW/EmGFP-miR 示意图。（B）pEGFP-C1 过表达载体示意图

---

[*] 项目资助：高产优质转基因肉羊新品种培育（2013ZX08008-003），国家科技支撑计划（2011BAD19B02），国家自然科学基金（31272443）；
[**] 作者简介：钟部帅，博士研究生；
[***] 通讯作者：王锋，教授，博士生导师，主要从事动物胚胎工程研究，E-mail：caeet@njau.edu.cn

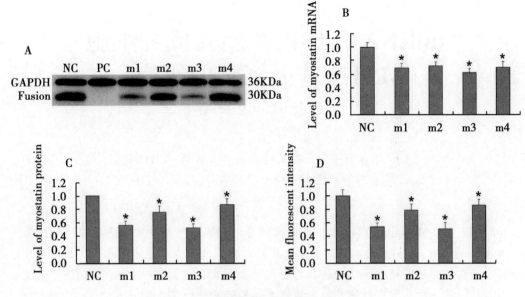

图2 293FT 细胞中筛选最优 miRNA.

四条 pD-miRNAs 分别与 C1-MSTN 共转于 293FT 细胞后，Western blot 定量 MSTN 蛋白表达（A，C），RT-PCR 定量 MSTN mRNA 表达（B），荧光强度定量 MSTN 蛋白表达（D）

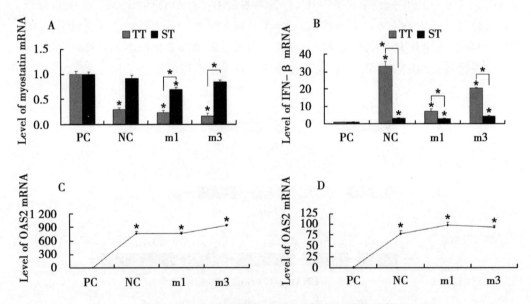

图3 CFFs 细胞中敲除 *MSTN* 以及 IFN 诱导反应

两条 miRNA 质粒瞬时转染（A～C）和稳定转染（A，B，D）CFFs 细胞后，RT-PCR 定量 *MSTN* 基因表达和 IFN 诱导基因（B～D）表达

原文发表于《PLOS One》，2014，9（9），e107071.

体细胞核移植方法制备 Myostatin 基因打靶山羊*

周峥嵘**，钟部帅，贾若欣，万永杰，张艳丽，
樊懿萱，王立中，游济豪，王子玉，王　锋***

（南京农业大学动物胚胎工程技术中心，南京　210095）

摘　要：Myostatin 是转化生长因子 β 家族的成员之一，对骨骼肌的生长具有负调控作用。本试验对山羊耳成纤维细胞进行 Myostatin 打靶载体转染，利用获得的阳性转基因细胞作为供体细胞，通过体细胞核移植（SCNT）的方法生产 Myostatin 打靶转基因山羊。首先，将制备好的 Myostatin 打靶载体通过脂质体共转染到 2 月龄的黄淮山羊耳成纤维细胞中。对获得的转基因细胞进行血清饥饿处理 3 天，结果发现 G0/G1 期细胞比例显著高于没有血清饥饿的转基因细胞（82.9% vs 66.2%，$P<0.05$），但是没有发现细胞凋亡率和线粒体膜电位产生明显变化（$P>0.05$）。另外，本试验分析了体内和体外成熟来源的卵母细胞作为胞质受体的差异，结果发现两种来源的卵母细胞在融合率（86.5% vs 78.4%）、妊娠率（21.6% vs 16.7%）和产羔率（2.7% vs 0%）方面都没有显著差异（$P>0.05$）。不过，体内来源的卵母细胞最终获得 1 只克隆羊，但是羔羊出生后 2h 死亡。对所获得的克隆山羊进行微卫星和 PCR 分析，证实了其基因遗传上来源于供体细胞，Western blot 检测也发现获得的转基因克隆山羊 Myostatin 蛋白表达量非常低。综上所述，本试验利用 SCNT 和基因打靶技术成功生产出 1 只 Myostatin 打靶克隆山羊，优化了 Myostatin 打靶克隆山羊生产体系，为优良肉用山羊培育提供了理论参考。

关键词：Myostatin；SCNT；血清饥饿；山羊

---

* 项目资助：高产优质转基因肉羊新品种培育（2011ZX08008-003、2009ZX08008-006B）；
** 作者简介：周峥嵘，博士研究生；
*** 通讯作者：王锋，教授，博士生导师，主要从事动物胚胎工程研究，E-mail：caeet@njau.edu.cn

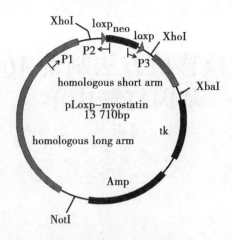

图1 *Myostatin* 打靶载体

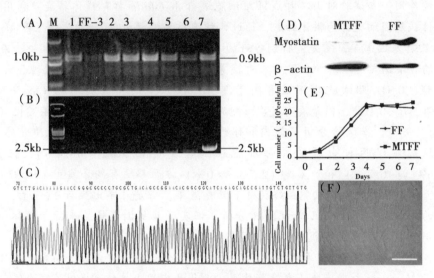

图2 *Myostatin* 打靶山羊成纤维细胞的观察和鉴定

A 和 B：细胞克隆的 PCR 鉴定；C：7 号细胞克隆的同源短臂 DNA 测序；
D：Myostatin 蛋白在转基因细胞（MTFF）和非转基因细胞（FF）中的表达；
E：转基因细胞生长曲线；F：转基因细胞形态。标尺 = 100μm

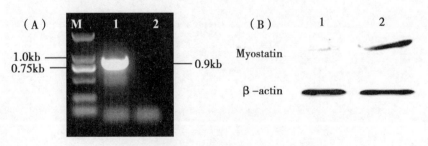

图3 克隆羊的 PCR 和 Western blot 鉴定

A：Myostatin 基因鉴定；B：Myostatin 蛋白鉴定
1：克隆羊；2：非转基因羊；M：DL2000DNA 分子量标准

原文发表于《Theriogenology》，2013，Jan 15；79（2）：225-233.

Scd1 乳腺特异性表达载体构建及在奶山羊耳成纤维细胞过表达的研究

王立中[**],游济豪,钟部帅,任才芳,张艳丽,
孟 立,张国敏,贾若欣,应诗家,王 锋[***]

(南京农业大学江苏省家畜胚胎工程实验室,南京 210095)

摘 要:硬脂酰辅酶 A 去饱和酶 1(Stearoyl-CoA desaturase-1, *Scd1*)是单不饱和脂肪酸合成过程的限速酶。若提高乳腺中 SCD1 蛋白的表达量或活性,可以有效地增加乳中不饱和脂肪酸的含量,并降低饱和脂肪酸的含量。本试验旨在构建 *Scd1* 基因乳腺特异性表达载体并验证该载体的有效性,为转 *Scd1* 基因奶山羊的制备提供有效载体。首先,采用 RT-PCR 法从泌乳期萨能奶山羊乳腺组织中扩增得到 *Scd1* 基因编码区全序列,并克隆至 pMD 19-T 载体上,构建 pMD-SCD1 载体,测序分析 *Scd1* 基因的序列。其次,构建 *Scd1* 基因的真核表达载体 pSCD1-EGFP,转染奶山羊耳成纤维细胞,气相色谱法分析 SCD1 蛋白对细胞脂肪酸组成的影响。最后,将鉴定正确的 pBC1-SCD1-LNIE 载体,采用脂质体介导法转染奶山羊乳腺上皮细胞,经催乳素诱导培养,qRT-PCR 和 Western blot 法检测 *Scd1* 基因的表达,验证载体的有效性。测序结果显示:所获得的 *Scd1* 基因 CDS 区序列与 Gene Bank 公布的序列同源性为 100%;脂肪酸分析结果显示:过表达 *Scd1* 基因后,显著提高了细胞内棕榈油酸(C16:1 n-7, $1.73 \pm 0.02\%$ vs. $2.54 \pm 0.02\%$, $P < 0.01$)和油酸(C18:1 n-9, $27.25 \pm 0.13\%$ vs. $30.37 \pm 0.04\%$, $P < 0.01$)的含量;qRT-PCR 结果显示,*Scd1* 转染组中 *Scd1* 基因的 mRNA 表达量是对照组的 14.1 倍;Western blot 结果显示,*Scd1* 转染组中 SCD1 蛋白的表达量是对照组的 7 倍。本试验成功构建了 *Scd1* 基因乳腺特异性表达载体,并证实该载体能够在乳腺上皮细胞中诱导表达。为后续转 *Scd1* 基因克隆奶山羊供体细胞的制备及富含不饱和脂肪酸羊乳的生产奠定了基础。

关键词:硬脂酰辅酶 A 去饱和酶 1;脂肪酸;乳腺特异性表达载体;耳成纤维细胞;乳腺上皮细胞;奶山羊

---

[*] 项目资助:生物新品种培育重大专项(2013ZX08008-004,2013ZX08008-003);中央高校基础研究基因(KYZ201211);
[**] 作者简介:王立中,博士研究生;
[***] 通讯作者:王锋,教授,博士生导师,主要从事动物胚胎工程研究,E-mail:caeet@njau.edu.cn

表1　奶山羊耳成纤维细胞中部分脂肪酸的组成

脂肪酸组成	奶山羊耳成纤维细胞（GEFCs）	
	对照组	转染组
C16:0	17.98 ± 0.37	17.84 ± 0.25
C18:0	13.01 ± 0.19	11.26 ± 0.08**
C16:1n-7	1.73 ± 0.02	2.54 ± 0.02**
C18:1n-9	27.25 ± 0.13	30.37 ± 0.04**
c9, t11-CLA	0.09 ± 0.02	0.11 ± 0.00
t10, c12-CLA	0.24 ± 0.01	0.42 ± 0.01**
C16:1n-7/C16:0	0.10 ± 0.00	0.14 ± 0.00**
C18:1n-9/C18:0	2.09 ± 0.04	2.70 ± 0.02**
MUFAs	40.31 ± 0.52	43.10 ± 0.01**
SFAs	31.28 ± 0.45	29.41 ± 0.33*

注：脂肪酸含量由其占细胞中总脂肪酸的百分含量表示，单不饱和脂肪酸由C16:1、C18:1和C20:1组成；饱和脂肪酸由C16:0、C18:0和C12:0组成，* $P<0.05$，** $P<0.01$

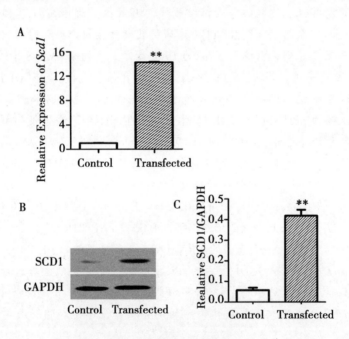

图1　Scd1基因的诱导表达

GMECs分别转染pBC1-LNIE和pBC1-SCD1-LNIE，诱导培养48 h。（A）Gapdh作为内参基因，qRT-PCR法检测Scd1基因mRNA的表达水平，** $P<0.01$；（B）Western blot法检测细胞中SCD1蛋白的表达情况；（C）GAPDH作为内参蛋白，使用IPP 6.0软件进行灰度分析SCD1蛋白的相对表达量，** $P<0.01$

原文发表于《Biochemical and Biophysical Research Communications》，2014，443：389-394.

奶山羊乳腺上皮细胞的分离培养及荧光报告系统的建立[*]

王立中[**]，任才芳，游济豪，樊懿萱，万永杰，
张艳丽，王　锋[***]，黄明睿[***]

（南京农业大学江苏省家畜胚胎工程实验室，江苏省肉羊产业
工程技术研究中心，南京　210095）

摘　要：保留乳腺分泌特性的奶山羊乳腺上皮细胞是研究乳腺发育、分化、退化以及乳腺生物反应器的理想模型。本试验旨在分离培养奶山羊乳腺上皮细胞、优化细胞培养条件并建立一种更加简便、有效地检测乳腺上皮细胞分泌功能的荧光报告系统。首先，将 EGFP 基因编码区序列插入到含有山羊 β-酪蛋白基因启动子的 pBC1 载体中，构建绿色荧光蛋白报告载体 pBC1-EGFP，脂质体介导法转染奶山羊乳腺上皮细胞，采用 RT-PCR 法和荧光观察法分别在 RNA 水平和蛋白水平检测 EGFP 的表达。其次，为验证荧光报告系统的有效性，采用免疫荧光法和 Western blot 法分别检测乳腺上皮细胞的纯度和分泌特性。结果显示，分离纯化的乳腺上皮细胞生长状态良好，细胞形态呈鹅卵型；EGFP 基因能够在乳腺上皮细胞中诱导表达；在乳腺上皮细胞中，细胞角蛋白 18 强表达，波形蛋白有微弱表达；乳腺上皮细胞能够合成 β-酪蛋白。以上结果表明：①分离、纯化的奶山羊乳腺上皮细胞具有分泌功能，可以作为后续试验的细胞模型；②β-酪蛋白启动子驱动的绿色荧光蛋白报告系统，可以有效地检测乳腺上皮细胞的分泌功能，为今后鉴定乳腺上皮细胞分泌特性提供了一种简便、有效的荧光报告系统。

关键词：β-酪蛋白启动子；EGFP；乳腺上皮细胞；奶山羊

---

[*] 项目资助：生物新品种培育重大专项（2014ZX08008-004，2014ZX08008-003）；中央高校基础研究基因（KYZ201211）；

[**] 作者简介：王立中，博士研究生；

[***] 通讯作者：王锋，教授，博士生导师，主要从事动物胚胎工程研究，E-mail：caeet@njau.edu.cn
　　　　　　黄明睿，副编审，主要从事肉羊繁育研究及畜牧兽医技术推广，E-mail：hmr@njau.edu.cn

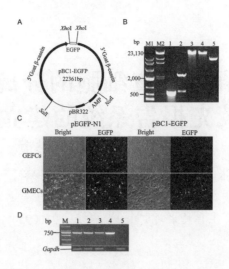

图1 pBC1-EGFP报告载体的构建及诱导表达

（A）pBC1-EGFP载体的示意图；（B）XhoI酶切鉴定pBC1-EGFP载体，M1：DL10,000 DNA Marke，M2：λ-HindⅢ digest DNA Marker，泳道1：扩增的EGFP片段（729bp），泳道2~4：XhoI分别酶切pMD-EGFP、pBC1和pBC1-EGFP，泳道5：pBC1-EGFP质粒；（C）转染后诱导培养48h观察细胞中EGFP的荧光表达（×100）；（D）RT-PCR法分析细胞中EGFP的表达情况，M：DL2,000 DNA Marker，泳道1~3：转染的乳腺上皮细胞，泳道4：pBC1-EGFP为模板，泳道5：转染的耳成纤维细胞，Gapdh作为内参基因

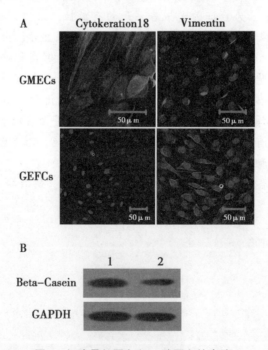

图2 细胞骨架蛋白和β-酪蛋白的表达

（A）乳腺上皮细胞和耳成纤维细胞中细胞角蛋白18和波形蛋白的免疫荧光染色（×400）；（B）Western blot法检测奶山羊乳腺上皮细胞中β-酪蛋白的表达，GAPDH为内参蛋白；泳道1：奶山羊乳腺组织的蛋白裂解液；泳道2：奶山羊乳腺上皮细胞的蛋白裂解液

原文发表于《Biochemical and Biophysical Research Communications》，2015，458：783-789.

外源 *hGCase* 基因转染对奶山羊供体细胞周期、活力和 mRNA 表达的影响[*]

张艳丽[**]，万永杰，王子玉，齐巍巍，周峥嵘，黄　荣，王　锋[***]

(南京农业大学动物胚胎工程技术中心，南京　210095)

摘　要：体细胞核移植是生产转基因山羊的有效途径，然而其中转基因供体细胞是关键的上游环节。因此本研究将外源基因 *hGCase* 分别转染体外培养的奶山羊乳腺上皮细胞、胎儿成纤维细胞以及成年皮肤成纤维细胞，获得整合有外源基因 GlcCerase 的转基因体细胞，并从细胞周期、细胞凋亡、染色体倍性、基因相对表达水平等方面探讨了转基因供体细胞的生物学特性。检测的基因分别为基因印记基因（*IGF2*，*IGF2R*）、凋亡相关基因（*Bax*）、应激相关基因（热休克蛋白，*Hsp*70.1）、细胞连接相关基因（*Cx*43）和 DNA 甲基化转移酶 1 基因（*DNMT*1）。研究结果显示：未转染的与转基因胎儿成纤维细胞的染色体倍性相似（70.9% vs 66.8%）；3 种转基因细胞 G0/G1 细胞的百分比都显著低于对照组（未转染的）细胞（$P<0.05$）；转基因胎儿成纤维细胞凋亡率较对照组细胞有显著提高（$P<0.05$）；在基因表达水平上，转基因胎儿成纤维细胞中 *IGF2*，*IGF2R* 和 *Cx*43 mRNA 的转录水平显著高于对照组细胞。这些结果有助于探索转基因克隆效率低的内在机制，为更好地促进供体细胞的重编程，进一步提高转基因克隆的效率奠定基础。

关键词：细胞类型；奶山羊；人溶酶体 β-葡萄糖苷酶基因；基因表达

表 1　外源基因转染对成纤维细胞和乳腺上皮细胞周期分布的影响

细胞类型	转染	细胞周期分布比例		
		G0/G1	S	G2/M
FFC	−	92.45 ± 0.52[a]	2.53 ± 0.38	6.28 ± 0.64
	+	87.68 ± 0.59[b]	5.94 ± 0.85	7.63 ± 0.40
AEFC	−	87.83 ± 0.15[b]	6.25 ± 0.58	7.20 ± 0.55
	+	84.90 ± 0.23[c]	6.42 ± 0.53	4.85 ± 1.53
MEC	−	87.02 ± 0.73[b]	9.45 ± 0.84	4.84 ± 0.59
	+	74.74 ± 0.89[d]	15.84 ± 1.23	10.76 ± 1.68

注：第 5~7 代细胞，同一列内不同上标的值差异显著（$P<0.05$）

---

[*]　项目资助：生物新品种培育重大专项（2008ZX08008-004）；
[**]　作者简介：张艳丽，博士研究生；
[***]　通讯作者：王锋，教授，博士生导师，主要从事动物胚胎工程研究，E-mail：caeet@njau.edu.cn

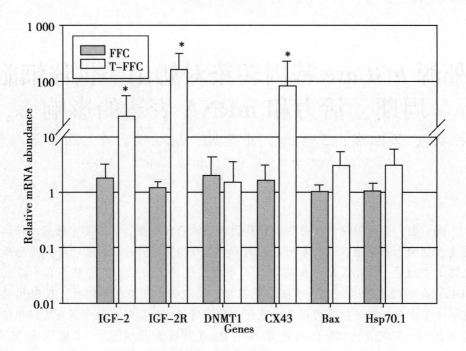

图1 外源基因转染对胎儿成纤维细胞不同基因表达水平的影响

注 同一个基因星号表示差异显著（$P<0.05$）

原文发表于《Cell Biology International》，2010，34：679-685.

体细胞核移植技术生产转人溶酶体 β-葡萄糖苷酶基因奶山羊胚胎的研究[*]

张艳丽[**]，万永杰，许 丹，庞训胜，孟 立，王利红，钟部帅，王 锋[***]

(南京农业大学动物胚胎工程技术中心，南京 210095)

摘 要： 转基因克隆法是当前制备乳腺生物反应器生产人溶酶体 β-葡萄糖苷酶（human lysosomal acid β-glucosidase，hGCase）重组蛋白的理想途径，本研究的目的在于建立一种有效制备转 hGCase 基因供体细胞和核移植胚胎的方法，进而实现重组 hGCase 蛋白在奶山羊乳腺中的表达。因此，本研究首先构建了 hGCase 基因乳腺特异性表达载体并在体外小鼠乳腺上皮细胞系 HC-11 中验证其生物学功能，mRNA 和蛋白均能在转 hGCase 基因 HC-11 细胞中顺利表达；在此基础上，将该载体导入奶山羊胎儿成纤维细胞，通过 96 孔细胞培养板分离得到来源于单个转基因成纤维细胞的细胞克隆，经 PCR 扩增检测正确和核型鉴定正常（66.8%）后，进一步以转基因体细胞为核供体，通过体细胞核移植技术生产转基因克隆胚胎，hGCase 基因在胚胎中得到顺利表达；以正常体细胞来源的核移植胚胎作为对照，其融合率、卵裂率以及桑葚胚/囊胚率分别为（83.3 vs 77.8%）、（89.1 vs 90.9%）和（36.4 vs 38.9%），两种供体细胞来源的融合率和胚胎发育率差异不显著（$P > 0.05$）。最后利用手术法将发生卵裂且形态正常的 98 枚转基因克隆胚（2-细胞期或以上）移植到同期发情的山羊输卵管中，16 只受体山羊中有 6 只一直没有返情，在第 40 天经 B 超检测到 2 只受体羊怀孕。本研究结果表明 hGCase 基因能够在乳腺细胞中顺利表达，山羊转 hGCase 基因体细胞能够支持重构胚胎的进一步发育至 40 天。

关键词： 克隆；奶山羊胚胎；人溶酶体 β-葡萄糖苷酶基因；体细胞核移植；转基因乳腺生物反应器

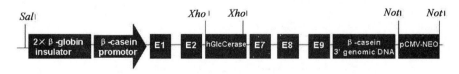

图 1　pBC1-GlcCerase-Neo 乳腺表达载体的线性图

---

[*] 项目资助：生物新品种培育重大专项（2008ZX08008-004）；
[**] 作者简介：张艳丽，博士研究生；
[***] 通讯作者：王锋，教授，博士生导师，主要从事动物胚胎工程研究，E-mail：caeet@njau.edu.cn

表1　转基因与非转基因胎儿成纤维细胞核移植效率比较 T

细胞类型	重构胚胎数	融合胚数	不同发育阶段的胚胎数		
			2~4 细胞	8~16 细胞	桑葚胚/囊胚
转基因	132	110 (83.3±3.9)	98 (89.1±1.2)	56 (50.9±1.2)	40 (36.4±0.7)
非转基因	99	77 (77.8±4.2)	70 (90.9±0.5)	41 (53.2±1.9)	30 (38.9±0.7)

注：组内差异不显著（$P>0.05$）

原文发表于《Theriogenology》，2010，73（5）：681-690.

供体细胞准备和受体卵母细胞来源对于转 hLF 基因核移植奶山羊生产效率的影响

万永杰,张艳丽,周峥嵘,贾若欣,孟 立,宋 辉,王子玉,
王立中,张国敏,游济豪,王 锋

(南京农业大学动物胚胎工程技术中心,南京 210095)

摘 要:本试验的目的是探讨供体细胞同步方法、卵母细胞来源以及其他一些因素对转 hLF 基因克隆奶山羊生产的影响。本试验使用的 3 个细胞系来自于 3 只 3 月龄萨能奶山羊的耳组织(分别编号 1 号、2 号、3 号),经转染、检测(包括 PCR 检测和 PCR 产物测序)后作为核移植的核供体。在供体细胞同步化研究中,血清饥饿 3 天和接触抑制 2 天的转 hLF 基因成纤维细胞的凋亡率没有显著差异($P > 0.05$),并且其作为供体细胞得到的核移植重构胚的发育能力也没有显著差异($P > 0.05$),但是血清饥饿组的受体羊产羔率却高于接触抑制组(18% vs 0%)。用 1 号奶山羊的细胞系作为供体细胞生产转 hLF 基因克隆山羊的效率要高于 2 号和 3 号奶山羊(产羔率分别是 18%、2% 和 0%,$P < 0.05$)。不同卵母细胞来源的转 hLF 基因克隆奶山羊怀孕率没有显著差异,但是,体外成熟卵母细胞来源与体内成熟卵母细胞相比,有更多的胎儿流产。总之,本研究以转染的 3 月龄奶山羊成纤维细胞作为供体细胞,成功得到 7 只转 hLF 基因克隆奶山羊,为使用体细胞核移植技术生产转基因克隆奶山羊的供体细胞和受体卵母细胞准备提供了参考依据。

关键词:人乳铁蛋白;体细胞核移植;同步化;细胞周期;卵母细胞;奶山羊

表1 同步化处理对转 hLF 基因克隆山羊生产的影响

供体细胞处理	受体数	每个受体移植胚胎数	妊娠率(%)	足月妊娠数	产羔率(%)
血清饥饿	33	10.4	7 (21)	6	6 (18)
接触抑制	11	9.6	2 (18)	0	0 (0)

---

* 项目资助:国家转基因生物新品种培育重大专项(2011ZX08008 - 004、2011ZX08008 - 003、2009ZX08008 - 006B);
** 作者简介:万永杰,博士研究生;
*** 通讯作者:王锋,教授,博士生导师,主要从事动物胚胎工程研究,E-mail:caeet@ njau. edu. cn

表2 卵母细胞来源对转 *hLF* 基因克奶山羊生产的影响

卵母细胞来源	供体细胞来源	受体数	受体移植胚胎数	妊娠率（%）	足月生产数	产羔率（%）
体内成熟	1	3	8.7	1 (33)	1	33
	2	7	7.9	1 (14)	1	14
	3	2	9.0	0 (0)	0	0
合计		**12**	**8.2**	**2 (17)**	**2**	**2 (17)**
体外成熟	1	30	11.7	6 (20)	5	17
	2	43	11.1	2 (5)	0	0
	3	9	12.2	3 (33)	0	0
合计		**82**	**11.4**	**11 (13)**	**5**	**5 (6)**

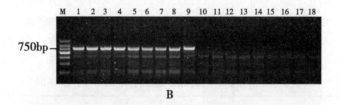

图1 克隆奶山羊和 PCR 鉴定结果

A：成活的克隆奶山羊；B：克隆奶山羊 PCR 分析。
1~7：克隆奶山羊；8、9：流产胎儿；10~18：受体母羊

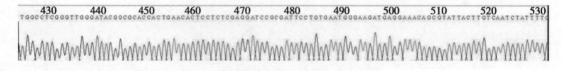

图2 克隆奶山羊的 750bp 靶基因测序

原文发表于《Theriogenology》，2012，78（3）：583-592.

健康和死亡转基因克隆山羊肺脏在生长调节、基因印记和表观遗传转录相关基因表达的差异

孟立[1,#***]，贾若欣[1,#]，孙艳艳[2]，王子玉[1]，万永杰[1]，
张艳丽[1]，钟部帅[1]，王 锋[1***]

(1. 南京农业大学江苏省家畜胚胎工程实验室，南京 210095；
2. 荷兰瓦赫宁根瓦赫宁根大学动物育种和基因组学中心)

摘 要：体细胞核移植（SCNT）是哺乳类转基因动物生产的一种理想技术，然而只有一部分克隆胚胎可以发育至存活后代。克隆动物异常的生长发育常常表现伴随着肺脏的异常发育。试验目的是研究转基因克隆山羊（随机插入外源DNA）肺部异常发育的分子机理。试验研究了不同年龄阶段死亡的转基因克隆山羊以及自然生殖山羊的肺部组织的15个基因的表达，这些基因涉及生长调节、基因印记和表观遗传转录。研究表明转基因克隆山羊和同龄的自然生殖山羊相比，新生或出生后不久死亡的转基因克隆山羊中有13个基因（*BMP4, FGF10, GHR, HGFR, PDGFR, RABP, VEGF, H19, CDKNIC, PCAF, MeCP2, HDAC1 和 DNMT3B*）的表达水平降低了，胎儿期死亡的转基因克隆山羊中有8个基因（FGF10, PDGFR, RABP, VEGF, PCAF, HDAC1, MeCP2, and Dnmt3b）的表达水平降低了，1~4月龄内病死的转基因克隆山羊中控制表观遗传转录的2个基因（PCAF 和 Dnmt3b）的表达水平降低了。总之，转基因克隆动物围产期高死亡率可能与这些基因表达异常有关，这些发现对理解转基因克隆效率低的原因具有重要意义。

关键词：生长调节；基因印记；表观遗传转录；转基因克隆山羊；qRT-PCR

---

* 项目资助：生物新品种培育重大专项（2013ZX08008-004）；江苏省农业科技支撑计划项目（BE2010372）；中央高校基础研究基因（KYZ201211）；
** 作者简介：孟立，助理实验师。# 为同等贡献作者；
*** 通讯作者：王锋，教授，博士生导师，主要从事动物胚胎工程研究，E-mail：caeet@njau.edu.cn

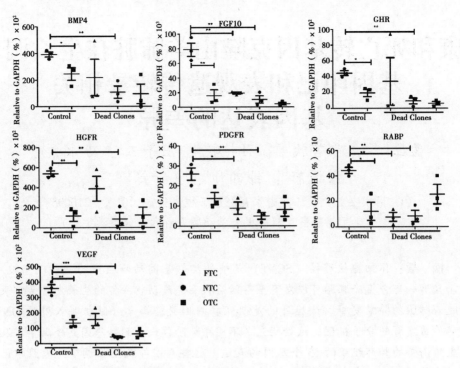

图 1　死亡转基因山羊和正常对照组中生长调节基因的表达

1. *BMP*4，骨形态蛋白 4；*FGF*10，成纤维生长因子 10；*GHR*，生长激素受体；*HGFR*，肝细胞生长因子受体；*PDGFR*，血小板衍生的生长因子受体；*RABP*，视黄酸结合蛋白；*VEGF*，血管内皮生长因子；*FTC*，胎儿转转基因克隆；*NTC*，新生转基因克隆；*OTC*，1～4 月龄转基因克隆. 2. *，$P < 0.05$；**，$P < 0.01$；***，$P < 0.001$

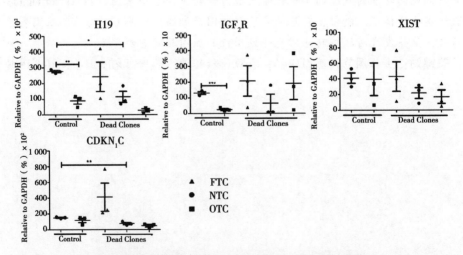

图 2　死亡转基因山羊和正常对照组中印记基因的表达

1. *IGF*2*R*，胰岛素样生长受体；2. *Xist*，X-inactive specific transcript；*CDKN1C*，细胞周期蛋白依赖性激酶抑制剂. *FTC*，胎儿转转基因克隆；*NTC*，新生转基因克隆；*OTC*，1～4 月龄转基因克隆；2. *，$P<0.05$；**，$P<0.01$.

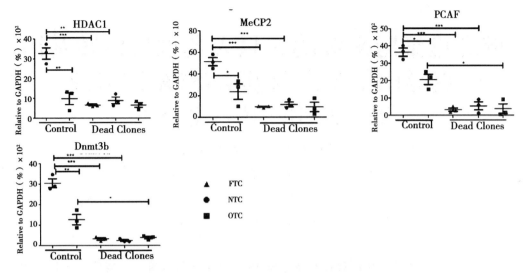

图3 死亡转基因山羊和正常对照组中表观生长基因的表达

1. *HDAC*1,组蛋白去乙酰化酶1;*MeCP*2,DNA 甲基化 CpG-结合蛋白 -2;*PCAF*,P300/CFBP-相关因子;*Dnmt3b*,去甲基化转移酶. FTC,胎儿转转基因克隆;NTC,新生转基因克隆;OTC,1~4月龄转基因克隆;2. *,$P<0.05$;**,$P<0.01$;***,$P<0.001$.

原文发表于《Theriogenology》,2014,81:459-466.

成纤维细胞来源的5只人乳铁蛋白转基因克隆山羊生产及其 *IGF2R* 和 *H19* 印记基因的甲基化分析*

孟 立[1#***]，万永杰[1#]，孙艳艳[2]，张艳丽[1]，
王子玉[1]，宋 洋[1]，王 锋[1***]

(1. 南京农业大学江苏省家畜胚胎工程实验室，南京 210095；
2. 荷兰瓦赫宁根瓦赫宁根大学，瓦赫宁根)

摘 要：[背景]体细胞核移植（SCNT）是生产转基因克隆哺乳动物的一种理想的技术，包括可以进行转人乳铁蛋白（*hLF*）基因山羊的生产。可是，由于转基因胚胎在妊娠期和新生时期的死亡，所以体细胞核移植的成功率较低。在牛和小鼠的研究表明，一些印记基因的 DNA 甲基化在核移植胚胎重编程中起着至关重要的作用。[方法和主要结果]成纤维细胞来源于 2 月龄山羊的耳朵。成功构建了表达人乳铁蛋白的载体并转染成纤维细胞。G418 筛选、EGFP 表达、PCR 和细胞周期分布都被相继地应用于筛选转基因细胞克隆中。在核移植和胚胎移植后，从 240 个克隆转基因胚胎中获得了 5 只转基因克隆山羊。通过 8 个微卫星基因分型与 southern-blot 来鉴定证明人乳铁蛋白基因已经整合到基因组中。在这 5 只转基因山羊中 3 只在出生后仍然存活，而另外 2 只在妊娠过程中死亡。试验比较了健康和死亡的转基因山羊和从自然繁殖中产生的对照山羊的耳朵组织中的两组父方印记基因（*H19* 和 *IGF2R*）的差异甲基化区域模式。在死亡的转基因克隆山羊中出现过甲基化模式，而甲基化状态在健康的转基因克隆山羊中相对正常。[结论和意义]在这项研究中，通过体细胞核移植技术生产了 5 只转人乳铁蛋白基因克隆山羊。本研究首次对成活和死亡的转基因克隆山羊的 DNA 甲基化进行了比较。结果表明，*H19* 和 *IGF2R* 的差异甲基化区域的甲基化状态在活着和死亡的转基因山羊中是不同的，因此，这也可能会潜在地用于评定转基因克隆山羊的重组状态。理解基因印记的模式对未来改善克隆技术可能十分有用。

---

* 项目资助：生物新品种培育重大专项（2013ZX08008-004）；国家自然科学基金（31272443）；中央高校基础研究基因（KYZ201211）；
** 作者简介：孟立，助理实验师；#为同等贡献作者；
*** 通讯作者：王锋，教授，博士生导师，主要从事动物胚胎工程研究，E-mail: caeet@njau.edu.cn

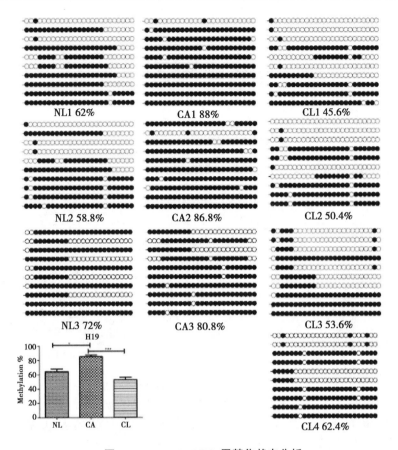

图1 *H*19 DMR DNA 甲基化状态分析

自然生殖（NL），转基因克隆存活山羊（CL），转基因克隆死亡山羊（CA）的 *H*19 DMR DNA 甲基化状态分析；白色和黑色圆圈分别代表未甲基化和甲基化 CpG 岛。每条平行线代表一个单克隆。* ($P<0.05$)；*** ($P<0.001$)

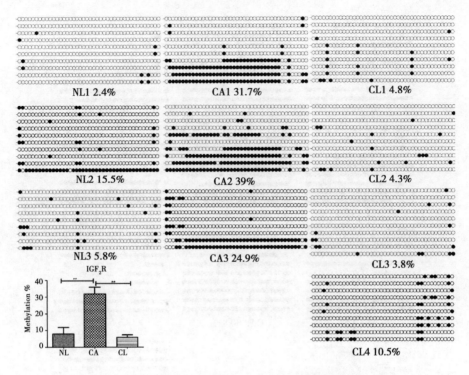

图2 IGF2R DMR DNA 甲基化状态分析

自然生殖（NL），转基因克隆存活山羊（CL），转基因克隆死亡山羊（CA）的 IGF2R DMR DNA 甲基化状态分析；白色和黑色圆圈分别代表未甲基化和甲基化 CpG 岛。每条平行线代表一个单克隆。*，$P<0.05$；***，$P<0.001$。

原文发表于《PLOS One》，2013，8（10）：e77798.

不同类型绵羊胚胎体外发育率的比较研究*

潘晓燕[1]***，杨 梅[2]，王正朝[1]，汪立琴[2]，
陈 童[2]，郭志勤[2]***，王 锋[1]***

(1. 南京农业大学动物胚胎工程技术中心，南京 210095；2. 新疆畜牧科学院农业部家畜繁育生物技术重点开放实验室，乌鲁木齐 830000)

摘 要：分别利用孤雌激活技术、体外受精技术及体细胞核移植技术生产不同类型的体外胚胎，比较不同类型胚胎的体外发育率和囊胚细胞总数间的差异，研究季节、卵巢保存条件和培养液对孤雌激活胚(PAE)和体细胞核移植胚(SCNTE)发育能力的影响。结果表明：PAE、SCNTE 和体外受精胚(IVFE)的卵裂率没有显著差异；PAE 的囊胚率(23.4%)显著高于 SCNTE(18.2%)；SCNTE 的囊胚细胞数(120)显著多于 PAE 的囊胚细胞数(96)，而与 IVFE 的囊胚细胞数(107)没有显著差异。繁殖季节卵巢 PAE 和 SCNTE 的发育率显著高于非繁殖季节。卵巢在 14~18℃保存 15~17h，没有影响 PAE 的体外发育，却显著降低了 SCNTE 的卵裂率，且没有得到囊胚。SOFaa 和 CRlaa 培养基对 PAE 和 SCNTE 的早期发育没有显著影响。由此可见，季节和卵巢的保存方式对绵羊胚胎的体外发育率有显著影响，且不同类型胚胎的质量也存在显著差异。

关键词：绵羊；孤雌激活；体细胞核移植；体外受精；季节；卵巢；培养液

原文发表于《南京农业大学学报》，2009，32 (2)：112 – 117.

---

* 项目资助：新疆维吾尔自治区科学研究和技术开发攻关项目 (200631109)；
** 作者简介：潘晓燕，博士研究生；
*** 通讯作者：郭志勤，研究员，研究方向为家畜育种与家畜胚胎工程技术；
王锋，教授，博士生导师，主要从事动物胚胎工程研究，E-mail：caeet@njau.edu.cn

盘羊-绵羊异种核移植胚胎的构建和体外发育研究*

潘晓燕[1,2]**，张艳丽[1]，郭志勤[3]，王　锋[1],***

(1. 南京农业大学动物胚胎工程技术中心，南京　210095；2. 吉林医药学院组织学与胚胎学教研室，吉林　132013；3. 新疆畜牧科学院农业部家畜繁育生物技术重点开放实验室，乌鲁木齐　830000)

摘　要：异种核移植技术已经在一些物种上获得了成功，该技术在濒危动物的保护中具有巨大的应用潜力。本试验利用异种体细胞核移植技术（interspecies somatic cell nuclear transfer，iSCNT）已经建立了一套有效的盘羊（ovis ammon）-绵羊异种核移植胚胎体外构建体系，且评价了绵羊卵母细胞胞质重塑成年盘羊成纤维细胞核的能力，研究了去核方法、供体细胞传代次数和供体细胞状态对盘羊-绵羊克隆胚胎体外发育的影响。结果显示绵羊卵母细胞能支持盘羊和绵羊成纤维细胞核发育，且能使构建的重构胚体外发育到囊胚。利用化学辅助去核法（chemically assisted enucleation，CAE）对体外成熟21~23h的卵母细胞去核，去核率要高于盲吸去核法（blind enucleation，BE），但iSCNT胚胎的发育率没有显著差异（$P > 0.05$）。同时发现利用10代以下的成纤维细胞作为供体细胞，其传代数和细胞周期阶段对iSCNT胚胎的发育率没有显著影响。这些结果表明，通过优化核移植技术程序，绵羊卵母细胞胞质能成功支持盘羊供体细胞核发育到囊胚阶段，在不久的将来iSCNT有望被用于保护濒危动物盘羊。

关键词：盘羊；核移植；胚胎；成纤维细胞；囊胚；去核率

表1　核供体类型对重构胚体外发育的影响

供体细胞	重复	胚胎数	融合率（%）	卵裂率（%）	囊胚率（%）
FC	3	176	77.4±2.1	86.8±2.3	20.4±1.8*
CC	3	192	79.1±3.5	88.2±0.3	22.1±0.9*
AC	4	207	74.6±1.3	84.3±1.9	15.7±1.2

注：FC，绵羊耳成纤维细胞；CC，绵羊颗粒细胞；AC，盘羊耳成纤维细胞．*差异显著（$P < 0.05$）

---

* 项目资助：新疆维吾尔自治区科学研究和技术开发攻关项目（200631109）；
** 作者简介：潘晓燕，博士研究生；
*** 通讯作者：王锋，教授，博士生导师，主要从事动物胚胎工程研究，E-mail：caeet@njau.edu.cn

表2 去核方法对卵母细胞去核率和重构胚发育率的影响

成熟培养时间（h）	去核方法	重复	卵母细胞数	胞质凸起率（%）	去核率（%）	卵裂率（%）	囊胚率（%）
18~20	BE	3	143	0	94.4±2.7*	88.0±1.7	18.2±2.6
	CAE	3	96	80±5.2	100*	85.3±1.1	16.3±3.7
21~23	BE	4	154	0	88.3±1.9	84.6±3.8	19.7±3.2
	CAE	3	92	83.7±4.3	100*	87.1±4.9	17.7±1.8

注：BE，盲吸去核；CAE：化学辅助去核；*差异显著（$P<0.05$）

表3 供体细胞传代数对重构胚发育的影响

代次	重复	重构胚数	融合率（%）	卵裂率（%）	囊胚率（%）
4代	4	154	77.1±4.6	79.6±4.4	17.7±2.0
7代	4	147	73.7±5.3	81.6±8.7	16.7±1.5
10代	4	133	75.9±4.0	88.1±5.0	18.0±2.1

原文发表于《Cell Biology International》，2014，38（2）：211-218.

性成熟前山羊卵母细胞减数分裂进程的研究*

武建朝**，王　锋***，洪俊君，武　杰，李中原，万永杰，王瑞芳

（南京农业大学动物胚胎工程技术中心，南京　210095）

摘　要：本试验以卵丘卵母细胞复合体（COCs）为研究对象，研究比较了性成熟前山羊和成年山羊卵母细胞体外核成熟进程及其卵母细胞孤雌发育的能力。结果表明：成年山羊和性成熟前山羊卵母细胞体外成熟过程中减数分裂各时相出现的时间不同。在整个体外成熟培养过程中，性成熟前山羊卵母细胞GV期存在时间较长（7.21h），大约占成熟时间的1/4，在成熟培养23.96h后才能进入MII期。对成年羊而言，其卵母细胞GV期存在时间相对较短（2.94h），占成熟培养时间的1/9，大约在成熟培养20.64h后，进入MII期。成熟培养24h和27h，成年羊卵母细胞成熟率差异不显著，但是性成熟前山羊卵母细胞成熟率差异显著（$P<0.05$）。与成年山羊相比，羔山羊卵母细胞孤雌发育能力较差，可能与其卵母细胞本身成熟缺陷有关。

关键词：卵母细胞；减数分裂；孤雌发育；性成熟；山羊

原文发表于《江苏农业科学》，2008，（1）：169-172.

---

* 项目资助：农业部农业结构调整重大技术研究专项（05-07-01B）；
** 作者简介：武建朝，硕士研究生；
*** 通讯作者：王锋，教授，博士生导师，主要从事动物胚胎工程研究，E-mail：caeet@njau.edu.cn

山羊卵母细胞老化过程中基因表达变化的研究[*]

张国敏[1][**]，顾晨浩[1]，张艳丽[1]，孙红艳[1]，钱卫平[2]，周峥嵘[1]，万永杰[1]，贾若欣[1]，王立中[1]，王 锋[1][***]

(1. 南京农业大学江苏省家畜胚胎工程实验室，南京 210095；
2. 东南大学生物电子学国家重点实验室，南京 210096)

摘 要：未能及时受精的卵子会逐步发生老化，将严重影响其发育潜能。因此，研究卵母细胞老化机制，对提高卵母细胞体外成熟和受精效率具有重要的意义。本试验首先通过孤雌激活胚胎的发育率和 TUNEL 凋亡检测判断体外培养卵母细胞老化的时间点（24h、30h、36h、48h 和 60h），然后在卵母细胞（成熟和未成熟）和卵丘细胞中通过 qRT-PCR 检测目的基因（$PGC-1\alpha$、$NRF-1$、$HAT1$、$SNRPN$、$HAS3$、$SMAD2$、BAX、$BCL-2$、$HAS2$、$STAR$ 和 $SOD1$）的表达变化，并试图通过卵丘细胞基因的表达变化预测卵母细胞的老化进程。结果表明：随着卵母细胞体外培养时间的延长（24～60 h），孤雌激活的囊胚率显著降低（$P<0.05$，表1），凋亡的卵丘细胞显著增多（$P<0.05$）。在成熟的卵母细胞中，$PGC-1\alpha$、$NRF-1$ 和 $SMAD2$ 基因的表达量随着培养时间的延长（24～36 h）而显著降低（$P<0.05$）；$HAT1$ 和 $HAS3$ 基因的表达量随着培养时间的延长（24～60 h）而缓慢升高（图1）。目的基因在未成熟卵母细胞中的表达模式与在成熟卵母细胞中的表达模式相似（图1）。另外，在卵丘细胞中，随着培养时间的延长（24～36 h），$PGC-1\alpha$、$BCL-2$、$HAS2$ 和 $SOD1$ 基因的表达量显著降低（$P<0.05$），而 BAX 基因的表达量显著升高（$P<0.05$，图2）。综上所述，在山羊卵母细胞体外培养过程中，卵母细胞的老化开始于体外培养的第 30 h，伴随着卵母细胞的老化，卵母细胞和卵丘细胞的基因表达模式均发生了明显的改变。线粒体相关基因可能作为预测卵母细胞老化进程的潜在分子标记物。

关键词：山羊；卵母细胞老化；卵丘细胞；基因表达

---

[*] 项目资助：国家科技支撑计划（2011BAD19B02），中央高校基础研究基因（KYZ201211）；
[**] 作者简介：张国敏，博士研究生；
[***] 通讯作者：王锋，教授，博士生导师，主要从事动物胚胎工程研究，E-mail：caeet@njau.edu.cn

表1 不同的体外培养时间对孤雌激活后胚胎发育的影响

体外培养时间（h）	卵母细胞数	成熟卵母细胞数（率,%）	自发激活细胞数（率,%）	卵裂细胞数（率,%）	囊胚细胞数（率,%）
24	507	333 (65.77±1.14)	2 (0.38±0.19)[a]	214 (64.26±1.22)[a]	67 (31.45±2.21)[a]
30	429	289 (67.39±2.95)	4 (0.92±0.20)[a]	198 (68.47±1.02)[ab]	51 (25.64±0.84)[b]
36	601	391 (65.15±1.21)	10 (1.56±0.54)[a]	281 (71.74±1.49)[bc]	57 (20.40±0.58)[bc]
48	640	432 (68.24±1.94)	33 (5.21±0.40)[b]	317 (73.68±1.25)[bc]	54 (17.07±1.25)[cd]
60	557	354 (63.37±2.59)	41 (7.40±0.49)[b]	265 (75.02±1.02)[c]	38 (14.29±0.37)[d]

注：同一列中，不同字母代表差异显著（$P<0.05$）

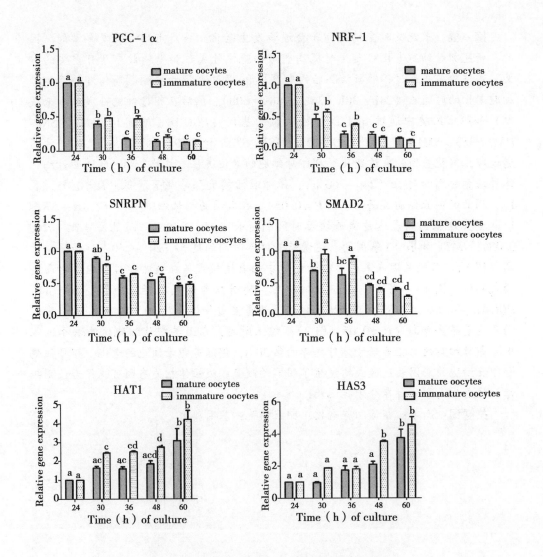

图1 目的基因在成熟和未成熟卵母细胞中的表达

注：不同字母代表差异显著（$P<0.05$）

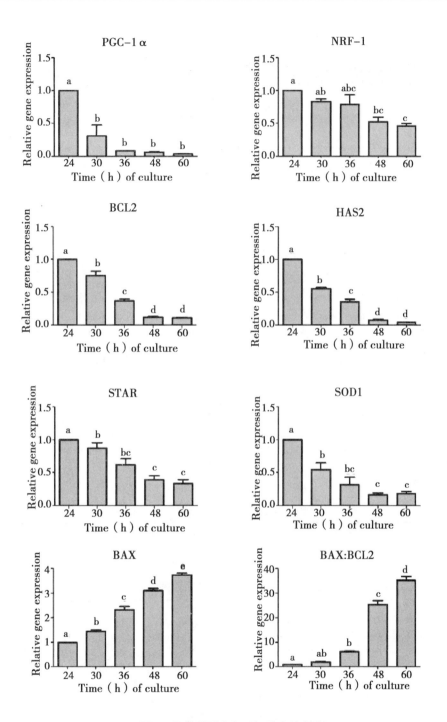

图2 目的基因在卵丘细胞中的表达

注：不同字母代表差异显著（$P<0.05$）

原文发表于《Theriogenology》，2013，80：328-336.

影响新疆细毛羊羔羊超排及体外受精效果的研究[*]

吴伟伟[1,2**]，哈尼克孜[2]，田可川[2]，徐新明[2]，田月珍[2]，王　锋[1***]

(1. 南京农业大学动物胚胎工程技术中心，南京　210095；
2. 新疆畜牧科学院畜牧研究所，乌鲁木齐　830000)

摘　要：本试验研究了不同 FSH 来源、羔羊日龄、不同诱导方法对细胞质量及卵母细胞成熟时间对卵裂率的影响，以及不同激素诱导卵母细胞的 IVF 效果和卵母细胞级别对体外发育效果的影响。结果表明，用加拿大产 FSH 30mg 对羔羊进行处理4次，每次间隔12h，卵母细胞成熟培养30h 效果较好，不同级别卵母细胞体外发育效果差异不显著。本研究为 JIVET 技术提供了重要的实验数据。

关键词：新疆细毛羊羔羊；卵泡发育；卵母细胞；体外成熟；IVF

表1　不同 FSH 超排效果比较

分组	供体羔羊数	卵泡总数	平均卵泡数	回收卵母细胞数	回收率	可用卵母细胞数	可用率
1	3	117	39.00 ± 27.06^a	75	64.10	67	89.33
2	4	404	101.00 ± 38.32^b	306	75.74	276	90.20
3	45	4 748	105.51 ± 55.87^b	3 149	66.32	2 591	82.28

注：同列数据肩标不同小写字母表示差异显著（$P < 0.05$）；肩标相同字母或无字母标注表示差异不显著（$P > 0.05$）

表2　不同羔羊日龄对卵母细胞的影响

羔羊日龄	供体羔羊数	平均卵泡数	回收卵母细胞数	可用卵母细胞数	可用率
35 ~ 45	15	124.73 ± 57.70^a	1 083	921	85.04^a
46 ~ 55	11	125.12 ± 67.17^a	923	829	89.81^b
56 ~ 65	13	83.85 ± 59.17^b	785	637	81.14^a
66 ~ 75	6	88.34 ± 40.99^b	273	204	74.72^c

注：同列数据肩标不同小写字母表示差异显著（$P < 0.05$）；肩标相同字母或无字母标注表示差异不显著（$P > 0.05$）

---

* 项目资助：国家绒毛用羊产业技术体系（CARS-40-02），国家科技支撑项目（2011BAD28B05）；
** 作者简介：吴伟伟，博士研究生；
*** 通讯作者：王锋，教授，博士生导师，主要从事动物胚胎工程研究，E-mail：caeet@njau.edu.cn

表3 羔羊和成年母羊体外成熟时间比较

卵母细胞来源	体外培养时间（h）	卵母细胞数量	卵裂数	卵裂率
羔羊	24	272	131	48.16^a
	26	161	91	56.52^{ab}
	28	428	299	69.86^{ab}
	30	348	262	75.29^{bc}
成年母羊	24	375	288	76.80^{bc}

注：同列数据肩标不同小写字母表示差异显著（$P<0.05$）；肩标相同字母或无字母标注表示差异不显著（$P>0.05$）

原文发表于《Journal of Animal and Veterinary Advances》，2012，11（22）：4143-4146.

山羊骨髓间充质干细胞的分离、鉴定与基因修饰研究[*]

张艳丽[**]，樊懿萱，王子玉，万永杰，周峥嵘，
钟部帅，王立中，王　锋[***]

（南京南京农业大学 江苏家畜胚胎工程实验室，南京　210095）

摘　要：骨髓间充质干细胞（bone marrow mesenchymal stem cells，BMSCs）是一类成体多能干细胞，可作为基因治疗和转基因核移植的理想细胞模型。目前关于小鼠、兔等小动物的 BMSCs 研究较多，而大动物山羊的 MSCs 研究较少，因此本研究旨在建立山羊骨髓间充质干细胞体外分离培养方法及对其生物学特性进行分析。结果显示：BMSCs 体外生长良好，细胞形态呈成纤维细胞样；*CD*29、*CD*44、*CD*90、*CD*166 等表面标志基因及 *OCT*4、*Nanog* 等转录因子基因表达呈阳性，造血细胞标志基因 *CD*45 表达呈阴性；在特定诱导液作用下，BMSCs 可分化为成骨样细胞及成脂肪样细胞；相比山羊胎儿成纤维细胞，瞬时转染 GFP 报告质粒的 BMSCs 具有较高的转染效率；并且 BMSCs 稳定转染携带外源基因人溶酶体葡萄糖苷酶（hGCase）的乳腺特异性表达载体后，可顺利获得转基因细胞克隆。本研究结果表明从山羊骨髓成功分离培养的间充质干细胞，其生长状态良好，表现出多能干细胞的生长特性，可作为后续基因修饰以及生产转基因山羊相关研究的种子细胞。

关键词：间充质干细胞；奶山羊；骨髓；分化；基因修饰

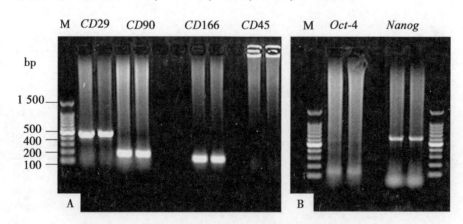

图1　山羊 BMSCs 表面标志基因和多能基因的表达

---

[*] 项目资助：生物新品种培育重大专项（2011ZX08008 - 004，2011ZX08008 - 003），中央高校基础研究基因（KYZ201211）；

[**] 作者简介：张艳丽，博士研究生；

[***] 通讯作者：王锋，教授，博士生导师，主要从事动物胚胎工程研究，E-mail：caeet@njau.edu.cn

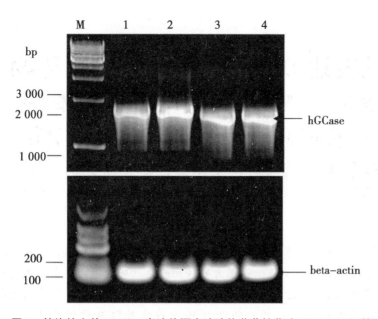

图 2　转染的山羊 BMSCs 表达外源人溶酶体葡萄糖苷酶（hGCase）基因

原文发表于《In Vitro Cellular & Developmental Biology-animal》，2012，48：418 – 425.

过表达 DAZL 基因及外源诱导物 RA、BMP4 对山羊骨髓间充质干细胞向生殖细胞分化的影响

颜光耀[**]，樊懿萱，李佩真，张艳丽，王 锋[***]

（江苏省家畜胚胎工程实验室，南京农业大学，南京 210095）

摘 要：人和小鼠骨髓间充质干细胞（bone marrow mesenchymal stem cell, BMSCs）具有分化为包括生殖细胞在内多种细胞系细胞的能力。本文主要研究山羊骨髓间充质干细胞在外源因子（维甲酸 RA 及 BMP4 信号分子）诱导以及内源基因表达（DAZL 基因过表达）作用下向生殖细胞体外转分化的能力。本文以 RA 1μmol/L 及 BMP4 25ng/mL 作为最佳诱导浓度，对 gBMSCs 进行不同组合诱导。经 RA 及 BMP4 共同诱导后，可表达 OCT4、MVH、DAZL、STELLA、NANOG、C-KIT 分子标记，而减数分裂相关分子标记 RNF17、PIWIL2、STRA8、SCP3 只在经 RA 诱导的 gBMSCs 中表达。DAZL 作为内源性生殖细胞特异基因，通过质粒及体外 mRNA 诱导方法在 gBMSCs 中过表达。与外源因子 RA 诱导相比，过表达 DAZL 基因可显著提高生殖细胞特异分子标记 MVH 的转录与翻译，同时提高了 SCP3 mRNA 水平表达。体外 mRNA 诱导与质粒诱导相比，能显著提高 gBMSCs 中生殖细胞特异基因的表达水平。对内源基因 DAZL 进行敲除试验证实了 DAZL 在生殖细胞分化过程中发挥着重要作用。本研究为精子发生潜在机理提供了参考，同时对成体干细胞向减数分裂后期生殖细胞体外转分化具有指导意义。

关键词：BMP4；骨髓间充质干细胞；DAZL；生殖细胞；山羊；RA

---

[*] 项目资助：国家青年科学自然基金（31201802）；
[**] 作者简介：颜光耀，硕士研究生；
[***] 通讯作者：王锋，教授，博士生导师，主要从事动物胚胎工程研究，E-mail：caeet@njau.edu.cn

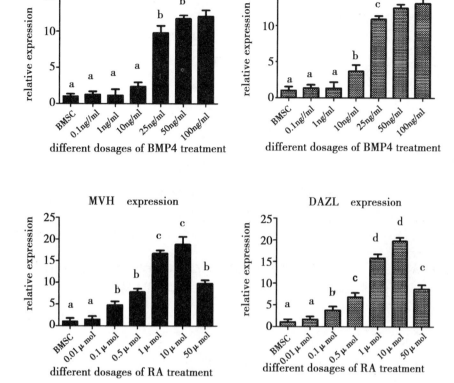

图 1　不同浓度 RA 及 BMP4 诱导处理后 MVH 和 DAZL 基因表达情况
注：上标不同表示差异显著（$P<0.05$）

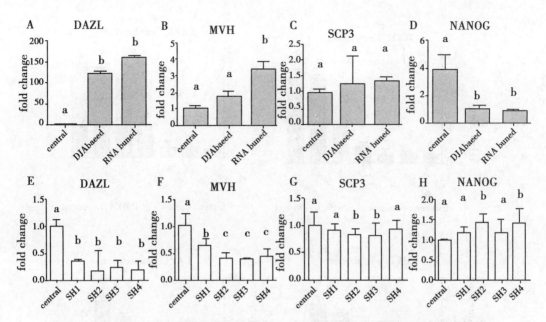

图2 A、B、C、D 表示荧光定量 PCR 检测 *DAZL* 过表达后生殖细胞相关基因表达情况
E、F、G、H 表示荧光定量 PCR 检测 DAZL 敲低后生殖细胞相关基因表达情况（$P<0.05$）

原文发表于《Cell Biology International》，2015，39：74-83.

山羊成纤维细胞重编程为诱导性多能干细胞的研究

宋 辉[1,2**]，李 卉[1,2]，黄明睿[1,2]，许 丹[3]，
顾晨浩[1]，王子玉[2]，董福禄[1]，王 锋[1,2***]

(1. 江苏省肉羊产业工程技术研究中心，南京 210095；2. 江苏省家畜胚胎工程实验室，南京 210095；3. 斯坦福大学医学院)

摘 要：胚胎干细胞（Embryonic stem cells，ESCs）对于基因工程、发育生物学和疾病模型来说，是一个很好的研究手段。目前，ESCs 在小鼠、灵长类动物、人和大鼠中已经建系成功。然而，在偶蹄类家畜，如山羊、绵羊、牛和猪这些物种中，ESCs 一直没有建系成功。通过几个转录因子的特定组合（OCT3/4，SOX2，KLF4，cMYC，LIN28 和 NANOG），可以将体细胞重编程为诱导性多能干细胞（Induced pluripotent stem cells，iPSCs），与 ESCs 具有相似的生物学特性。目前，iPSCs 在几个物种中都已建系成功，山羊 iPSCs 建系却鲜有报道。本研究的目的是通过慢病毒携带人源的四个转录因子（OCT4，SOX2，KLF4 和 cMYC）将山羊胎儿耳成纤维细胞重编程为 iPSCs。通过与丝裂霉素 C 处理后的饲养层共培养，使用含有血清替代物和人 β-成纤维细胞生长因子的培养基，成功获得山羊 iPSCs。这些山羊 iPSCs 克隆具有扁平和紧密的形态，与人 iPSCs 相似。它们具有正常的核型，碱性磷酸酶、OCT4 和 NANOG 检测呈阳性，表达内源性的多能基因（OCT4，SOX2，cMYC 和 NANOG），能够在体外和体内自动分化成三胚层。

关键词：胚胎干细胞；重编程；诱导性多能干细胞

---

* 项目资助：高产优质转基因肉羊新品种培育（2013ZX08008-003），国家自然科学基金（31272443）；
** 作者简介：宋辉，博士研究生；
*** 通讯作者：王锋，教授，博士生导师，主要从事动物胚胎工程研究，E-mail：caeet@njau.edu.cn

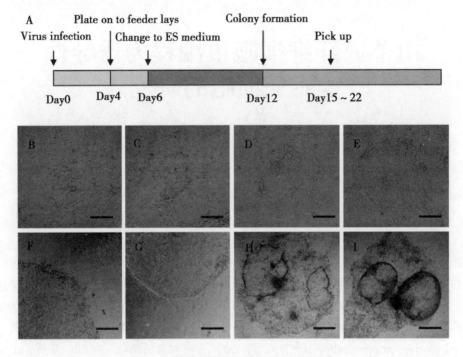

图1 山羊成纤维细胞重编程为 iPS 细胞

病毒侵染后山羊成纤维细胞的形态。A：山羊 iPS 细胞诱导产生的过程；B：6天；C：7天；D：12天；E：15天；

传代后山羊 iPS 细胞的形态。F：5代；G：12代；H、I：在山羊 iPS 细胞克隆中间自动分化的细胞。比例尺：100μm。

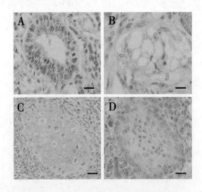

图2 畸胎瘤含有三胚层结构

A：肠上皮组织（内胚层）；B：脂肪组织（中胚层）；C：软骨组织（中胚层）；D：鳞状上皮（外胚层）。比例尺：50μm。

原文发表于《Molecular Reproduction and Development》，2013，80（12）：1 009-1 017。

第三部分　羊营养与调控研究进展

4~6月龄杜湖羊杂交 F_1 代母羔净蛋白质需要量[*]

聂海涛[1,a**]，肖慎华[1,a]，兰 山[1]，张 浩[1]，王子玉[1]，王 锋[1,2***]

(1. 南京农业大学，江苏省肉羊产业工程技术中心，南京 210095；
2. 南京农业大学，海门山羊研发中心，南京 210095)

摘 要：本试验旨在探讨杜泊羊×湖羊（杜湖）杂交 F_1 代母羔羊在 4~6 月龄生长阶段的蛋白质代谢规律的同时确定其净蛋白质需要量。选取 4 月龄左右湖羊杂交 F_1 代母羔 [(35.68±1.68) kg] 42 只，结合比较屠宰试验（30 只）和消化代谢试验（12 只），利用析因法探讨预测维持和生长净蛋白质需要量的方法。比较屠宰试验：正试期第 1 天随机挑选 6 只母羔进行屠宰（A 屠宰批次，$n=6$），其余 24 只羊随机分为自由采食（AL）组（$n=12$）、低限饲（LR）组（$n=6$）和高限饲（HR）组（$n=6$）3 组，当 AL 组羊均重达 42kg 时，选取 6 只进行屠宰（B 屠宰批次，$n=6$），待其余自由采食组羊均重达 50kg 时，将 AL 组、LR 组和 HR 组羊屠宰，分别作为 C、D 和 E 屠宰批次（$n=6$）。消化代谢试验：将 12 只羊按照比较屠宰试验的设计，分 3 组（$n=4$）进行饲喂。预试期 7d，正试期 5d。结果表明：4~6 月龄杜湖杂交 F_1 代母羔的内源性氮损失量为 261mg/kg $SBW^{0.75}$（SBW 为宰前活重），换算为维持净蛋白质需要量为 1.63g/kg $SBW^{0.75}$。该品种肉羊在 35~50kg 体重阶段，平均日增重 100~300g/d 的生长净蛋白质需要量为 9.83~25.08g/d。本试验建立了利用氮沉积量与氮摄入量估测 4~6 月龄杜湖杂交 F_1 代母羔维持净蛋白质需要量的模型以及体蛋白质含量与排空体重估测生长蛋白质需要量的模型。

关键词：杜泊羊；湖羊；杂交 F_1 代；母羔；净蛋白质需要量

---

[*] 基金项目：国家肉羊产业技术体系（CARS-39）；公益性行业（农业）科研专项（201303143）；
[**] 作者简介：聂海涛（1986— ），男，安徽蚌埠人，博士研究生，从事反刍动物营养方向研究。E-mail：niehaitao_2005@126.com。[a]同等贡献作者；
[***] 通讯作者：王锋，教授，博士生导师，E-mail：caeet@njau.edu.cn

Net Protein Requirement of Dorper and Hu Crossbred F_1 Ewe Lambs Aged 4 to 6 Months

Nie Haitao[1,a], Xiao Shenhua[1,a], Lan Shan[1], Zhang Hao[1], Wang Ziyu[1], Wang Feng[1,2]*

(1. Jiangsu Engineering Technology Research Center of Meat Sheep & Goat Industry, Nanjing Agricultural University, Nanjing 210095, China; 2. Research Center of Haimen Goats, Nanjing Agricultural University, Nanjing 210095, China)

Abstract: This study was conducted to investigate the protein metabolism rules and determine the net protein requirement of Dorper and *Hu* crossbred F_1 ewe lambs aged 4 to 6 months. Forty two four-month-old Dorper and *Hu* crossbred F_1 ewe lambs [(35.68 ± 1.68) kg] were used, comparative slaughter trail ($n = 30$) and digestive and metabolic trail ($n = 12$) were conducted, and factorial method was used to explore the method of predicting net protein requirement for maintenance and growth. Comparative slaughter trail: on day 1 of experimental period, six ewes were randomly chosen and killed (slaughter batch A, $n = 6$), the rest 24 ewes were divided into 3 groups, which were *ad libitum* (AL) group ($n = 12$), low-restricted (LR) group ($n = 6$) and high-restricted group (HR, $n = 6$). When the average body weight (BW) of ewes in AL group reached 42kg, six from twelve ewes in AL group were chosen and killed (slaughter batch B, $n = 6$), when the rest 6 ewes in AL group reached 50kg of average BW, ewes in AL, LR and HR groups were killed as slaughter batches C, D and E ($n = 6$), respectively. Digestive and metabolic trail: twelve ewes were divided into three groups ($n = 4$) the same as comparative slaughter trial. The trial included 5 days for adaptation and 5 days for formal trial. The results showed as follows: endogenous nigrogen loss of Dorper and *Hu* crossbred F_1 ewe lambs aged 4 to 6 months was 261mg/kg $SBW^{0.75}$ (SBW = shrunk BW), and it corresponded to net protein for maintenance of 1.63g/kg $SBW^{0.75}$. ewes with 35 to 50kg BW and ADG ranging from 200 to 300g/d had net protein requirement for growth from 9.83 to 25.08g/d. In conclusion, modles for predicting net protein requirments for maintance and growth of Dorper and *Hu* crossbred F_1 ewe lambs are set in the expriment using retained nitrogen and nitrogen intake, and body protein content and empty BW, respectively.

Key words: Dorper sheep; *Hu* sheep; crossed F_1; ewe lambs; net protein requirement

良好的肉羊饲养管理通常被认为是需要建立在对家畜营养需要量的精确测定和饲料原料营养成分的客观评价的基础上才能成功实施的,因此,国内外研究者一直关注并从事动物营养需要量相关领域的研究。与国际上比较成熟的肉羊营养需要量评价体系(NRC,美国[1-2]；ARC，英国[3]；AFRC，法国[4]；CSRIO，澳大利亚[5]）相比，无论是从研究广度（报道所涵盖的肉羊品种的数量，研究对象生理阶段的多样性）还是研究精度（营养需要量评价指标的选择，试验方案的客观性和营养需要量决定性作用机理）而言，国内的研究都处于全面落后的阶段[6]，这种现象与我国现代肉羊产业的发展速度极度不符。虽然，农业部2004年制订的《肉羊饲养标准》NY/T 815—2004[7]和其他研究者的工作[8-14]确实在一定程度上填补了我国在肉羊营养需要量方面的空白，但是随着肉羊产业的快速发展的不断增快，肉用性能突出的优秀肉羊品种的不断涌现，已有的研究成果已经不能完全适应现代肉羊产业发展的需要，我国肉羊营养需要量领域的研究亟须更新。随着近年来我国在该领域研究力量投入的不断增强，相应的研究成果也陆续报道出来。目前，已有多家研究单位分别就杜泊羊×小尾寒羊 F_1 代[15-17]、无角道赛特×小尾寒羊 F_2 代[18]、萨福克×阿勒泰杂交 F_1 代[19]等品种肉羊的营养需要量进行了报道，本研究团队也相继报道了杜泊羊×湖羊（杜湖）杂交 F_1 代公羊的能量和蛋白质需要量[20-21]。本文力求从育肥期营养需要量中最为关键的蛋白质需要量这一指标着手，借鉴国外先进研究经验并结合我国的实际生产需求，最终确定以比较屠宰试验、消化代谢试验相结合的实施方案，来确定4~6月龄杜湖杂交 F_1 代母羔的净蛋白质需要量，并从氮表观消化率和体蛋白质（body protein，BP）沉积2方面探讨该品种肉羊的蛋白质代谢规律。本试验旨在通过对该品种肉羊蛋白质需要量和蛋白质代谢规律的研究，为该品种肉羊饲养过程的饲粮中蛋白质的合理供给、肉羊的高效养殖提供理论依据。

1 材料与方法

1.1 饲粮

本试验于2012年7—10月在江苏省海门山羊研发中心开展，试验中所使用的杜湖杂交 F_1 代母羔购自江苏省涟水县源农生态农业有限公司。试验中所使用基础饲粮组成及其营养水平见表1，以全价颗粒饲料形式饲喂，由江苏省舜润饲料有限公司代为加工。

表1 基础饲粮组成及其营养水平
Table 1 Composition and nutrient levels of the basal diet

项目 Items	含量 Content
原料 Ingredients/%	
玉米 Corn	42.83
豆粕 Soybean meal	16.04
大豆秸 Soy straw	40.02
磷酸氢钙 $CaHPO_4$	0.40
石粉 Limestone	0.20
食盐 NaCl	0.40
预混料 Premix	0.11
合计 Total	100.00

(续表)

项目 Items	含量 Content
营养水平 Nutrient levels/（g/kg）	
粗蛋白质 Crude protein	138.58
粗脂肪 Ether extract	26.63
有机物 Organic matter	908.09
代谢能 Metabolizable energy/（MJ/kg）	9.51
中性洗涤纤维 Neutral detergent fiber	487.72
酸性洗涤纤维 Acid detergent fiber	203.62
钙 Ca	7.80
磷 P	3.90

预混料为每千克饲粮提供 The premix provided the following perkg of the diet: Fe 56mg, Cu 15mg, Mn 30mg, Zn 40mg, I 1.5mg, Se 0.2mg, Co 0.25mg, VA 2 150 IU, VD 170 IU, VE 13 IU, 微生态制剂（六和集团）microbial preparation (Liuhe Group) 2.7g, 2% 莫能霉素 2% monensin 1.6g, Na_2SO_4 10.1g

1.2 试验动物及饲养管理

选择体重 [（35.68±1.68）kg]、周龄（14~15 周龄）相近，体况健康的杜湖杂交 F_1 代母羔 42 只，常规驱虫处理（伊维菌素，乾坤动物药业有限公司）后将每只试验羊分别置于单栏（1.5m×4.0m）内饲养直至试验结束。

比较屠宰试验，预试期为 10d，期间逐步使用试验饲粮替换原有基础饲粮（每日替换量约为 15%~20%）并保证自由饮水。待预试期结束后，从 42 只试验羊中随机挑选 30 只作为比较屠宰试验对象，并从中挑选 6 只母羔在正试期第 1 天进行屠宰（A 屠宰批次，$n=6$），其余 24 只羊随机分为自由采食（al libitum，AL）组（$n=12$）、低限饲（low-restricted，LR）组（自由采食量的 60%，$n=6$）和高限饲（high-restricted，HR）组（自由采食量的 60%，$n=6$）3 组，为了保证 AL 组试验羊的自由采食状态，在清晨饲喂前需准确称量并记录该组剩料量，通过计算和调整投喂量来保证次日剩料量不低于该日采食量的 10%，HR 组和 LR 组试验羊投喂量根据自由采食量按相应比例计算来确定。保证自由饮水和正常光照，其他按照常规饲养操作规程进行，当 AL 组试验羊体重均重达到 42kg 时，从 AL 组中挑选 6 只进行屠宰（B 屠宰批次，$n=6$），待剩余 AL 组试验羊的均重达到 50kg 时，将 AL 组、HR 组和 LR 组试验羊一并屠宰，分别记作 C、D 和 E 屠宰批次（$n=6$）。正试期间，准确称量并记录试验羊每日的投喂量和剩料量，并对每日剩料羊和投喂量按照 5% 比例进行缩分采样，-20℃保存。

消化代谢试验，剩余 12 只试验羊也按照比较屠宰试验设计分 3 组（$n=4$）进行饲喂。待 AL 组试验羊均重达到 42kg [实测值（41.77±2.03）kg] 时，将其移入代谢笼内，待 7d 预试期试验羊完全适应代谢笼环境（无应激反应且采食量恢复正常）后，进入为期 5d 的全粪尿收集消化代谢正试期，期间除按照比较屠宰试验所介绍的方法进行采食量记录并采样的同时，还需分别称量并记录每只羊的粪便和尿液排泄量。

1.3 样本的收集和指标的测定

1.3.1 屠宰样本的收集和测定

屠宰前1天17:00称重并记录为末期活体重（live body weight, LBW）。禁食、禁水16h，次日09:00再次称重，此时的体重记为宰前活重（shrunk body weight, SBW），电击晕后经颈静脉放血屠宰。将胴体沿背中线剖为左右两半，分别称重后将右侧胴体的骨骼、肌肉、脂肪分离，头部和蹄同样按照左、右侧等比例进行分割，并同时进行骨骼、肌肉和脂肪的分离，将骨骼用碎骨机粉碎，混匀后采样500g；将肌肉、脂肪用绞肉机分别绞碎混匀后各采样500g；将试验羊的各个内脏剥离下之后称重并记录，其中，消化道组织在称量并记录其清空前质量后，随即使用清水对其进行清理，尽量挤除多余水分之后再记录其清理后质量，消化道各组织清理前后的质量之差记做消化道内容物（GIT），用于排空体重（Empty body weight, EBW）的计算（EBW = SBW-GIT）；屠宰后所收集的血液、清理内容物后的消化道组织以及其他内脏组织合并称重后，用碎骨机粉碎混匀后采样500g采样500g，记做内脏重。所有样本需冷冻干燥（XIANOU-12N型冷冻干燥机，先欧仪器有限公司）之后再置于烘箱内105℃温度下持续烘干至少8h以上来测定其干物质（DM）含量；氮含量使用凯氏定氮法[22]进行测定（Kjeltec-7300全自动凯氏定氮仪，福斯仪器有限公司，丹麦）。

1.3.2 饲料、粪和尿液样本的收集和测定

每日清晨饲喂前按10%的比例对饲料投喂样进行采样，前日剩料样也需要准确称量并也按照10%的比例进行取样，置于-20℃保存待测。投喂样和剩料样中的DM和氮含量按照1.2.1介绍的方法进行测定；酸性洗涤纤维（ADF）和中性洗涤纤维（NDF）参照文献[23]进行测定。消化代谢正试期内，在每日晨饲前将每日经粪尿分离装置分离出的粪便中的羊毛等其他杂质挑除后称重并记录，随后按照5%的比例进行缩分采样并于-20℃保存待测，所收集的粪样用于测定其DM和氮含量。每日所收集的尿液体积需要用量筒准确度量，并减去提前加入收集装置中的10%稀硫酸的体积（100mL/d），该结果即为各试验羊在正试期内每日所排出的尿液体积，将每只羊5d正试期内每日的尿液样本混匀后抽取1%制为混合尿样，-20℃保存，利用凯氏定氮法测定其氮含量，与饲料和屠宰样本的氮含量测定程序稍有差异，具体如下所述，待冷冻状态下的尿液样本自然融化，混匀后取10mL，用胶头滴管均匀滴涂于定量滤纸（分析纯），置于55℃下8h以上直至完全烘干后再测定其氮含量，尿样的氮含量为滴涂尿液滤纸和空滤纸的氮含量之差。

1.4 指标的计算

在国家肉羊产业体系"营养与饲料功能研究室"各岗位科学家的指导下，经各功能研究室研究团队成员讨论后，最终确定采用"析因法"对营养需要量进行估测的方案，即将动物的总营养需要量剖析为维持（体重维持）和生长（体重增长）需要2大部分，维持需要量利用营养物质摄入量及沉积量建立回归方程的方法进行估测，在已知体重和增重情况数据的前提下通过建立回归方程的方法推算其体组成沉积量，最终确定其生长需要量，再将各部分的营养需要量叠加最终获得总营养需要量。

1.4.1 生长性能

比较屠宰试验正试期前1天17:00称重，记作各屠宰批次试验羊的初始LBW；所有试验羊每隔1周称重1次（晨饲前空腹称重），结合正试期内试验羊的日采食量记录，用于统

计试验羊的平均日增重（ADG）、干物质采食量（DMI）和料重比。各屠宰批次试验羊在屠宰前禁食16h后称重，记作SBW；通过屠宰测定中得到的消化道内容物重量计算排空体重（empty body weight，EBW）。

1.4.2 初始体氮含量的预测和氮沉积量（retained N，RN）的计算

首先，利用比较屠宰试验A屠宰批次试验羊的体氮含量（各个屠宰样本氮含量之和）与EBW，EBW与SBW以及SBW与LBW建立相应的异速回归方程，随后将B、C、D和E屠宰批次试验羊初始LBW代入上述回归方程中依次计算得到上述各屠宰批次试验羊的初始体氮含量，各个屠宰批次试验羊RN根据其屠宰样本测定所得的体总氮含量实测值与初始体总氮含量预测值之差计算而得。

1.4.3 氮摄入量（N intake，NI）的计算

通过消化代谢试验，对投喂样、剩料样、粪便样和尿样中氮含量进行测定，计算氮表观消化率。

氮表观消化率（%）= 100 × （摄入氮 – 粪氮）/摄入氮

结合比较屠宰试验中试验羊的采食量记录，可计算出比较屠宰试验羊在正试期的总氮摄入量（total N intake，TNI），日均氮摄入量（average daily N intake，ADNI）并用于后期的回归方程的建立。

1.4.4 维持净蛋白质需要量的计算

根据比较屠宰试验氮平衡的结果，建立相对RN与NI的线性回归关系：

$$RN = a + b \times NI$$

式中：截距a即为氮维持需要量（即内源尿氮和代谢粪氮之和）（g/kg $SBW^{0.75}$），所得结果乘以6.25即为维持净蛋白质需要量（g/kg $SBW^{0.75}$）。

1.4.5 生长净蛋白质需要量的计算

根据比较屠宰试验AL组数据，建立RN与EBW的异速回归关系：

$$\lg RN = a + b \times \lg EBW$$

由此关系反推不同体重的蛋白质沉积量，即为该体重水平的生长净蛋白质需要量。例如20kg体重平均日增重300g/d的生长净蛋白质需要量可由20.3与20.0kg体重下的两者蛋白质沉积之差得到。

1.5 数据的统计

所有数据在使用Excel 2013进行初步整理（小数点定标及对数Logistic模式进行标准化处理）之后，用SPSS 17.0进行统计分析。所有数据在进行相应的统计分析前需要采用柯尔莫诺夫 – 斯米尔诺夫法（Kolmogorov-Smirnov goodness-of-fit test）检验变量是否符合正态分布规律，对于符合正态分布的变量可直接使用单因素方差（one-way ANOVA）进行差异性检验，并用Turkey's法进行多重比较，当方差分析输出$P < 0.05$时表明差异显著，$P > 0.05$时表明差异不显著。结果用平均值±标准差（mean ± SD）表示。线性回归分析使用PROC REG模型进行。

2 结果与分析

2.1 不同屠宰批次母羔的生长性能和屠宰性能

由表 2 可知，A、B、C、D 和 E 屠宰批次初始 LBW 差异不显著（$P>0.05$）；如试验设计，B 和 C 屠宰批次试验羊的 DMI 均显著高于 D 和 E 屠宰批次（$P<0.05$）；采食量水平显著影响各屠宰批次试验羊的末期 LBW、ADG 和料重比（$P<0.05$），AL 组（B 和 C 屠宰批次）料重比显著低于限饲组（D 和 E 屠宰批次）；就屠宰性能而言，5 个屠宰批次试验羊的屠宰率、净肉率差异均不显著（$P>0.05$）；AL 组（A、B 和 C 屠宰批次）肉骨比高于限饲组 [D（$P>0.05$）和 E 屠宰批次（$P<0.05$）]。

表 2 不同屠宰批次杜湖杂交 F_1 代母羔的生长性能和屠宰性能
Table 2 Growth and slaughter performance of Dorper and *Hu* crossbred F_1 ewe lambs of different slaughter batches

项目 Items	屠宰批次 Slaughter batches				
	A	B	C	D	E
干物质采食量 DMI (kg/d)		1.54 ± 0.12^a	1.66 ± 0.19^a	1.12 ± 0.00^b	0.81 ± 0.00^c
初始活体重 Initial LBW (kg)	35.17 ± 1.78	35.88 ± 1.19	36.30 ± 2.22	36.43 ± 1.04	35.73 ± 0.98
末期活体重 Final LBW (kg)		42.19 ± 1.87^a	50.12 ± 1.99^b	42.68 ± 0.58^a	37.56 ± 1.24^c
宰前活重 SBW (kg)		40.77 ± 1.87^a	48.38 ± 2.46^b	41.25 ± 0.90^a	35.77 ± 0.44^c
平均日增重 ADG (g/d)		230.88 ± 30.10^a	215.77 ± 25.54^a	97.66 ± 26.90^b	28.62 ± 11.24^c
料重比 Feed/gain		6.67 ± 0.83^a	7.69 ± 1.03^a	10.04 ± 0.88^b	28.30 ± 0.76^c
屠宰率 Dressing percentage (%)	50.09 ± 0.75	51.38 ± 1.56	51.47 ± 1.31	51.22 ± 2.82	52.61 ± 1.85
净肉率 Meat percentage (%)	39.30 ± 1.77	37.98 ± 1.51	38.72 ± 2.42	37.99 ± 3.19	40.74 ± 2.86
肉骨比 Meat/bone	1.96 ± 0.05^a	1.98 ± 0.07^a	2.08 ± 0.10^a	1.82 ± 0.13^{ab}	1.71 ± 0.11^b

同行数据肩标不同小写字母表示差异显著（$P<0.05$），相同或无字母表示差异不显著（$P>0.05$）。表 3、表 4 和表 5 同

Values in the same row with different small letter superscripts mean significant different ($P<0.05$), while with the same or no letter superscripts mean no significant difference ($P>0.05$). The same as Table 3, Table 4 and Table 5

2.2 采食量水平对母羔氮代谢的影响

由表 3 可知，消化代谢试验中 AL 组 DMI 分别比 LR 和 HR 组高 47.41% 和 106.02%（$P<0.05$）；TNI 和粪氮排出量均随着采食量的增加而显著升高（$P<0.05$）；HR 组尿氮排出量显著低于 AL 组（$P<0.05$），其余各组间差异不显著（$P>0.05$）；AL 组氮表观消化率显著高于 LR 和 HR 组（$P<0.05$），其余各组间差异不显著（$P>0.05$）。

表3 采食量水平对杜湖杂交 F_1 代母羔氮代谢的影响
Table 3 Effects of feeding level on N metabolism of Dorper and *Hu* crossbred F_1 ewe lambs

项目 Items	组别 Groups		
	自由采食 AL	低限饲 LR	高限饲 HR
干物质采食量 DMI/（kg/d）	1.71 ± 0.16^a	1.16 ± 0.01^b	0.83 ± 0.02^c
总氮摄入量 TNI（g/d）	27.70 ± 1.64^a	19.95 ± 0.18^b	14.28 ± 0.09^c
粪氮排出量 Fecal N output（g/d）	10.32 ± 1.16^a	6.92 ± 0.46^b	4.68 ± 0.33^c
尿氮排出量 Urinary N output（g/d）	8.13 ± 0.78^a	6.77 ± 0.83^{ab}	5.98 ± 0.66^b
氮表观消化率 N apparent digestibility（%）	62.74 ± 1.26^a	65.32 ± 1.45^b	67.22 ± 1.36^b

2.3 不同屠宰批次母羔体组成及蛋白质在各组织间的分布

由表4可知，通过对自由采食饲喂处理的试验羊（A、B和C屠宰批次）体组成比较后发现，在自由采食饲喂条件下，骨骼和肌肉占EBW比例随着月龄的增加显著降低（$P<0.05$），A屠宰批次（4月龄）最高，B屠宰批次（5月龄）次之，C屠宰批次（6月龄）最低；C屠宰批次胴体脂肪占EBW比例显著高于A和B屠宰批次（$P<0.05$）；3个批次内脏占EBW比例差异不显著（$P>0.05$），但有随着周龄增加而降低的趋势；总脂肪占EBW比例随月龄增加而升高，C屠宰批次显著高于A组（$P<0.05$）。对于相同月龄的不同采食量水平的试验羊（C、D和E屠宰批次），骨骼、胴体脂肪、总脂肪、内脏和肌肉占EBW比例均显著受采食量水平的影响，其中，AL组（C屠宰批次）的骨骼和肌肉占EBW比例均显著低于限饲组（D和E屠宰批次）（$P<0.05$）；胴体脂肪、总脂肪和内脏占EBW比例均随着采食量的增加而升高（$P<0.05$），AL组（C屠宰批次）最高，HR组（E屠宰批次）最低，2个限饲组（D和E屠宰批次）体脂肪和内脏占EBW比例差异均不显著。

肌肉蛋白质占BP比例在5个屠宰批次间差异不显著（$P>0.05$）。从BP分布来看，自由采食的试验羊（A、B和C屠宰批次）间比较，随着月龄的增加，胴体脂肪、内脏脂肪、总脂肪中蛋白质占BP比例出现显著增加；其中C屠宰批次（6月龄）胴体脂肪蛋白质占BP比例显著高于A（4月龄）和B屠宰批次（5月龄）（$P<0.05$）；B和C屠宰批次内脏脂肪蛋白质占BP比例显著高于A屠宰批次（$P<0.05$）；C屠宰批次总脂肪蛋白质占BP比例显著高于A屠宰批次（$P<0.05$）。对于相同月龄的不同采食量水平的试验羊（C、D和E屠宰批次），随着采食量水平的升高，胴体脂肪、内脏、总脂肪中蛋白质占BP比例均出现显著增加（$P<0.05$），骨骼蛋白质占BP比例则出现显著降低（$P<0.05$）；其中，AL组胴体脂肪、内脏中蛋白质占BP比例显著高于LR和HR组（$P<0.05$），总脂肪蛋白质占BP比例显著高于HR组（$P<0.05$），骨骼蛋白质占BP比例显著低于LR和HR组（$P<0.05$）。

表4 不同屠宰批次杜湖杂交 F_1 代母羔体组成及蛋白质在各组织间的分布

Table 4 Body composition and protein distrbution in various tissues of Dorper and *Hu* crossbred F_1 ewe lambs of different slaughter batches

项目 Items	屠宰批次 Slaughter batches				
	A	B	C	D	E
体组成 Body composition/%[1]					
骨骼 Bone	16.31 ± 0.45^a	14.25 ± 0.55^b	12.65 ± 0.62^c	15.16 ± 0.47^b	15.37 ± 0.90^b
胴体脂肪 Carcass fat	11.60 ± 0.81^a	11.21 ± 1.20^a	14.48 ± 1.08^b	12.70 ± 1.18^a	12.30 ± 1.24^a
内脏脂肪 Visceral fat	3.29 ± 0.49^a	5.25 ± 1.40^b	5.26 ± 1.08^b	5.60 ± 1.37^b	4.67 ± 0.53^b
内脏 Viscera	15.41 ± 0.46^a	14.85 ± 1.03^a	13.79 ± 0.78^a	9.01 ± 0.67^b	9.16 ± 0.72^b
总脂肪 Total fat	14.89 ± 0.92^a	16.46 ± 1.91^{ab}	19.74 ± 1.99^b	18.29 ± 1.68^b	16.96 ± 1.27^b
肌肉 Muscle	30.28 ± 0.78^a	28.13 ± 1.05^b	25.87 ± 1.29^c	29.99 ± 1.50^{ab}	29.85 ± 1.31^{ab}
体蛋白质分布 BP distribution/%[2]					
骨骼 Bone	25.22 ± 2.46^{ab}	24.68 ± 2.30^{ab}	23.11 ± 1.22^b	26.81 ± 1.96^a	27.38 ± 1.43^a
胴体脂肪 Carcass fat	2.99 ± 0.33^a	2.96 ± 0.43^a	4.16 ± 0.38^b	3.28 ± 0.49^a	3.46 ± 0.35^a
内脏脂肪 Visceral fat	0.95 ± 0.24^a	1.53 ± 0.37^b	1.67 ± 0.38^b	1.69 ± 0.36^b	1.45 ± 0.25^b
内脏 Viscera	22.63 ± 1.67^a	22.92 ± 3.68^a	23.43 ± 1.47^a	14.95 ± 1.82^b	15.13 ± 2.32^b
总脂肪 Total fat	4.08 ± 0.55^a	4.60 ± 0.58^{ab}	5.99 ± 0.74^b	4.47 ± 0.89^{ab}	4.05 ± 0.70^a
肌肉 Muscle	48.10 ± 4.90	47.90 ± 6.15	47.69 ± 5.06	53.19 ± 6.99	52.69 ± 9.16

[1] 体组成 = （体组织鲜重/EBW）×100。Body composition = (body tissues fresh weight/EBW) ×100

[2] 体蛋白质分布 = （各组织蛋白质含量/体蛋白质含量）×100；BP distribution = (tissues protein content/BP content) ×100

2.4 维持净蛋白质需要量

由表5可知，5个屠宰批次试验羊的初始 LBW 和初始 BP 含量差异均不显著（$P > 0.05$）；B 和 C 屠宰批次间 RN 和 NI 差异不显著（$P > 0.05$），但均显著高于 D 和 E 屠宰批次（$P < 0.05$）。建立 RN（g/kg $SBW^{0.75}$）与 NI（g/kg $SBW^{0.75}$）的回归方程：$RN = (-0.2607 \pm 0.0544) + (0.2728 \pm 0.0311) \times NI$（图1）。由此计算出，4~6月龄杜湖杂交 F_1 代母羔的维持净氮的需要量为 261 mg/kg $SBW^{0.75}$，换算为维持净蛋白质需要量为 1.63 g/kg $SBW^{0.75}$。

表5 不同屠宰批次杜湖杂交 F_1 代母羔体蛋白质沉积

Table 5 BP deposition of Dorper and *Hu* crossbred F_1 ewe lambs of different slaughter batches

项目 Items	屠宰批次 Slaughter batches				
	A	B	C	D	E
初始活体重 Initial LBW (kg)	35.17 ± 1.78	35.88 ± 1.19	36.30 ± 2.22	36.43 ± 1.04	35.73 ± 0.98
初始体蛋白质含量 Initial BP content (g)	4 513.71 ± 229.13	4 304.91 ± 212.33	4 521.61 ± 154.04	4 432.65 ± 278.33	4 534.55 ± 253.10
氮沉积量 RN (g/kg $SBW^{0.75}$)		0.41 ± 0.05^a	0.40 ± 0.04^a	0.08 ± 0.07^b	-0.05 ± 0.05^b
氮摄入量 NI (g/kg $SBW^{0.75}$)		2.62 ± 0.08^a	2.49 ± 0.08^a	1.27 ± 0.07^b	0.99 ± 0.03^c

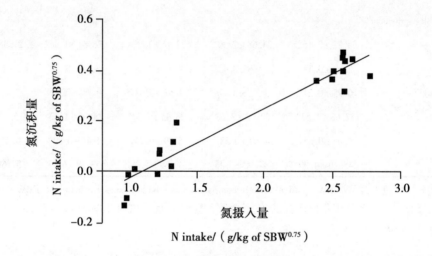

图1 4~6月龄杜湖杂交 F_1 代母羔氮沉积量与氮摄入量的回归关系

Fig. 1 Regression relationship between RN and NI of Dorper and *Hu* crossbred F_1 ewe lambs aged 4 to 6 months

2.5 生长净蛋白质需要量

如图2所示，BP (g) 含量与 EBW (kg) 的回归方程为：$\lg BP = (2.952 \pm 0.2618) + (0.562 \pm 0.1692) \times \lg EBW$；由此计算可知，4~6月龄杜湖杂交 F_1 代母羔生长蛋白质需要量为 9.83~25.08 g/d（表6）。

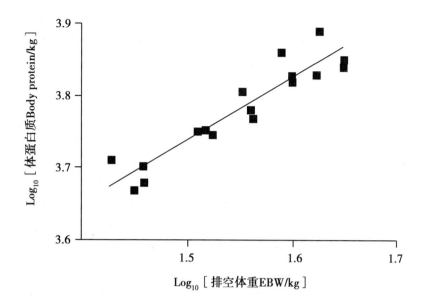

图 2 4~6月龄杜湖杂交 F_1 代母羔体蛋白质含量与排空体重的回归关系

Fig. 2 Regression relationship between BP content and EBW of Dorper and *Hu* crossbred F_1 ewe lambs aged 4 to 6 months

表 6 4~6月龄杜湖杂交 F_1 代母羔生长净蛋白质需要量

Table 6 Net protein requirement for growth of Dorper and *Hu* crossbred F_1 ewe lambs aged 4 to 6 months

平均日增重 ADG (g/d)	宰前活重 SBW/kg			
	35	40	45	50
100	9.83	9.25	8.77	8.37
150	14.74	13.88	13.16	12.55
200	19.65	18.50	17.54	16.73
250	24.56	27.73	21.92	20.90
300	29.46	27.73	26.30	25.08

3 讨论

动物的维持净蛋白质需要量反映了包括代谢粪蛋白质（MFCP）和内源性尿蛋白质（EUCP）在内的氮损失总量。根据 NRC（2007）[2]的介绍，MFCP 最常用的预测方法是利用饲粮中可消化粗蛋白质（digestible CP concentration，DCPC）含量与饲粮粗蛋白质含量（total CP concentration，TCPC）建立回归方程，所建立回归方程的截距即为所得的结果。利用此种方法，推导出 4~6 月龄杜湖杂交 F_1 代母羔 DCPC（g/kg）与 TCPC（g/kg）的回归方程：$DCPC = (-4.446 \pm 1.522) + (1.099 \pm 0.1603) \times TCPC$ ($R^2 = 0.83$, $P = 0.07$)。由此可知，4~6月龄杜湖杂交 F_1 代母羔的 MFCP 损失量占 DMI 比例为 4.45%［每采食 1kg 试验饲粮所损失的粗蛋白质（CP）为 44.5g］；MFCP 的单位既可以使用占 DMI 比例，也可以使用占不可消化干物质（indigestible DM）比例来表示，相较而言，使用后者具有更高的准确性[2]，但是，利用上述 2 种单位进行 MFCP 描述时，均需要增添额外的工作量，如对 DMI、DM 消化率或者两者同时测定；且考虑到营养需要量大多皆以体重为单位进行表述，故在品种间体重差异不明显的前提下，利用体重为单位来描述 MFCP 可能会更加适用，NRC 也曾在 2000 版[1]中将 MFCP 以体重为单位进行量化描述，此方法可以减少对 DMI 测定的工作量。在本试验中，将 MFCP 以体重为单位进行换算后可知，4~6 月龄杜湖杂交 F_1 代母羔每 kg 体重的 MFCP 损失量为 1.30g。对于 EUCP 而言，其使用频率往往低于 MFCP，但是在精确度方面却优于 MFCP。根据 SCA（1990）[24]的介绍，EUCP 会随着必需氨基酸（AA）的强制性氧化而升高，并反映了动物的蛋白质周转过程。依据 Luo 等[25]介绍的方法，利用尿氮排出量（UN，g/kg BW）与表观可消化氮摄入量（ADNI，g/kg BW）建立回归方程：$UN = (0.1251 \pm 0.0064) + (0.1863 \pm 0.0211) \times ADNI$（$R^2 = 0.89$, $P = 0.004$）；可知 4~6 月龄杜湖杂交 F_1 代母羔内源性尿氮损失为 0.125g/kg $BW^{0.75}$，换算为 EUCP 损失量为 0.78g/kg $BW^{0.75}$。结合上述结果，由 EUCP 与 MFCP 之和（2.08g/kg $BW^{0.75}$）高于本试验中利用 NI 与 RN 建立回归关系所得的维持净蛋白质需要量（1.76g/kg $BW^{0.75}$）。对于上述结果，我们认为，MFCP 预测方法所得结果主要包括组织细胞新陈代谢过程中脱落的细胞上皮细胞、酶类物质，但消化道微生物细胞碎片，而消化道微生物并不属于真正的内源性损失[2]，并由此推测，该预测方法可能会高估 MFCP，从而引起维持净蛋白质需要量预测值偏高。

与前人所得试验结果对比我们发现，本试验所得的 4~6 月龄杜湖杂交 F_1 代母羔的维持净蛋白质需要量（1.63g/kg $SBW^{0.75}$）比许贵善[15]就杜寒杂交公羔（1.86g/kg $SBW^{0.75}$）和母羔（1.82g/kg $SBW^{0.75}$）所报道的结果分别低 12% 和 10%。Galvani 等[26]报道了特克赛尔杂交公羔羊的维持净氮需要量为 243mg/kg $SBW^{0.75}$，换算为维持净蛋白质需要量为 1.52g/kg $SBW^{0.75}$，其结果比本试验所得结果低 6.75%。王鹏[18]在以杜泊羊小尾寒羊杂交肉羊为试验对象的研究中认为 20~35kg 该品种肉羊的维持净蛋白质需要量为 1.68g/kg $SBW^{0.75}$，略高于本试验结果。本试验所报道的杜湖杂交 F_1 代母羔维持净蛋白质需要量与 Gonzaga 等[27]对细毛羊的研究结果（2.07g/kg $SBW^{0.75}$）相比较低，约为其所报道结果的 78.75%。维持净蛋白质需要量结果的差异主要源于不同研究中试验羊的品种，试验条件和研究方法之间的差异。

体组成变化和体营养成分沉积规律对动物营养需要量研究具有很重要的意义，动物机体各组织的生长构成了整个机体的生长，不同生长阶段各组织间的发育速度也存在着差异。本试验中使用的杜湖杂交 F_1 代母羔在 4~6 月龄生长阶段，各组织中仅有脂肪（包括胴体脂肪和内脏脂肪）占 EBW 比例呈上升趋势，其余各组织均呈降低的趋势，上述结果均表明该生长阶段试验动物的生长以脂肪生长为主，且晚于骨骼、肌肉和内脏的发育。屠宰期均为 6 月龄的不同限饲处理动物体组成也具有一定规律性的变化：限饲组试验羊骨骼、内脏和肌肉占 EBW 比例的上升，而总脂肪（胴体脂肪、内脏脂肪）比例的下降。上述结果表明，相对于 AL 组羊而言，限饲处理试验羊均出现营养不良所引起的生长发育受阻滞后现象，其中表现最明显的为内脏，LR 和 HR 组（6 月龄）内脏占 EBW 比例不仅低于同月龄的 AL 组，也低于较低月龄（4、5月龄）自由采食的试验羊。我们推测认为引起这种变化最主要的原因为：动物在营养摄入严重不足的情况下，机体会被动通过一系列生理反应以减少维持营养需要输出；根据 Seve 等[28]的报道，占 BP 比例仅仅约为 7%~8% 的内脏（消化道 + 肝脏）却提供了 50% 的 BP 周转率，而肌肉的蛋白质占 BP 比例高达 30%~45%，但仅仅提供了约 20% 的 BP 周转率，因此他们认为与外周组织相比，内脏比例的高低对动物机体的维持营养需要量有决定性的作用。依据上述观点及本试验结果，我们推测在限饲条件下，试验动物通过降低增耗较高的内脏来降低其维持需要量，以适应营养供给不足的饲养环境。

本试验中由不同屠宰批次 BP 分布结果可知，经自由采食处理的 4~6 月龄杜湖杂交 F_1 代母羔骨骼、胴体脂肪、内脏脂肪、内脏、总脂肪和肌肉组织蛋白占 BP 比例的变化范围分别为 25.22%~23.11%、2.99%~4.16%、0.95%~1.67%、22.63%~23.43%、4.08%~5.99% 和 48.10%~47.69%；胴体脂肪、内脏脂肪占 BP 比例随月龄的增加而上升，骨骼和肌肉中蛋白质占 BP 比例随着月龄的增加而降低，表明 4~6 月龄生长阶段胴体脂肪和内脏脂肪生长速度高于骨骼和内脏。虽然 4~6 月龄均为胴体脂肪和内脏脂肪优势生长期，但两者的发育时间却存在着某些差异，由本试验结果可知，4~5 月龄生长阶段内脏脂肪沉积速率显著高于 5~6 月龄生长阶段（内脏脂肪蛋白质占 BP 比例的增长幅度 0.95%~1.53% vs. 1.53%~1.67%）；相较而言，5~6 月龄生长阶段为胴体脂肪分化生长优势阶段，该生长阶段胴体脂肪蛋白质沉积速率显著高于 4~5 月龄生长阶段（胴体脂肪蛋白质占 BP 比例的增长幅度 2.99%~2.96% vs. 2.96%~4.16%）。本试验中，杜湖杂交 F_1 代母羔在相同 ADG 水平下，生长净蛋白质需要量随着体重的升高而显著降低，以 ADG 同为 200g/d 为例，50kg 体重阶段生长净蛋白质需要量为 16.73g/d，相较于 35kg 体重试验羊的生长净蛋白质需要量（19.65g/d）降低了 14.86%，我们认为，这种差异极有可能是由于 BP 比例随着体重增加而降低所造成的，该观点与许贵善[15]和王鹏[18]的观点相吻合。由上述结果推测可知，不同品种、月龄和性别间试验羊维持和生长净蛋白质需要量结果主要取决于体成熟阶段的差异，蛋白质合成高峰期也相应有着差异性，无论从维持还是生长净蛋白质需要量角度来看，体成熟度较低的试验羊都应当有着较高的蛋白质需要量。

4 结论

①4~6 月龄杜湖杂交 F_1 代母羔的内源性氮损失量为 $261mg/kg\ SBW^{0.75}$，换算为维持净蛋白质需要量为 $1.63g/kg\ SBW^{0.75}$。

②该品种肉羊在 35~50kg 体重阶段，ADG 为 100~300g/d 的生长净蛋白质需要量为 9.83~25.08g/d。

③本试验建立了利用 RN 与 NI 估测 4~6 月龄杜湖杂交 F_1 代母羔维持净蛋白质需要量的模型以及 BP 含量与 EBW 估测生长蛋白质需要量的模型。

参考文献

[1] NRC. Nutrient requirements of sheep [S]. Washington, D. C.：National Academies Press, 1985.

[2] NRC. Nutrient requirements of small ruminants：sheep, goats, cervids, and new world camelids [S]. Washington, D. C.：National Academies Press, 2007.

[3] ARC. The nutrient requirements of ruminant livestock [S]. Slough：Commonwealth Agricultural Bureaux, 1980.

[4] AFRC. Energy and protein requirements of ruminants [S]. Wallingford：CAB International, 1993.

[5] CSIRO. Nutrient requirements of domesticated ruminants [S]. Melbourne: Commonwealth Scientific and Industrial Research Organization Publishing, 2007.

[6] 刘洁, 刁其玉, 邓凯东. 肉用羊营养需要及研究方法研究进展 [J]. 中国草食动物, 2010, 30 (3): 67-70.

[7] 中华人民共和国农业部. 肉羊饲养标准 NY/T 815—2004 [S]. 北京: 中国农业出版社, 2004.

[8] 包付银. 波尔×隆林杂交育成羊育肥期能量和蛋白质营养需要的研究 [D]. 硕士学位论文. 南宁: 广西大学, 2007.

[9] 梁贤威, 杨炳壮, 包付银, 等. 波尔山羊×隆林杂交羔羊育肥期能量和蛋白质营养需要的研究 [J]. 中国畜牧兽医, 2008, 35 (6): 13-17.

[10] 杨维仁, 杨在宾, 李凤双, 等. 小尾寒羊泌乳期蛋白质需要量及其代谢规律的研究 [J]. 动物营养学报, 1994, 9 (4): 39-43.

[11] 杨在宾, 贾志海, 于玲玲, 等. 杂种肉羊生长期能量需要量及其代谢规律研究 [J]. 中国畜牧杂志, 2004, 40 (7): 18-19.

[12] 杨在宾, 李凤双, 杨维仁, 等. 小尾寒羊空怀母羊能量维持需要及其代谢规律研究 [J]. 动物营养学报, 1996, 8 (1): 29-33.

[13] 杨在宾, 李凤双, 张崇玉, 等. 大尾寒羊泌乳期母羊能量需要量及其代谢规律研究 [J]. 中国养羊, 1994 (3): 18-21.

[14] 杨在宾, 杨维仁, 张崇玉, 等. 大尾寒羊生长期能量需要量及代谢规律研究 [J]. 山东农业大学学报: 自然科学版, 1999, 30 (2): 97-103.

[15] 许贵善. 20~35kg 杜寒杂交羔羊能量与蛋白质需要量参数的研究 [D]. 博士学位论文. 北京: 中国农业科学院, 2013.

[16] 许贵善, 刁其玉, 纪守坤, 等. 20~35kg 杜寒杂交公羔羊能量需要参数 [J]. 中国农业科学, 2012, 45 (24): 5 082-5 090.

[17] 许贵善, 刁其玉, 纪守坤, 等. 20~35kg 杜寒杂交公羔羊能量需要参数的研究 [C] //中国畜牧兽医学会动物营养学分会第十一次全国动物营养学术研讨会论文集. 北京: 中国农业科学技术出版社, 2012.

[18] 王鹏. 肉用公羔生长期 (20~35kg) 能量和蛋白质需要量研究 [D]. 硕士学位论文. 保定: 河北农业大学, 2011.

[19] 杜飞. 20~35kg 萨福克×阿勒泰杂交母羊能量需要量的研究 [D]. 硕士学位论文. 武汉: 华中农业大学, 2012.

[20] 聂海涛, 施彬彬, 王子玉, 等. 杜泊羊和湖羊杂交 F_1 代公羊能量及蛋白质的需要量 [J]. 江苏农业学报, 2012, 28 (2): 344-350.

[21] 聂海涛, 游济豪, 王昌龙, 等. 育肥中后期杜泊羊湖羊杂交 F_1 代公羊能量需要量参数 [J]. 中国农业科学, 2012, 45 (20): 4 269-4 278.

[22] AOAC. Official methods of analysis [S]. Washington, D. C.: Association of Official Analytical Chemists Inc., 1990.

[23] Van Soest P J, Robertson J B, Lewis B A. Methods for dietary fiber, neutral detergent fiber, and nonstarch polysaccharides in relation to animal nutrition [J]. Journal of Dairy Science, 1991, 74 (10): 3 583-3 597.

[24] SCA. Feeding standards for australian livestock: ruminants [S]. Melbourne: CSIRO Publishing, 1990.

[25] Luo J, Goetsch A L, Moore J E, et al. Prediction of endogenous urinary nitrogen of goats [J]. Small Ruminant Research, 2004, 53 (3): 293-308.

[26] Galvani D B, Pires C C, Kozloski G V, et al. Protein requirements of Texel crossbred lambs [J]. Small Ruminant Research, 2009, 81 (1): 55-62.

[27] Gonzaga N S, Silva Sobrinho A G Da, Resende K T De, et al. Body composition and nutritional requirements of protein and energy for Morada Nova lambs [J]. Revista Brasileira de Zootecnia, 2005, 34 (6): 2 446-2 456.

[28] Seve B, Ponter A A. Nutrient-hormone signals regulating muscle protein turnover in pigs [J]. Proceedings of the Nutrition Society, 1997, 56 (2): 565-580.

原文发表于《动物营养学报》, 2015, 27 (1): 93-102.

杜泊羊和湖羊杂交 F_1 代公羊能量及蛋白质的需要量[*]

聂海涛[1][**],施彬彬[2],王子玉[1],张艳丽[1],应诗家[1],
何东洋[1],王昌龙[1],游济豪[1],
张国敏[1],李嫔[1],邹盼盼[1],樊懿萱[1],王 锋[***]

(1. 南京农业大学羊业科学研究所,南京 210095;
2. 江苏省海门市畜牧兽医站,海门 226100)

摘 要:为解决目前在畜牧业中广泛存在的营养供给不能满足动物的营养需要或者营养供给过剩造成的饲料资源浪费等问题。以 20~35kg 杜湖杂交 F_1 代公羔为研究对象,将营养需要量解析为维持需要和生产需要,由饲养试验、消化代谢试验和比较屠宰试验组成。在消化代谢试验中,将 12 只试验羊随机分为自由采食、70% 采食量以及 50% 采食量 3 个组,采用全粪尿收集法得到 3 个采食量水平的 ME 值、蛋白质和能量消化率,并利用比较屠宰试验分 3 期进行屠宰测定,得到的数据建立一系列的数据模型,最终推算出营养需要量。结果显示:维持净能(NE_m)需要量为 $46.3kcal/BW^{0.75}$、维持 x 代谢能(ME_m)需要量为 $112.0kcal/BW^{0.75}$、维持净蛋白质(NP_m)需要量为 $(1\,009 \pm 98)\,mg/BW^{0.75}$、20~35kg 日增重 300g 的生长净能需要量为 2.58~5.42MJ/d、日增重 300g 的生长净蛋白质需要量为 111~129g/d。本研究最终为该品种肉羊育肥期的前半阶段确定了能量和蛋白质需要量,为该品种肉羊营养的科学供给提供理论依据。

关键词:能量;蛋白质;需要量;杜湖杂交绵羊

---

[*] 基金项目:国家肉羊产业体系项目(nycytx-39);
[**] 作者简介:聂海涛(1986—),男,安徽省蚌埠人,博士研究生,主要从事反刍动物营养研究。(E-mail niehaitao_2005@126.com;
[***] 通讯作者:王锋,(E-mail) caeet@njau.edu.cn

Energy and Protein Requirement for Hybrid Rams of Hu Sheep and Dorper Sheep

Nie Haitao[1], Sho Binbin[2], Wang Ziyu[1], Zhang Yanli[1], Ying Shijia[1], He Dongyang[1], Wang Changlong[1], You Jihao[1], Zhang Guomin[1], Li Pin[1], Zou Panpan[1], Fan Yixuan[1], Wang Feng[1]

(1. Insititude of Goats & Sheep Science, Nanjing Agricultural University, Nanjing 210095, China; 2. Haimen Animal Husbandry and Veterinary, Haimen 226100, China)

Abstract: To define the energy and protein requirement for sheep, the whole experiment was de6ded into digestion experiment, metabolism experiment, and comparative slaughter experiment. In the digestion and metabolism experiments, 20~35kg hybrid rams of Hu sheep and Dorper sheep were randomly divided into 3 groups which were ad libitum intake. 70% of ad libitum intake. and 50% of ad libitum intake. Metabolic energy and protein and energy digestibilities were defined by collecting the full urine and feces. Nutritional requirement was calculated subsequently using the data models set up in 3-stage slaughter experiments. The results showed that the daily net energy requirement for maintenance (NE_m) was 46.3kcal/$BW^{0.75}$, the daily metabolic energy requirement for maintenance (ME_m) was112.0kcal/$BW^{0.75}$, and the daily net protein requirement for maintenance was (1 009 ± 98) mg/$BW^{0.75}$. Net energy requirement and net protein requirement for the growth of the rans with a daily weight gain of 300g/d ranged from 2.58MJ/d to 5.42MJ/d and 111g/d to 129g/d, respectively.

Key words: energy; protein; requirement; hybrid ram of Hu sheep and Dorper sheep

准确制定营养需要量可以为畜牧业和饲料工业的发展提供坚实的理论基础，许多畜牧业发展较早国家的营养评价体系都会定期对已有营养需要量进行修订和再测定，从而不断进行完善和细化营养需要量，目前，国际上比较成熟的营养需要量标准有INRA、AFRC、CSIRO、NRC。但是，国内在肉羊营养需要量方面的研究不仅晚于国外也迟于国内其他畜种，迄今国内只有少数文献报道了某些品种肉羊[1-2]的营养需要量。然而随着肉羊产业的迅猛发展，更多优良的肉用品种涌现出来，近几年在江浙区域利用杜泊羊对地方湖羊进行品种改良，培育出了同时具备产肉和优良繁殖性能的杜湖杂交新品种，受到广大肉羊养殖户的普遍好评。由于国内外在品种和饲料原料上都存在一定的差异，因此，全面套用国外的营养标准是不科学的，会影响育肥效果。本研究旨在确定杜湖杂交F_1代公羔育肥前期能量和蛋白质的需要量，为科学供给营养提供理论依据。

1 材料与方法

整个试验由饲养试验、比较屠宰试验和消化代谢试验 3 部分构成，于 2010 年 4 月中旬到 7 月初在江苏省徐州市睢宁市申宁羊业有限公司进行，整个试验为期 62d，包括 10d 的预饲期和 52d 的正式试验期。

1.1 比较屠宰试验

1.1.1 试验设计

选择 30 只 50 日龄左右的杜湖杂交 F_1 代公羔进行常规驱虫处理之后分栏饲养，预饲期 10d，使试验羊适应单栏饲养环境以及试验用 TMR 颗粒饲料，随后进入正式试验期，从中随机挑选 6 只试验羊［（20.70±0.87）kg］按照屠宰测定程序进行屠宰来确定初始能值（Initial energy）和初始蛋白值（Initial protein）。将剩余的 24 只羊随机分为 4 组（每组 6 只），其中 1 组自由采食和饮水，记录每日采食量。当其平均体重达到 28.00kg 时，也按照按屠宰测定程序进行屠宰，完成试验中期的屠宰测定。另外 3 组羊用于末期屠宰，每日晨饲前清除自由采食组饲槽内的剩料并称重，保证该组剩料约为投喂量的 10%，并根据其采食量确定其他两个限饲组每天的饲喂量，分别按自由采食量的 70% 和 50% 两个饲喂水平投喂上述全混颗粒饲料，使 3 个处理组的目标日增重分别为 300g/d、150g/d、0g/d。当任一组中的自由采食羊体重达到 35kg 时，该屠宰组的 3 只羊均按屠宰测定程序进行屠宰，完成试验末期屠宰测定。

1.1.2 屠宰测定程序

屠宰前日 17:00 称重，禁食、禁水 16h，次日 9:00 再次称重后经颈静脉放血屠宰，将胴体沿背中线剖为左右两半，分别称重后将右侧胴体的骨、肉、脂肪分离，头沿中线剖为左右两半，将右侧头的皮、毛、骨、肉分离，同时将右侧前后蹄的皮、骨、肉分离，上述各样本分别称重后记录重量。将每只羊的骨、肉分别合并，并记录总重量；腹脂混匀后取 50% 与胴体脂肪混合。将骨用破骨机粉碎，混匀后采样 500g；将肉、脂肪用绞肉机分别绞碎混匀后各采样 500g；将血与所有内脏混合后，用破骨机粉碎混匀后采样 500g；剪毛后采集毛样；将剪毛后的皮沿体背十字线采样。每只羊采集骨、肉、脂肪、血+内脏、皮、毛共 6 个样品，冷冻保存。

1.1.3 试验用全价颗粒饲料

试验用全价颗粒饲料由连云港舜润饲料有限公司提供，具体成分及营养含量见表 1。

表 1 基础日粮及其营养水平
Table 1 Composition and nutrient levels of basal diets

	项目	含量或水平
原料	黄豆秸秆（%）	29.44
	花生壳粉（%）	15.00
	大麦（%）	5.00
	豆粕（%）	10.60
	玉米（%）	38.60

(续表)

项目		含量或水平
	石粉（%）	0.26
	食盐（%）	0.50
	磷酸氢钙（%）	0.38
	硫酸钠（%）	0.10
	预混料[1]（%）	0.12
	合计（%）	100.00
营养水平	消化能（MJ/kg）	13.60
	粗蛋白质（%）	13.81
	粗脂肪（%）	1.95
	钙 Ca（%）	1.53
	磷 P（%）	0.70

[1] 预混料即为每 t 颗粒饲料提供：0.12kg 的一水硫酸亚铁、0.08kg 无水硫酸铜、0.19kg 一水硫酸锰、0.19kg 一水硫酸锌、含 I 5% 预混剂 0.05kg、含 Se 1% 预混剂 0.005kg、含 Co 5% 预混剂 0.005kg、牛羊专用复合维生素 0.2kg、超浓缩源康宝 0.25kg、2% 莫能霉素 0.15kg

1.2 消化代谢试验

用于消化代谢试验的 12 只公羊自由采食上述试验饲料，当平均体重达到 28kg 时移入代谢笼内，按照比较屠宰试验的饲喂方式随机分为 4 组，7d 预试期后进入为期 6d 的正试期中，每日记录饲料投喂量、饲料剩余量，并按照 10% 的比例采样；每日粪样称重记录并按照粪样 10% 的量进行采样，记录每天尿液容积后，将每只羊 6d 的尿样混合采样，以上各个样本均于 -20℃ 下冷冻保存以备测定总能和蛋白质。

1.3 样本的测定和数据分析

1.3.1 营养摄入量

日粮中的代谢能摄入量依据方程 $MEI = [0.1234 \times GE \times (1-L)] + \{DE_m \times [0.637 + (0.163 \times L)]\}$ 计算而得，式中 GE 是通过能量测定仪测得的饲料总能；DE_m 是维持能量摄入组的消化能摄入量；L 代表采食量水平，是由实际 DE 摄入量和 DE 维持摄入量的比值计算得到的[3]。日粮中的蛋白质含量为实测所得，蛋白质的利用效率则由消化代谢试验中的饲料蛋白质含量与粪、尿中的蛋白质含量的差值计算而来，从而得到试验羊对氮的吸收率。

表2 不同采食水平下羔羊的消化代谢结果
Table 2 digestibility result of different intake level of

指标	采食量水平			标准误	P值
	自由采食	70%自由采食量	50%自由采食量		
羔羊数（只）	5	5	5	—	—
采食量（kg）	8.186	5.375	3.838	0.59	<0.001
N摄入量（kg）	1.052	0.738	0.527	0.28	<0.001
N吸收率（%）	69.68	70.46	73.24	1.98	0.145
能量摄入量（MJ）	30.97	21.72	15.51	1.35	<0.001
消化能（MJ）	21.18	13.98	10.80	2.40	<0.001
能量消化率（%）	68.39	64.36	69.63	3.61	<0.05
代谢能摄入水平（Mcal/kg）	2.84	2.81	2.78	0.001	0.50

根据表2所示，代谢能摄入水平：自由采食组为2.84Mcal/kg、70%采食量组为2.81Mcal/kg、50%采食量组为2.78Mcal/kg，平均值为2.82Mcal/kg；各个采食量组的N吸收率依次为69.68%、70.46%及73.24%，并最终推算出比较屠宰试验各组试验羊的ME摄入量和N摄入量。

1.3.2 试验羊初始能值与初始氮值的估测

利用第1批屠宰测定试验羊的初始能值（IE）与排空体重（EBW）建立异速回归关系，同时利用排空体重（EBW）分别与代谢体重（SBW）和活体重（BW）建立回归关系，预测其他屠宰组在试验初期的能量沉积量，将各批试验羊的屠宰测定所采样本进行能量测定，得到试验末期的能量沉积，与前期的能量沉积量之差就是所要得到的各个试验羊在试验周期内的能量沉积量。蛋白质初始含量以及最终蛋白质沉积量的估测同样按照上述方法进行，建立的回归关系见表3。

表3 初始能量及初始蛋白质的预测方程
Table 3 Predicted formulation for the initial energy and initial protein content

指标	方程	相关系数（r）	P值
排空体重	$EBW = 6.025(\pm 2.190) + [0.477(\pm 0.104) \times BW]$	0.916	<0.01
排空体重	$EBW = 8.390(\pm 0.956) + [0.384(\pm 0.048) \times SBW]$	0.97	<0.001
初始能值	$\text{Log}_{10}[\text{initial energy}] = 4.277(\pm 0.435) + [0.358(\pm 0.361) \times \text{Log}_{10} EBW]$	0.94	<0.01
初始氮值	$\text{Log}_{10}(\text{initial protein}) = -0.917(\pm 0.560) + 1.355(\pm 0.465) \times \text{Log}_{10} EBW$	0.825	<0.05

1.3.3 维持净能需要量与维持代谢能的计算

呼吸产热量（HP，$kcal/BW^{0.75}$）由代谢能摄入量（MEI，$kcal/BW^{0.75}$）和能量沉积量（RE，$kcal/BW^{0.75}$）的差值计算所得，根据Lofgreen和Garret[4]所报道的方法：由呼吸产热

量和代谢能摄入量建立的回归方程截距的反对数被用来进行维持净能需要量（NE_m，kcal/$BW^{0.75}$）的推测。根据比较屠宰试验能量平衡的结果，建立能量沉积量（RE，kcal/$BW^{0.75}$）与代谢能摄入量（MEI，kcal/$BW^{0.75}$）的线性回归关系：RE = a + b × MEI，当 RE = 0 时代谢能摄入量（MEI，kcal/$BW^{0.75}$）即为维持代谢能需要量（ME_m）。

1.3.4 生长净能需要量和生长代谢能需要量的计算

生长净能需要量（NE_g，kcal/$BW^{0.75}$）是根据 PIRES[5] 介绍的处在不同代谢体重（SBW，kg）下试验羊体内沉积能量的差值计算所得的，例如，代谢体重为 20kg 日增重为 300g 的生长净能（NE_g）需要量是由代谢体重为 20.0kg 和 20.3kg 时体内沉积能量的差值计算而得来的。体蛋白质，脂肪和能量物质含量根据 ARC[6]：$\log_{10}$（protein，fat，or energy content，kg）= a + [b × $\log_{10}$（EBW，kg）] 来预测。限饲组试验羊的数据不包括在上述方程中，偏系数（k_g）是根据能量沉积量（RE，kcal/$BW^{0.75}$）和代谢能摄入量（MEI，kcal/$BW^{0.75}$）建立的回归关系推算的。再由偏系数（k_g）= 生长净能需要量（NE_g，kcal/$BW^{0.75}$）/生长代谢能需要量（ME_g，kcal/$BW^{0.75}$）这一方程，便可得到生长代谢能需要（ME_g，kcal/$BW^{0.75}$）。

1.3.5 维持净蛋白质需要量的计算

根据比较屠宰试验 N 平衡的结果，建立氮沉积量（NR）与氮采食量（NI）的线性回归关系：NR = a + b × NI，截距 a 即为维持所需的 N 需要量（内源 N 损失，即内源尿 N + 代谢粪 N），所得结果乘以 6.25 即为维持净蛋白质需要量。

1.3.6 生长净蛋白质需要量的计算

根据比较屠宰试验自由采食组的数据，建立氮沉积量（NR）与体重（BW）的异速回归关系：$\log_{10}$（NR）= a + b × $\log_{10}$（BW），由此关系反推不同体重的蛋白质沉积量，即为该体重水平的生长净蛋白质需要量。例如 20kg 体重日增重 300g 的生长净蛋白质需要量可由 20.3kg 与 20kg 体重下的两者蛋白质沉积之差得到。

1.4 数据分析

试验中的数据主要利用 SPSS 软件中的差异性分析、回归分析以及异速回归分析等方法进行分析统计。

2 结果

2.1 能量需要量的确定

2.1.1 维持净能（NE_m）和维持代谢能（ME_m）需要量

建立呼吸产热量（HP）与代谢能摄入量（MEI）的回归方程：Log（HP，kcal/$BW^{0.75}$）= 1.666（±0.013）+ [0.003（±0.000）× MEI，kcal/$BW^{0.75}$]，见图 1。所建立的回归方程截距的反对数，即所求的维持净能需要量为 46.3kcal/$BW^{0.75}$。维持代谢能需要量为 112kcal/$BW^{0.75}$。

2.1.2 生长净能（NE_g）需要量

根据比较屠宰试验自由采食组的数据，建立能量沉积量（RE）与体重（BW）的异速回归关系（图2），由此关系反推不同体重的能量沉积量，利用材料方法 1.3.4 中介绍的生

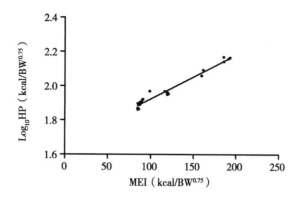

图1 不同代谢能摄入量水平下的呼吸产热量

Fig. 1 Respiration heat production of different levels of metabolic energy intake

长净能需要量的确定方法得到最终的结果（表4）。

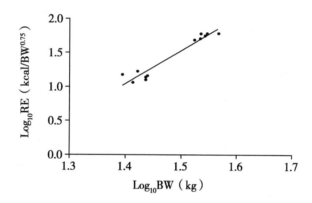

图2 不同体重羔羊的能量沉积量

Fig. 2 Lamb nergy retain of different body weight

表4 羔羊生长净能（NEg）需要量

Table 4 Lamb growth requirement of net energy/（MJ/d）

营养评价体系	体重（kg）	日增重（g/d）				
		100	150	200	250	300
本试验	20	0.86	1.29	1.72	2.15	2.58
	25	1.29	1.94	2.59	3.24	3.89
	30	1.81	2.71	3.61	4.52	5.42
NRC（1985）	20	1.09	1.64	2.18	2.73	3.28
	25	1.29	1.94	2.59	3.23	3.87
	30	1.48	2.22	2.96	3.7	4.44

2.1.3 生长代谢能（ME_g）需要量

利用比较屠宰试验中试验羊的能量沉积量（RE）与代谢能摄入量（MEI）建立回归方

程，RE = 13.852 + 0.443MEI$_g$，（R^2 = 0.473 ∗∗）。所得到的回归方程的斜率即代谢能（ME）的生长利用效率（k_g），ME$_g$ = NE$_g$/k_g，依据所得得异速回归方程（图3）本试验得到的 k_g 值为 0.443 从而推算其相应的代谢能需要量。

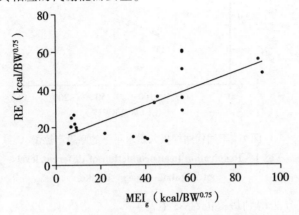

图3 不同代谢能摄入量水平下的能量沉积量

Fig. 3 Retain energy of different levels of metabolic energy intake

2.2 蛋白质需要量的确定

2.2.1 维持净蛋白质需要量（NP$_m$）

利用比较屠宰试验和消化代谢试验中得到的氮沉积量（RN）与氮摄入量（N intake）建立回归方程（图4），所得方程为 RN = 1.009 − 0.803NI，（R^2 = 0.833），方程的截距即为维持净蛋白质需要量（NP$_m$）：（1 009 ± 98）mg of N/BW$^{0.75}$换算成粗蛋白质 CP 的结果为 1 009 × 6.25 = 6.306g CP/BW$^{0.75}$。

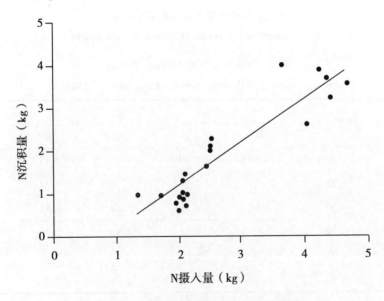

图4 不同 N 摄入量水平下的 N 沉积量

Fig. 4 N retain of different levels of N intake

2.2.2 生长净蛋白需要量（NP_g）

根据比较屠宰试验自由采食组的数据，建立氮沉积量（NR）与体重（BW）的异速回归关系（图5），方程为 $lgRN = -9.768 + 6.682lgBW$，（$R^2 = 0.914**$）。由此关系反推不同体重羔羊的 N 沉积量，利用 1.3.6 介绍的生长净蛋白质需要量的确定方法得到最终结果（表5）。

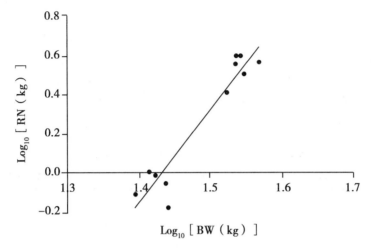

图 5 不同体重羔羊的氮沉积量

Fig. 5 N retain of different body weight of Lamb

表 5 生长净蛋白质需要量

Table 5 Requirement of net protein for growth/ （g/d）

体重（kg）	日增重（g）				
	100	150	200	250	300
20	37	56	74	93	111
25	40	60	80	100	120
30	43	65	86	107	129

3 讨论

目前有很多营养需要量的评价体系，所得到的试验结果也存在一定的差异，原因很可能是动物种类、试验动物的生长环境以及其他实验条件不同所致。而其中维持净能需要量的差异很有可能是由体内蛋白质沉积不同引起的，骨骼肌中沉积的蛋白约占全机体蛋白质的 30%～45%，但这部分蛋白质的周转率较低，仅占全部每天蛋白质周转率的 20%。然而仅占全身 7%～8% 蛋白质含量的内脏组织（消化道 + 肝脏）却贡献了全部每日蛋白质周转率的 50%[7]。由此可见，与体蛋白质相比，内脏蛋白质需要更多的能量供给以维持蛋白质周转的需要，晚熟品种与早熟品种在内脏发育和体组织沉积上都有一定的差异[8]。本试验所使用的杜湖杂交羊属于早熟品种，其消化道容积较晚熟品种较小，这可能是本试验所得到的维持净能需要量小于其他试验结果的原因。例如：Galvani[9] 的试验中所得到的维持净能需要量为 58.6kcal/BW$^{0.75}$，小于 ARC[6]（62.2kcal/BW$^{0.75}$）和 CSIRO[11]（62kcal/BW$^{0.75}$），通过与 ARC[6] 和 CSIRO 中使用的试验羊的自由采食组采食的进行比较可以看出，在完全自由采食的条件下，Galvani 所使用的特克赛尔杂交羊的日采食量小于 ARC 和 AFRC 中的试验羊，说明特克赛尔杂交羊消化道容积小于上述两个试验所使用的羊，荐此推测消化道上的差异可能是导致结果差异的主要原因。本试验最终得到的维持净能需要量为 46.3kcal/BW$^{0.75}$，低于美国 NRC[11] 公布的 54.9kcal/BW$^{0.75}$ 15.9%，其差异的原因也可能与上述机制类似。

据 Fernands[12] 在波尔杂交羔羊的能量标准的试验中分别对体重 20.0kg、27.5kg 和 35.0kg 的羔羊体蛋白质、体脂肪比例以及能值统计，得知脂肪比例和能值沉积量会随体重的增加而增加，而体蛋白质的比例则几乎是不变的，进而揭示了体脂肪的沉积很有可能是体能值增加的主要原因，由此可以推测本试验中的杜湖杂交肉羊生长净能需要量与 NRC 的差异很可能是由于体脂肪的沉积速度造成的，对此还有待进一步研究。

表6 不同营养评价体系蛋白质需要量的比较
Table 7 Comparison of requirement of protein between different nutrient evaluation system

营养评价体系	体重（kg）	日增重（g/d）				
		100	150	200	250	300
本试验	20	96	115	133	152	170
	25	110	130	150	170	190
	30	123	145	166	187	209
NRC[12]	20	112	121	145	162	178
	25	122	137	152	167	182
	30	127	140	154	168	181
国内[14]	20	111	—	158	—	183
	25	121	—	168	—	191
	30	132	—	178	—	200

将本试验得到的蛋白质需要量与国内外已公布的结果进行比较（见表6），可以看出本试验结果低于王加启[13]等人的研究结果而高于 NRC 公布的粗蛋白质需要量，在整个 20~35kg 生长阶段内的蛋白质需要量可解析为维持蛋白质需要和生长蛋白质需要量，用公式表示为 RDCP（g/d）= 5.08 × W$^{0.75}$ + 0.37 × △W（RDCP：可消化粗蛋白质；W：体重；△W：体重变化量）。还有些针对不同品种羊的蛋白质需要量的报道，例如大尾寒羊[14] 生长期的蛋白质需要量为 RDCP（g/d）= 2.74 × W$^{0.75}$ + 0.29 × △W（RDCP：可消化粗蛋白质；W：体重；△W：体重变化量），波尔山羊母羊[15] 生长期的蛋白质需要量为 RDCP(g/d) = 6.04 × W$^{0.75}$ + 0.49 × △W（RDCP：可消化粗蛋白质；W：体重；△W：体重变化量），与大尾寒羊相比波尔山羊每单位体重需要更多的维持蛋白质需要量和生长蛋白质需要量。由本试验结果可知，杜湖杂交公羔的维持蛋白质和生长蛋白质需要量介于大尾寒羊和波尔山羊之间，这也揭示了品种间的营养需要量确实存在一定的差异性，而造成这种差异的内在机理需进一步探索。

参考文献

[1] 吕亚军, 王永军, 陈艳瑞, 等. 3~30日龄滩羊羔羊能量需要量研究 [J]. 西北农林科技大学学报, 自然科学版, 2009, 37 (4): 71-75.

[2] 曹素英, 李建国, 韩建永, 等. 波尔山羊育肥期能量和蛋白质营养需要的研究 [J]. 畜牧与兽医, 2005, 37 (1): 7.

[3] Blaxter K L, Clapperton J L. Prediction of the amount of methane produced by ruminants [J]. British Journal of Nutrition, 1965, 19: 511-512.

[4] Lofgreen G P, Garrett W N. A system for expressing net energy requirements and feed values for growing and finishing beef cattle [J]. Journal of Animal Science, 1967, 27: 793-806.

[5] Pires C C, Silva L F D, Sanchez L M B. Corporal composition and nutritional requirements for energy and protein of growing lambs [J]. Revista Brasileira de Zootecnia, 2000, 29: 853-860.

[6] Agriculture Research Council. The Nutrient Requirements of Ruminant Livestock [M]. Slough, UK: Common Weath Agricultural Bureaux Publications, 1980.

[7] Seve B B, Ponter A A. Nutrient-hormone signals regulating muscle protein turnover in pigs [J]. Proceedings of the Nutrition Society, 1997, 56: 565-580.

[8] Lobley G E, Miline V, Lovie J M, et al. Reeds P J. Whole body and tissue protein Synthesis in cattle [J]. British Journal of Nutrition, 1980, 43: 491-502.

[9] Galvani D B, Pires C C, Kozlski G V, et al. Energy requirements of Texel crossbred lambs [J]. Journal of Animal Science, 2008, 86: 3 480-3 490.

[10] Commonwealth Scientific and industrial Research Organisation. Feeding stardards for Austra-lian livestock [M]. East Melbourne, Australia: Commonwealth Scientific and industrial Re-search Orginisation Publications, 1990

[11] National Research Council. Nutrient requirements of sheep [M]. Washington D C, National Academy Press, 1985.

[12] Fernandes M H M R, Resende K T, Tedeschi L O, et al. Energy and protein requirements for maintenance and growth of Boer crossbred kids [J]. Journal of Animal Science, 2007, 85: 1 014-1 023.

[13] 王加启, 卢德勋, 杨红建, 等. NYT816-2004, 肉羊饲养标准 [S]. 北京: 中国农业出版社, 2004.

[14] 杨维仁, 杨在宾, 李凤双, 等. 大尾寒羊生长期蛋白质需要量及代谢规律的研究 [J]. 中国养牛, 1997, (1): 26-27.

[15] 马向明, 杨在宾, 王建民, 等. 波尔山羊生长期能量及蛋白质需要量研究 [J]. 中国草食动物, 2009, 29 (3): 35-36.

原文发表于《江苏农业学报》, 2012, 28 (2): 334-350.

育肥中后期杜泊羊湖羊杂交 F_1 代公羊能量需要量参数*

聂海涛**,游济豪,王昌龙,王子玉,王 锋***

(南京农业大学羊业科学研究所,南京 210095)

摘 要:【目的】为杜湖杂交 F_1 代公羊确定育肥中后期的能量需要量参数,为该品种绵羊能量这一营养指标提供理论依据。【方法】本试验采用比较屠宰法,将能量需要量解析为维持能量需要量和生长能量需要量,采用代谢能和净能两个指标体系进行测定。试验选用体重为 35kg 左右的杜湖杂交 F_1 代公羊 42 只,其中的 30 只试验羊用于比较屠宰试验,将试验羊随机分为自由采食组、低限饲组和高限饲组 3 个采食量水平,使其日增重分别达到 350g、150g 和 0g,分别在试验第 1 天(6 只)、自由采食组羊体重分别达到 43kg(6 只)和 50kg(18 只)时分 3 批进行屠宰,以便得到试验羊的体能量沉积量。另外,12 只羊用于消化代谢试验,同样按上述采食量水平随机分为 3 组,利用推荐公式对试验羊的甲烷产量和产热量进行预测,并以此计算得到代谢能摄入量分别 10.69MJ、11.99MJ 和 12.33MJ(每采食 1kg 日粮的代谢能摄入量)。【结果】维持净能(net energy for maintenance,NE_m)需要量为 271.6kJ/$kg^{0.75}$,代谢能维持效率为 0.66;维持代谢能(metabolizable energy for maintenance,ME_m)需要量为 413.7kJ/$kg^{0.75}$;35~50kg 日增重 100~350g 的生长净能需要量为 0.81~3.12MJ/d;35~50kg 日增重 100~400g 的生长代谢能需要量为 1.47~5.38MJ/d,代谢能生长效率为 0.55。【结论】较为系统地得到了 35~50kg 杜湖杂交 F_1 代公羊能量需要量指标,其中包括维持净能、维持代谢能、生长净能和生长代谢能,与国内外肉羊营养需要量的研究结果相近。

关键词:能量需要量;杜泊羊;湖羊;杂交 F_1 代

---

* 基金项目:国家肉羊产业体系项目(nycytx - 39);
** 联系方式:聂海涛,E-mail:niehaitao_ 2005@126.com;
*** 通信作者:王锋,E-mail:caeet@ njau.edu.cn

Energy Requirement of Hu Sheep and Dorper Sheep Hybrid F_1 Rams

Nie Haitao, You Jihao, Wang Changlong,

Wang Ziyu, Wang Feng*

(Institute of Goats and Sheep Science, Nanjing Agricultural University, Nanjing 210095)

Abstract: 【Objective】 This research aimed to define the energy requirement parameters for Hu sheep and Dorper sheep hybrid F_1 male rams in the late fattening period, to provide a theoretical basis of scientific supply of energy for this breed of sheep. 【Method】 The experiment adopted comparative slaughter method, divided the general requirement into requirement for maintenance and requirement for growth. Adapted metabolizable energy requirement and net energy requirement of these two index systems were used to measure the energy requirements. A total of 42 Hu sheep and Dorper sheep hybrid rams at body weight close to 35kg were selected, and 30 of them were used in the slaughter experiments. They were randomly divided into 3 intake level groups which were ad libitum group, low-restriction group and high-restriction group, to make their average daily gain reach to 350g, 150g and 0g. All rams were slaughtered on 1st day (6n), 20th day (6n) and 42th (18n) day in order to get the retained energy value. Remained 12 rams were used in the digestibility experiment, the rams were divided into 3 intake level groups as comparative slaughter experiment, the recommended formulation was used to predict the methane production and heat production, and then following the above-mentioned results the calculated metabolizable energy intakes of 3 intake levels were 10.69MJ/kg, 11.99MJ/kg and 12.33MJ/kg (metabolizable energy intake per kg ration). 【Result】 The experiment results suggested that the daily net energy requirement for maintenance (NE_m) was 271.6kJ/$kg^{0.75}$, the partial efficiency of use of ME for NE for maintenance was 0.66. The daily metabolizable energy requirement for maintenance (ME_m) was 413.7kJ/$kg^{0.75}$. Net energy requirements for growth ranged from 0.81 - 3.12MJ/d at 35 to 50kg daily gain 0 - 400g. Metabolizable energy requirements for growth ranged from 1.47 - 5.38MJ/d at 35 to 50kg daily gain 0 - 350g. The partial efficiency of use of ME for NE for growth was 0.55. 【Conclusion】 This research systematicly defined the energy requirement parameters for 35 - 50kg Hu sheep and Dorper sheep hybrid F_1 male rams in the late fattening period, including net energy for maintenance, metabolizable energy for maintenance, net energy for growth and metabolizable energy for growth, and the results is closely to the domestic and foreign research on energy requirement.

Key words: energy requirement; Hu sheep; Dorper sheep; hybrid F_1

0 引言

【研究意义】饲料投入是肉羊养殖主要成本输出所在，占总成本输出的60%~70%。营养需要量是饲料配方设计的理论依据，营养供给过低或过高分别会引起育肥效果变差和饲料资源的浪费，肉羊养殖业经济效益最大化这一目标难以实现。因此，营养需要量准确与否在肉羊生产指导方面有着极其重要的意义。【前人研究进展】国外针对营养需要量的研究不仅局限在不同品种肉羊间，相应的研究也开展到不同生理阶段的肉羊上。以能量需要量方面的研究为例，如Luo等[1]对安哥拉羊的维持和生长代谢能的需要量展开了相应研究；Fernandes等[2]的研究确定了20~35kg波尔杂交羊的维持、生长净能以及维持、生长代谢能需要量指标；Luo等[3]分别以处于断奶前、育肥期及成年期的山羊为试验对象，最终得到上述各生理阶段山羊的维持及生长代谢能需要量；Nsahla等[4]也对泌乳期母羊的维持代谢能需要量结果进行了报道。然而，中国在肉羊营养需要量方面的研究起步较晚，不仅远远落后于国外发达国家，与中国其他物种在该领域的研究相比也相对滞后[5]。近年来，曹素英等[6]确定了波尔山羊育肥期能量和蛋白质需要量，吕亚军等[7]对0~30日龄滩羊能量需要量开展了研究，梁贤威等[8]报道了波尔山羊×隆林杂交羔羊育肥期能量和蛋白质营养需要量。【本研究切入点】随着中国肉羊产业的迅速发展，培育出了越来越多的优良肉用性能品种肉羊。作为中国优良肉羊品种之一，杜湖杂交肉羊的营养需要量领域的研究还处于空白状态，针对该特定品种肉羊来制定营养标准的需求也日益强烈。目前，中国在肉羊能量需要量方面的研究方法主要有碳氮平衡方法[9]，还有的采用饲养试验和消化代谢试验结合的方法[10]，而比较屠宰试验能客观地反映羊能量沉积，具有相当高的可靠性，但由于试验操作费时费力故在中国很少有研究及使用，有些研究即便使用也由于其样本数偏小而存在一定的缺陷[11]。【拟解决的关键问题】肉羊产业的经济效益主要取决于育肥效果的优劣，日粮配制过程中的营养供给是否满足其育肥期生理需要是决定育肥效果优劣的关键所在，本研究旨在确定20~35kg杜湖杂交F_1代母羊的育肥中后期生长阶段能量需要量，为肉羊饲养过程的日粮配制过程中能量指标的合理供给提供理论依据。

1 材料与方法

试验时间为2011年5月6日至2011年11月3日，前期52d的饲养试验在南京农业大学海门山羊繁育基地进行，后期的样品测定工作在南京农业大学羊业科学研究中心开展。

1.1 材料

1.1.1 实验动物

试验用42只杜湖杂交F_1代公羊购自浙江省临安市种羊场，全价颗粒饲粮由江苏省舜润饲料公司提供。

1.1.2 仪器及设备

仪器及设备有XIANOU-12N冷冻干燥机、XRY-1C氧氮式热量计、羊用代谢笼、FW100饲料粉碎机、碎骨机、绞肉机、电动羊毛剪和电子秤。

1.2 方法

1.2.1 比较屠宰试验

选择30只5月龄左右的杜湖杂交F_1代公羔进行常规驱虫处理后分栏饲养进入10d预饲期，使试验羊适应单栏饲养环境以及试验用TMR颗粒饲料，随后进入正式试验期。在正试期第1天随机挑选6只试验羊［（35.83±0.87）kg］屠宰，剩余24只羊随机分为自由采食组（12只）、低限饲组（6只）及高限饲组（6只）3个采食量水平组。每日晨饲前清除自由采食组饲槽内的剩料并称重，保证该组剩料约为投喂量的10%。分别按自由采食量试验羊采食量的60%和45%对其他两个采食量组投喂上述全混颗粒饲料，3个采食量组的目标日增重分别达到300g、150g和0g。在正试期第25天随机挑选6只自由采食组羊屠宰［（42±0.96）kg］，当剩余18只中自由采食组羊平均体重达到50kg［（50.01±1.11）kg］时被全部屠宰。

1.2.2 屠宰样本的采集

屠宰前日17:00称重，禁食、禁水16h，次日9:00再次称重后经颈静脉放血屠宰。将胴体沿背中线剖为左右两半，分别称重后将右侧胴体的骨、肉、脂肪分离，头沿中线剖为左右两半，将右侧头的皮、毛、骨、肉分离，同时将右侧前后蹄的皮、骨、肉分离，上述各样本分别称重后记录重量。将每只羊的骨、肉分别合并，并记录总重量；腹脂混匀后取50%与胴体脂肪混合。将骨用碎骨机粉碎，混匀后采样500g；将肉、脂肪用绞肉机分别绞碎混匀后各采样500g；将血与所有内脏混合后，用碎骨机粉碎混匀后采样500g；剪毛后采集毛样；将剪毛后的皮沿体背十字线采样。每只羊采集骨、肉、脂肪、血+内脏、皮、毛共6个样品。

1.2.3 消化代谢试验

12只公羊自由采食上述试验饲料，当平均体重达到42kg时被移入代谢笼内，7d预饲期后进入5d正试期。正试期内每天记录每只羊的采食量，并采用全收粪尿法收集粪、尿。每天采集每只羊投喂料和剩料样品，以备分析总能、DM。每天称取并记录每只羊排粪量，按10%取样，将每只羊5d的粪样混合冷冻保存，以备测定总能、DM。用盛有100mL 10% (v/v) H_2SO_4的塑料桶收集尿液，每天记录尿液容积后用自来水稀释至5L后，采集20mL稀释尿样。将每只羊5d的尿样混合冷冻保存，以备测定总能。

1.2.4 试验用全价颗粒饲料

试验用饲料参照NRC（1985）[12]推荐的营养标准配制，具体成分及营养含量见表1。

1.2.5 试验样本的检测

屠宰试验、消化代谢试验以及日常饲喂过程中所采集的饲料样本-20℃保存，将消化代谢试验中采集的饲料、剩料及粪、尿样品，制备成一定质量的测定试样，XRY-1C氧氮式热量计进行总能的测定。屠宰试验中所采集的肌肉、骨骼、血+内脏、脂肪样本需用冷冻干燥机烘干，再进行总能的测定。

1.2.6 试验数据的分析

试验数据用EXCEL软件通过小数定标以及对数Logistic模式进行标准化处理。

表1 基础日粮及其营养水平
Table 1 Basal diets and nutrient level

项目 Items	含量 Content
原料 Ingredients	
玉米 Corn（%）	42.83
豆粕 Soybean meal（%）	16.04
大豆秸 Soy straw（%）	40.02
无水磷酸氢钙 Anhydrous calcium phosphate（%）	0.4
石粉 Limestone（%）	0.2
氯化钠 Sodium chloride（%）	0.4
预混料[1] Premix[1]（%）	0.11
合计 Total（%）	100.0
营养水平 Nutrient levels	
消化能 Digestible energy（MJ/kg）	11.7
代谢能 Metabolizable energy（MJ/kg）	9.7
粗蛋白 Crude protein（g/kg）	152.8
粗脂肪 Crude fat（g/kg）	26.6
中性洗涤纤维 Neutral detergent fiber（g/kg）	491.7
酸性洗涤纤维 Acid detergent fiber（g/kg）	208.9
钙 Ca（%）	7.8
磷 P（%）	3.9

[1] 每千克饲料中添加预混料 0.011kg，每千克试验日粮中微量元素和矿物质含量：Fe 56mg/kg、Cu 15mg/kg、Mn 30mg/kg、Zn 40mg/kg、I 1.5mg/kg、Se 0.2mg/kg、Co 0.25mg/kg、S 3.2g/kg、维生素 A 2150 IU/kg、维生素 D 170 IU/kg、维生素 E 13 IU/kg、超浓缩源康宝 2.7g/kg、2% 莫能霉素 1.6g/kg、硫酸钠 10.1g/kg

[1] The premix which add into the diet is 0.011kg per kg, the amount of the microelement and mineral element: Fe 56mg/kg, Cu 15mg/kg, Mn 30mg/kg, Zn 40mg/kg, I 1.5mg/kg, Se 0.2mg/kg, Co 0.25mg/kg, S 3.2g/kg, Vitamin A 2150 IU/kg, Vitamin D 170 IU/kg, Vitamin E 13 IU/kg, super – concentrated Yuan Kangbao 2.7g/kg, monensin (2%) 1.6g/kg, sodium sulfate 10.1g/kg

然后分别使用SPSS16.0中的单因素方差分析和回归分析对试验数据进行处理，其中单因素方差结果用"平均数±标准误（Mean±S.E.M）"表示。

2 结果

2.1 不同采食量水平组的日采食量和增重情况

在42d正式试验期内，自由采食组、低限饲组和高限饲组试验羊日采食量差异极显著（$P<0.01$），日增重随着采食量增加而极显著增加（$P<0.01$）（表2）。

表 2 不同采食量水平的日采食量和日增重

Table 2 Daily intake and gain of different intake levels

指标 Items	采食量水平 Intake levels		
	自由采食组 Ad libitum group	低限饲组 Low-restriction group	高限饲组 High-restriction group
日采食量 Daily intake（g）	2248.2 ± 22.1A	1333.7 ± 15.33B	994.7 ± 16.5C
日增重 Daily gain（g）	327.2 ± 22.7A	97.0 ± 11.1B	17.5 ± 29.05C

注：同行不同大写字母表示差异极显著（$P<0.01$）。下同 Value within the different capital letters mean significant（$P<0.01$）. The same as below

2.2 比较屠宰试验结果

按照 1.2.5 中介绍的方法分别对自由采食组、60% 采食量组和 45% 采食量组的肌肉样、脂肪样、骨骼样、血 + 内脏样、皮样和毛样进行总能的测定。结合屠宰测定试验对体组成重量的记录，分别得到各个体组成的能值和饲养期内试验羊的能量沉积量（表 3）。

2.3 消化代谢试验结果

日粮中的甲烷产量依据 Blaxter 等[13]所使用的方程推测所得，自由采食组、60% 采食量组和 45% 采食量组的甲烷产量随着采食量水平的升高而升高（$P<0.01$），每采食 1kg 日粮所产甲烷能分别为 1.10MJ、0.80MJ 和 0.77MJ；每采食 1kg 日粮所产的尿能差异不显著（$P>0.05$），分别为 0.41MJ、0.43MJ 和 0.40MJ；每采食 1kg 日粮所产粪能差异极显著（$P>0.05$），分别为 7.20MJ、6.18MJ 和 5.90MJ。由上述结果可计算 3 个采食量组试验羊每采食 1kg 日粮其代谢能摄入量分别为 10.69MJ、11.99MJ 和 12.33MJ。结合上述数据与消化代谢正试期采食量数据，计算得到不同采食量组试验羊每日能量摄入量和每日能量排出量（表 4）。

2.4 试验羊试验初期体能量

利用正试期第 1 天所屠宰试验羊的初始能值（initial energy，IE）与排空体重（empty body weight，EBW）建立异速回归关系，同时利用排空体重（empty body weight，EBW）和活体重（live body weight，LBW）建立回归关系见表 5。

2.5 维持净能需要量

2.5.1 通过建立产热量和代谢能建立的异速回归关系预测维持净能需要量

产热量依据参考文献［14］中所介绍的方法计算所得。再由产热量和代谢能摄入量建立回归方程：$\log_{10} HP = 2.434 (\pm 0.032) + 0.001 (\pm 0.000) \times MEI$；$R^2 = 0.914$，$P<0.001$（图 1），截距的反对数即所求的维持净能需要量（271.6kJ/$kg^{0.75}$）。

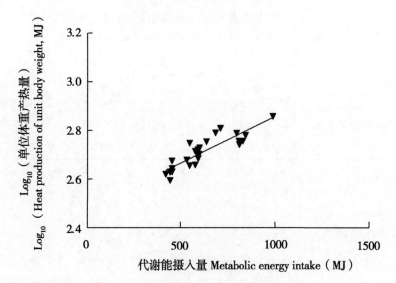

图 1　不同代谢能摄入量水平下的产热量
Fig. 1　Heat production of different metabolizable energy intake levels

表 3　不同采食量水平羊的体组成和能量沉积量
Table 3　Body composition and retained energy of sheep under different intake levels

指标 Items	采食量水平 Intake levels		
	自由采食组 Ad libitum group	低限饲组 Low-restriction group	高限饲组 High-restriction group
脂肪重 Fat weight (kg)	4.21 ± 0.42A	2.82 ± 0.49B	1.96 ± 0.35C
肌肉重 Muscle weight (kg)	14.00 ± 1.21A	12.10 ± 0.62B	9.91 ± 0.26C
骨骼重 Skeleton weight (kg)	8.28 ± 0.18A	8.70 ± 0.42A	6.99 ± 0.22C
内脏重 Viscera weight (kg)	8.28 ± 0.20A	7.03 ± 0.22B	6.13 ± 0.33C
毛重 Wool weight (kg)	0.39 ± 0.05	0.42 ± 0.11	0.38 ± 0.48
皮重 Sheepskin weight (kg)	5.34 ± 0.10A	4.67 ± 0.16B	3.65 ± 0.17C
脂肪能值 Fat energy value (MJ)	118.71 ± 12.54A	79.72 ± 13.14B	54.65 ± 23.41C
肌肉能值 Muscle energy value (MJ)	164.52 ± 7.23A	150.40 ± 6.32B	124.07 ± 1.88C
骨骼能值 Skeleton energy valve (MJ)	105.33 ± 2.21A	103.91 ± 4.00A	73.86 ± 2.52C
内脏能值 Viscera energy valve (MJ)	92.68 ± 3.15A	78.23 ± 4.17B	62.94 ± 3.35C
羊毛能值 Wool energy value (MJ)	2.95 ± 0.48	3.78 ± 1.00	2.60 ± 0.23
羊皮能值 Sheepskin energy value (MJ)	24.91 ± 0.48A	23.91 ± 1.68A	17.74 ± 1.24C
体能值含量 Body energy content (MJ)	506.55 ± 10.58A	439.96 ± 20.27B	338.19 ± 12.36C
能量沉积量 Retained energy content (MJ)	242.91 ± 12.60A	80.26 ± 19.93B	18.58 ± 9.48C

注：没有字母表示差异显著（$P<0.05$）。下同。No letters mean significant at 5%. The same as below

表4 不同采食水平的营养摄入量

Table 4 Nutrient intake of different intake levels

指标 Items	采食量水平 Intake levels		
	自由采食组 Ad libitum group	低限饲组 Low-restriction group	高限饲组 High-restriction group
羊只数量 No. of sheep（只）	4	4	4
采食量 Amount of intake（kg/d）	2.15 ± 0.20A	1.40 ± 0.00B	1.00 ± 0.00C
能量消化率 Energy digestibility（%）	0.63 ± 0.02A	0.68 ± 0.03B	0.70 ± 0.01C
单位甲烷能[1] Methane energy unit[1]（kJ/100kJ）	5.67 ± 0.28A	4.13 ± 0.40B	3.97 ± 0.26C
每千克日粮总能 General energy per kg ration（MJ/kg）	19.4	19.4	19.4
每千克日粮粪能 Feces energy per kg ration（MJ/kg）	7.20 ± 0.48	6.18 ± 0.49	5.90 ± 0.21
每千克日粮甲烷能 Methane energy per kg ration（MJ/kg）	1.1 ± 0.05A	0.80 ± 0.07B	0.77 ± 0.05C
每千克日粮尿能 Urine energy per kg ration（MJ/kg）	0.41 ± 0.11	0.43 ± 0.88	0.40 ± 0.18
每千克日粮消化能 Digestible energy per kg ration（MJ/kg）	12.22 ± 0.31A	13.19 ± 0.25B	13.58 ± 0.17C
每千克日粮代谢能 Metabolizable energy per kg ration（MJ/kg）	10.69 ± 0.44A	11.99 ± 0.50B	12.33 ± 0.23C
每日总能摄入量 Daily general energy intake（MJ/d）	41.74A	27.18B	19.41C
每日粪能 Daily feces energy（MJ/d）	15.48 ± 1.03A	8.65 ± 0.69B	5.90 ± 0.21C
每日甲烷能 Daily methane energy（MJ/d）	2.36 ± 0.12A	1.12 ± 0.11B	0.77 ± 0.05C
每日尿能 Daily urine energy（MJ/d）	0.87 ± 0.12A	0.60 ± 0.06Bc	0.41 ± 0.08Bd
每日消化能摄入量 Daily digestible energy intake（MJ/d）	26.23 ± 1.04A	18.51 ± 0.69B	13.50 ± 0.21C
每日代谢能摄入量 Daily metabolizable energy intake（MJ/d）	22.99 ± 0.94A	16.79 ± 0.70B	12.33 ± 0.23C

[1] 单位甲烷能（每采食418.4kJ能量所产的甲烷能）根据1.3.1中方程计算而得。没有字母表示差异不显著（$P>0.05$）

[1] Methane energy unit (methane energy produced by per 418.4kJ energy intake) accounting to the equation 1.3.1. No letter mean no significant ($P>0.05$)

表5 初始能量的预测方程
Table 5 Predicted formulation for initial energy content

方程 Equation	R^2	P
$\log_{10} EBW = 0.038 (\pm 0.299) + 0.890 (\pm 0.192) \log_{10} LBW$	0.843	0.01
$\log_{10}(Initial\ energy) = 3.392 (\pm 0.147) + 1.004 (\pm 0.104) \times \log_{10} EBW$	0.959	0.001

2.5.2 不同采食量试验羊内脏发育情况

本研究中3个采食量水平组试验羊的肝脏、脾脏、瘤胃和小肠的重量随着采食量的增加而增加（$P<0.01$，图2），但心脏、肾脏、肺脏、网胃、瓣胃和真胃的重量差异不显著（$P>0.05$）；由表6所示，不同研究中干物质采食量差异引起的主要内脏器官的质量和维持净能需要量比较发现，随着干物质采食量的增加，某些器官（如肝脏和瘤胃）比例随之增加，并引起维持净能需要量的升高（表6）。

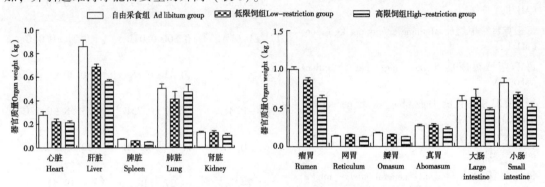

图2 不同采食量水平下的主要器官重量
Fig. 2 Main organ weight of different intake levels

表6 不同研究试验羊的内脏比例比较
Table 6 Visceral proportion comparison between experimental sheep in different research

项目 Items	本试验 This experiment	参考文献 [15] Reference [15]
干物质采食量 DMI（g/kg$^{0.75}$ SBW）	77.7	66.3
肝脏比例 Proportion of liver（% of EBW）	2.65	1.08
瘤胃比例 Proportion of rumen（% of EBW）	3.09	2.06
小肠比例 Proportion of small intestine（% of EBW）	2.54	2.99
维持净能需要 Requirement of net energy（kJ/kg$^{0.75}$）	271.6	245.2

2.6 维持代谢能需要

2.6.1 利用能量沉积量与代谢能摄入量预测维持代谢能

根据2.2比较屠宰试验中能量沉积量（retained energy，RE）与代谢能摄入量（metabolizable energy intake，MEI）的线性回归关系：RE = -227.553（±24.33）+ 0.550（±

0.039）×MEI，$R^2=0.90$，$P<0.001$（图3），当 RE=0 时的代谢能摄入量即为维持代谢能需要量。由上述建立的回归方程可知该试验羊的维持代谢能需要量（ME_m）=-（-227.553/0.55）=413.7kJ/$kg^{0.75}$，并由此计算得到代谢能维持利用效率 k_m 为 0.66（k_m=271.6/413.7）。

2.6.2 利用单位体重日增重与代谢能摄入量预测维持代谢能

参照 Sahlu 等[16] 研究中使用的方法，利用单位体重日增重（daily gain of unit body weight）和代谢能摄入量（metabolizable energy intake）建立回归方程（图4），此种方法推算出得维持代谢能需要量为 483.00kJ/$kg^{0.75}$。

2.7 生长净能需要量

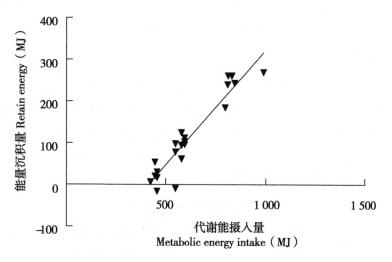

图3 不同代谢能摄入量水平下的能量沉积量

Fig. 3 Retained energy of different metabolizable energy intake levels

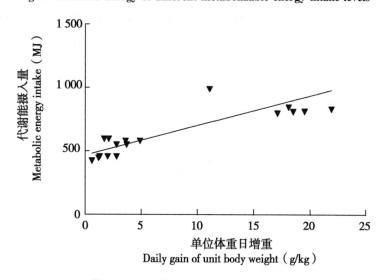

图4 不同日增重水平下的代谢能摄入量

Fig. 4 Metabolizable energy intake of different levels of average day gain

2.7.1 通过比较屠宰试验探究不同体重试验羊体组成变化情况

由表7可知，随着体重的增加，本研究中骨骼、内脏的比例有降低趋势，脂肪比例随着体重的增加而增加（与参考文献［15］的研究结果相同），在体重增加的过程中肌肉占排空体重（EBW）的比例几乎不变。

2.7.2 生长净能需要量的预测

生长净能（NE_g）需要量是参照Pires等[17]使用的不同代谢体重（SBW）下试验羊能量沉积量的差值计算所得的。例如，35kg日增重为350g生长净能（NE_g）需要量是由代谢体重为35.35kg和35kg时能量沉积量的差值计算所得，利用能量沉积量（RE）与体重（body weigh，BW）建立的异速回归方程（图5）：Log_{10}（能量含量）= 0.409（±0.328）+ [1.259（±0.190）×Log_{10}（体重）]，R^2 = 0.923，$P<0.001$，用于进行生长净能需要量的计算，由此计算而得不同体重不同增重水平的生长净能需要量（表8）。

2.8 生长代谢能需要量

如图6所示，利用2.2得到的试验羊能量沉积量（RE）与生长用代谢能摄入量（MEI_g = MEI-MEI_m）建立回归方程，所得到的回归方程 RE = 1.915（±0.19）+ 0.550（±0.039）×MEI_g，R^2 = 0.90，$P<0.001$ 的斜率即代谢能（ME）的生长利用效率（k_g = 0.55）。依据代谢能生长利用效率（k_g）= 生长净能需要（NE_g）÷ 生长代谢能需要（ME_g），便可得到生长代谢能需要（ME_g）（表9）。

表7 试验羊的体组成比例
Table 7 Body composition of experiment sheep

	体重 Body weight (kg)	体组成 Body composition			
		脂肪 Fat (g/kg EBW)	肌肉 Muscle (g/kg EBW)	骨骼 Skeleton (g/kg EBW)	内脏 Visceral (g/kg EBW)
本试验 This experiment	35	117.43 ± 19.63	577.66 ± 12.24	496.31 ± 6.87	483.59 ± 13.92
	40	139.12 ± 29.41	586.44 ± 17.94	430.24 ± 16.24	448.52 ± 9.02
	45	160.09 ± 19.91	580.27 ± 13.19	393.41 ± 19.70	406.44 ± 14.53
		脂肪 Fat（g/kg EBW）		蛋白质 Protein（g/kg EBW）	
参考文献［15］ Reference [15]	20	87.2		175.2	
	30	113.6		175.2	
	35	125.9		175.2	

表8 生长净能需要量
Table 8 Net energy requirement for growth (MJ/d)

试验对象 Test object	体重 Body weight (kg)	日增重 Daily gain (g)						
		100	150	200	250	300	350	400
杜湖杂交 F_1 代绵羊 Hu Sheep × Dorper F_1 sheep	35	0.81	1.22	1.62	2.03	2.44	2.84	
	40	0.84	1.26	1.67	2.10	2.46	2.94	
	45	0.87	1.30	1.73	2.07	2.49	3.03	
	50	0.89	1.34	1.78	2.23	2.64	3.12	
晚熟型羔羊[18] Late mature sheep[18]	20	0.88	1.34	1.76	—	2.63	—	—
	30	—	—	1.76	2.22	2.63	—	3.52
	40	—	—	—	2.22	2.63	—	3.52
	50	—	—	—	2.22	2.63	—	3.52
特克塞尔绵羊[15] Texel sheep[15]	15	0.71	1.06	1.42	1.77	—	—	—
	20	0.77	1.16	1.55	1.93	—	—	—
	25	0.83	1.24	1.66	2.08	—	—	—
	30	0.88	1.32	1.76	2.20	—	—	—
	35	0.93	1.39	1.85	2.31	—	—	—

"—" 参考文献中没有相应数据

"—" No corresponding data in the reference

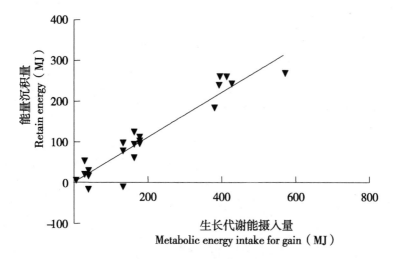

图5 不同体重羔羊的能量含量

Fig. 5 Lamb energy content of different body weight

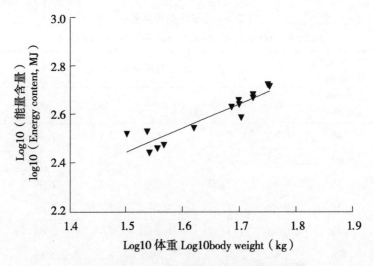

图6 不同生长用代谢能摄入量的能量沉积量
Fig. 6 Retained energy of different metabolizable energy intake for gain

表9 生长代谢能需要量
Table 9 Metabolizable energy requirement for growth（MJ/d）

体重 Body weight（kg）	日增重 Daily gain（g）					
	100	150	200	250	300	350
35	1.47	2.22	2.95	3.69	4.44	5.16
40	1.53	2.29	3.04	3.82	4.47	5.35
45	1.58	2.36	3.15	3.76	4.53	5.51
50	1.62	2.44	3.24	4.06	4.80	5.67

3 讨论

3.1 采食量差异对维持净能需要量的影响

本试验所得维持净能需要量结果（271.6kJ/kg$^{0.75}$）高于NRC（234.3kJ/kg$^{0.75}$）[18]和ARC（260.2kJ/kg$^{0.75}$）[19]、CSIRO（259.4kJ/kg$^{0.75}$）[20]所报道的结果。不同研究中试验日粮组成和试验羊品种都存在着差异，试验羊的采食量也不尽相同，采食量会影响到试验羊内脏器官的发育情况[21]。图2也证实主要器官（如肝脏、脾脏、瘤胃和小肠）的重量随采食量的增加而增加。此外，内脏蛋白质比体蛋白质的周转率高很多、代谢率更加旺盛，故内脏蛋白质需要更多的能量供给来维持机体蛋白质周转的需要，从而有更高的维持净能需要量[22]。综上所述，采食量差异造成的内脏发育情况差异很可能是引起维持净能差异最主要的原因。如表6所示，本试验羊采食量（77.69g/kg$^{0.75}$）高于Galvani等[15]（66.3g/kg$^{0.75}$）的报道，而相应的维持净能结果（271.6kJ/kg$^{0.75}$）也高于其报道，这样的试验结果也验证了上述结论。

3.2 生长过程中体组成变化对生长净能需要量的影响

能量沉积量是预测生长净能需要时建立回归关系所必需的指标，而能量沉积量的差异主要是由羊生长过程中体组成变化而引起的，通过对不同体重阶段试验羊体组成比例的比较来探讨体组成比例与生长净能的关系尤为必要。本研究生长净能需要量结果与 Galvan 等[15]报道的相近（表7）。在通过对两者所使用试验羊体组成比例进行比较后发现，虽然部分体组成比例的数值上还有着较大的差异，然而变化趋势上却有着相似结果：本研究试验羊脂肪比例随着体重的增加而显著增加，肌肉比例几乎不变，而 Galvani 等[15]却发现蛋白质比例保持恒定、而脂肪比例随着体重的增加也明显增加。目前，引起国内外关于生长净能差异的原因很可能是因为试验羊品种和体组成比例差异所引起的，原因在于不同生理阶段及品种肉羊在生长过程中各体组成成分的增长速度和沉积规律都存在着差异，但目前针对该部分的研究还有待相关研究的系统开展。

3.3 几种代谢能需要测定方法的比较

在维持代谢能的研究中除了 2.6.1 介绍的利用能量沉积量与代谢能摄入量预测维持代谢能之外，还有 2.6.2 中利用代谢能摄入量与平均日增重建立回归方程的方法来对维持代谢能的需要量进行预测（图4）。与本试验使用的 2.6.1 方法所得的结果相比，此种方法推算出的维持代谢能需要量（483.0kJ/kg$^{0.75}$）升高了 14%。2.6.2 方法虽然可以在一定程度上简化试验流程、降低试验成本，但是由于没有对试验羊的体能量沉积量进行测定，无法探究在增重生长过程中各体组成变化对维持代谢能需要的影响，故在试验精确度上还是略逊于本试验所使用的方法。

本试验所得代谢能维持利用效率 k_m 为 0.66（k_m = 271.6/413.7），与 Galvani（k_m = 0.64）等[15]的结果相近。k_m 的计算方式也有很多，以 ARC[19] 和 AFRC[23] 为例，其 k_m 的计算依据公式为：$k_m = 0.503 + 0.35 \times q_m$（$q_m$ 为饲料中的代谢能/饲料总能，即 ME/GE）。按照该方法本试验的 k_m 所得到的结果为 0.70，比本试验的实测值高出 4%。本试验得到的代谢能生长效率（k_g = 0.55）分别比 Galvani 等[15]（k_g = 0.47）和 Degen 等[24]（k_g = 0.49）所报道的试验结果分别高出 12.9% 和 9.3%，但与 Sanz Sampelayo[25] 的研究结果（k_g = 0.54）相似。这种差异很可能是由于试品种和试验期日龄和体重的不同所造成的。预测 k_g 值的研究有很多，Ferrell 等[26]在牛的研究中发现能量沉积量与代谢能摄入量两者间不存在线性关系，但是在本试验中两者之间相关系数为 0.90，有着较强的线性相关。

4 结论

①20~35kg 杜湖杂交 F_1 代公羊生长阶段维持净能需要量为 271.6kJ/kg$^{0.75}$，维持代谢能需要量为 413.7kJ/kg$^{0.75}$；日增重 100~350g 的生长净能和生长代谢能需要量分别为 0.81~3.12MJ/d 和 1.47~5.38MJ/d；代谢能维持效率为 0.66，代谢能生长效率为 0.55。

②肉羊生长过程中，采食量和体成分沉积比例的差异是引起维持净能和生长净能不同的主要原因。

致谢：非常感谢海门市金盛羊业有限公司、连云港舜润饲料有限公司以及海门市畜牧兽医站在试验场地建设、试验用 TMR 颗粒饲料和试验仪器等方面的支持，非常感谢导师王锋教授给予我的指导,非常感谢国家肉羊产业体系营养功能实验室诸位岗位科学家及其课题组老师在试验思路和试验技术方面的指导。

参考文献

[1] Luo J, Goestchb A L, Nsahlaic I V, Sahlub T, Ferrelld C L, Owense F N, Galyeanf M L, Moore J E, Johnson Z B. Prediction of metabolizable energy and protein requirements for maintenance, gain and fibre growth of Angora goats [J]. Small Ruminant Research, 2004, 53 (3): 339 – 356.

[2] Fernandes M H M R, Resende K T, Tedeschi L O, Fernandes J S, Silva H M, Carstens G E, Berchielli T T, Teixeira I A M A, Akinaga L. Energy and protein requirements for maintenance and growth of boer crossbred kids [J]. Animal Society of Animal Science, 2007, 85 (4): 1 014 – 1 023.

[3] Luo J, Goetscha A L, Sahlua T, Nsahlaic I V, Johnsond Z B, Mooree J E, Galyeanf M L, Owensg F N, Ferrell C L. Prediction of metabolizable energy requirements for maintenance and gain of preweaning, growing and mature goats [J]. Small Ruminant Research, 2004, 53 (3): 231 – 252.

[4] Nsahla I V, Goetsch A L, Luo J, Johnson Z B, Moore J E, Sahlu T, Ferrell C L, Galyean M L, Owens F N. Metabolizable energy requirements of lactating goats [J]. Small Ruminant Research, 2004, 53 (3): 253 – 273.

[5] 刘洁, 刁其玉, 邓凯东. 肉用羊营养需要及研究方法研究进展 [J]. 中国草食动物, 2010, 30 (3): 67 – 70.
Liu J, Diao Q Y, Deng K D. Recent advances in nutrient requirements and research methods of meat sheep [J]. China Herbivores, 2010, 30 (3): 67 – 70. (in Chinese)

[6] 曹素英, 李建国, 韩建永等. 波尔山羊育肥期能量和蛋白质营养需要的研究 [J]. 畜牧与兽医, 2005, 37 (1): 7 – 9.
Cao S Y, Li J G, Han J Y, Sun F L, Du j, Zhao H T, Yang J D, Feng Z H. Studies on energy and protein requirements of growing Boer goats [J]. Animal Husbandry and Veterinary Medicine, 2005, 37 (1): 7 – 9. (in Chinese)

[7] 吕亚军, 王永军, 陈艳瑞等. 3~30日龄滩羊羔羊能量需要量研究 [J]. 西北农林科技大学学报: 自然科学版, 2009, 37 (4): 71 – 75.
Lü Y J, Wang Y J, Chen Y R, Bai C B, Tian X E, Niu W Z, Xi Y P. Research on energy requirement of 3~30d Tan lambs [J]. Journal of Northwest A & F University: Natural Science Edition, 2009, 37 (4): 71 – 75. (in Chinese)

[8] 梁贤威, 杨炳壮, 包付银等. 波尔山羊×隆林杂交羔羊育肥期能量和蛋白质营养需要的研究 [J]. 中国畜牧兽医, 2008, 35 (6): 13 – 17.
Liang X W, Yang B Z, Bao F Y, Zou C X, Liang K, Zhen W, Zhen H Y, Li L L, Zou L S. The studies on energy and protein requirements of fattening crossbred boer goats [J]. China Animal Husbandry and Veterinary Medicine, 2008, 35 (6): 13 – 17. (in Chinese)

[9] 杨诗兴, 彭大惠, 张文远等. 湖羊能量与蛋白质需要量的研究 [J]. 中国农业科学, 1988, 21 (2): 73 – 80.
Yang S X, Peng D H, Zhang W Y, Zhang C X, Gao T X, Shi B X, Liu J G, Liu S M, Guan Y C, Zhang L, Pan L Y. Energy and protein requirement of Hu sheep [J]. Scientia Agricultura Sinica, 1988, 21 (2): 73 – 80. (in Chinese)

[10] 杨在宾, 李凤双, 张崇玉等. 小尾寒羊泌乳期母羊能量需要量及代谢规律研究 [J]. 动物营养学报, 1997, 9 (2): 41 – 48.
Yang Z B, Li F S, Zhang C Y, Yang W R, Song J L, Lin G M, Ge J S. The energy requirement for lactation and metabolic rule for small-fat-tail sheep [J]. Chinese Journal of Animal Nutrition, 1997, 9 (2): 41 – 48. (in Chinese)

[11] 杨在宾, 杨维仁, 张崇玉. 大尾寒羊生长期能量需要量及代谢规律研究 [J]. 动物营养学报, 1997, 9 (2): 41 – 48.
Yang Z B, Yang W R, Zhang C Y. Research on energy requirements for growth and metabolic rule for big-fat-tail sheep [J]. Chinese Journal of Animal Nutrition, 1997, 9 (2): 41 – 48. (in Chinese)

[12] National Research Council. Nutrient Requirements of Sheep [M]. Washington, DC: National Academy Press, 1985.

[13] Blaxter K L, Clapperton J L. Prediction of the amount of methane produced by ruminants [J]. British Journal of Nutrition, 1965, 19 (1): 511 – 512.

[14] Luo J, Goetsch A L, Nsahlai I V, Johnson Z B, Sahlu T, Moore J E, Ferrellf C L, Galyean M L, Owens F

N. Maintenance energy requirements of goats: predictions based on observations of heat and recovered energy [J]. *Small Ruminant Research*, 2004, 53 (3): 221 – 230.

[15] Galvani D B, Pires C C, Kozloski G V, Wommer T P. Energy requirements of Texel crossbred lambs [J]. *Journal of Animal Science*, 2008, 86 (12): 3 480 – 3 490.

[16] Sahlu T, Goetsch A L, Luo J, Nasahlai I V, Moore J E, Galvean M L, Owens F N, Ferrell C J, Johnson Z B. Nutrient requirements of goats: developed equations, other considerations and future research to improve them [J]. *Small Ruminant Research*, 2004, 53 (3): 191 – 219.

[17] Pires C C, Silva L F D, Sanchez L M B. Corporal composition and nutritional requirements for energy and protein of growing lambs [J]. *Revista Brasileira de Zootecnia*, 2000, 29 (3): 853 – 860.

[18] National Research Council. *Nutrient Requirements of Sheep* [M]. Washington, DC: National Academy Press, 2007.

[19] Agriculture Research Council. *The Nutrient Requirements of Ruminant Livestock* [M]. Slough, UK: Common Wealth Agricultural Bureaux Publications, 1980.

[20] Common Wealth Scientific and Industrial Research Organization. *Feeding Stardards for Australian Livestock* [M]. East Melbourne: Commonwealth Scientific and Industrial Research Organization Publications, 2007: 14 – 19.

[21] Ball A J, Thompson J M, Alston C L, Blakely A R, Hinch G N. Changes in maintenance energy requirements of mature sheep fed at different levels of feed intake at maintenance during weight loss and re-alimentation [J]. *Livestock Production Science*, 1998, 53 (3): 191 – 204.

[22] Lobley G E, Vivien M, Lovie J M, ReedsP J, Pennie K. Whole body and tissue protein synthesis in cattle [J]. *British Journal of Nutrition*, 1980, 43 (3): 491 – 502.

[23] Agricultural and Food Research Council. *Energy and Protein Requirements of Ruminants: an Advisory Manual* [M]. Wallingford, UK: CAB International, 1995.

[24] Degen A A, Young B A. Intake energy, energy retention and heat production in lambs from birth to 24 weeks of age [J]. *Journal of Animal Science*, 1982, 54 (2): 353 – 362.

[25] Sanz Sampelayo M R, Lara L, Gil Extremera F, Boza J. Energy utilization for maintenance and growth in pre-ruminant kid goats and lambs [J]. *Small Ruminant Research*, 1995, 17 (1): 25 – 30.

[26] Ferrell C L, Jenkins T G. Body composition and energy utilization by steers of diverse genotypes fed a high-concentrate diet during the finishing period: I. Angus, Belgian Blue, Hereford, and Piedmontese sires [J]. *Journal of Animal Science*, 1998, 76 (2): 637 – 646.

原文发表于《中国农业科学》，2012，45 (20)：4 296 – 4 278.

不同营养水平对湖羊黄体期血液理化指标及卵泡发育的影响

应诗家[1,2]**，聂海涛[1,2]，张国敏[1,2]，吴勇聪[1,2]，王子玉[1,2]，庞训胜[3]，王昌龙[1,2]，何东洋[1,2]，贾若欣[1,2]，王 锋[1,2]***

(1. 南京农业大学羊业科学研究所，南京 210095；2. 南京农业大学胚胎工程技术中心，南京 210095；3. 安徽科技学院，凤阳 233100)

摘 要：【目的】研究不同营养水平对湖羊黄体期血液理化指标及卵泡发育的影响。【方法】选择28只经产母羊，于发情第6天分别按0.5倍体重维持需要量（R组），1倍体重维持需要量（C组）和1.5倍体重维持需要量（S组）3组饲喂6天，第12天部分屠宰，剩下的湖羊用于观察发情；分别于发情第7、8、10和12天采血。【结果】随着营养水平提高，≥3.5mm卵泡数显著增加（$P<0.05$），2.5~3.5mm卵泡数显著降低（$P<0.05$），平均发情周期缩短（$P<0.05$），血液尿素，胆固醇和游离脂肪酸含量显著下降（$P<0.05$），甘油三酯含量显著提高（$P<0.05$）；S组乳酸脱氢酶活性显著高于C组（$P<0.05$）；血液尿酸，血氨，高密度脂蛋白，低密度脂蛋白浓度和谷草转氨酶和谷丙转氨酶活性差异不显著（$P>0.05$），但尿酸、血氨、低密度脂蛋白含量和谷草转氨酶活性具有时间效应（$P<0.05$）。【结论】绵羊黄体期不同生理阶段具有不同的营养需求和代谢特点；黄体期限饲抑制卵泡发育与蛋白质和脂类合成降低，分解增强有关。

关键词：营养水平；理化指标；湖羊；卵泡发育

---

* **基金资助**：国家肉羊产业技术体系（nycytx-39）、江苏省高校重点实验室开放基金（YDKT0801）、江苏省 高技术研究项目（BG2007324）；

** **作者简介**：应诗家（1984— ），男，安徽巢湖人，在读博士生，研究方向：动物生殖生理与营养调控。E-mail：ysj2009205007@yahoo.com, Tel：025-84395381；

*** **通信作者**：王锋（1963— ）：男，教授，博导，研究方向：动物胚胎工程、动物生殖调控和草食动物安全生产。E-mail：caeet@njau.edu.cn, Tel：025-84395381

The Effects of Different Levels of Diet on Plasma Physiochemical Indexes and Folliculogenesis in Hu Sheep During the Luteal Phase

Ying Shijia[1,2], Nie Haitao[1,2], Zhang Guomin[1,2], Wu Yongcong[1,2], Wang Ziyu[1,2], Pang Xunsheng[3], Wang Changlong[1,2], He Dongyang[1,2], Jia Ruoxin[1,2], Wang Feng[1,2]

(1. Institute of Sheep & Goat Science, Nanjing Agricultural University, Nanjing 210095, China; 2. Center of Animal Embryo Engineering & Technology, Nanjing Agricultural University, Nanjing 210095, China; 3. Anhui University of Science and Technology, Fengyang 23310, China)

Abstract: 【Objective】 The present study was designed to investigate the effect of variated plasma physiochemical indexes on folliculogenesis in Hu Sheep fed with different levels of diet during the luteal phase. 【Method】 25 multiparous Hu sheep were assigned to 3 groups and received a maintenance diet (M; C group), $0.5 \times M$ (R group) and $1.5 \times M$ (S group), respectively on days 6 of their estrous cycle. 6 ewes each group were slaughtered on day 12 of the estrous cycle. The remaining ewes were received a maintenance diet until the next estrus. Blood was sampled on days 7, 8, 10 and 12 of the estrous cycle. 【Result】 As dietary intake increased, the number of follicles $\geqslant 3.5$ mm was significantly increased ($P < 0.05$), the number of follicles 2.5~3.5mm was significantly decreased ($P < 0.05$) and the estrous cycle was shortened ($P < 0.05$). Compared with R group, S group significantly decreased the plasma urea, total cholesterol, free fatty acid concentrations ($P < 0.05$) and significantly increased the plasma triglyceride concentration ($P < 0.05$). The activity of lactate dehydrogenase in S group was higher than C group ($P < 0.05$). There was no significant effect of treatment on plasma uric acid, plasma ammonia, high density lipoprotein and low density lipoprotein concentrations and spartate transaminase, alanine transaminase activities ($P > 0.05$), however, there were significant effect of day on plasma uric acid, ammonia, low density lipoprotein concentrations and aspartate transaminase activity ($P < 0.05$). 【Conclusion】 Different nutritional requirement and metabolic feature were present in different physiological periods during ovine luteal phase and the mechanism by which dietary restriction inhibited folliculogenesis may involve responses to increased the capacity of lipolysis and protein degradation and decreased the capacity of lipid and protein synthesis.

Key words: nutritional level; physiochemical indexes; Hu Sheep; folliculogenesis

0 引言

【研究意义】营养是影响绵羊繁殖性能的重要环境因素之一。黄体期短期补饲4～6天促进绵羊卵泡发育，提高排卵率[1]，而短期限饲延迟发情[2,3]，长期限饲甚至引起乏情[4]。开展黄体期不同营养水平对湖羊卵泡发育的影响及其与血液理化指标变化关系的研究，对于科学饲养规模化羊场母羊、了解绵羊黄体期代谢特点及深入研究营养影响绵羊繁殖性能的分子调控机理具有重要意义。【前人研究进展】黄体期短期补饲羽扇豆[5-11]，饲喂2倍体重维持需要量日粮或静脉注入葡萄糖[10]均增加血浆胰岛素，葡萄糖，瘦素水平，促进卵泡发育，然而，卵泡期补饲没有促排卵效应[13]。卵巢内存在特异性代谢产物和代谢激素转运载体[14,15]，因此，绵羊黄体溶解前补饲的促排卵效应机制可能不是由于血液FSH和雌二醇水平的改变[13]，而是由于代谢产物和代谢激素直接作用于卵巢[1]，减少了黄体溶解前闭锁卵泡数，间接增加围排卵卵泡数[14]。【本研究切入点】绵羊黄体溶解前补饲促进卵泡发育，而限饲对卵泡发育影响的研究较少。黄体期短期营养处理影响卵泡发育与血液葡萄糖浓度的改变密切相关[12,16,17]，而反映机体营养状态的其他理化指标也应有相应的变化。【拟解决的关键问题】研究湖羊黄体期短期饲喂不同营养水平日粮对湖羊繁殖性能的影响及其与血液理化指标变化的关系，为配种前母羊科学饲养管理提供参考依据，为营养影响绵羊繁殖性能的分子调控机理奠定理论基础。

1 材料与方法

1.1 试验设计

于2010年5月至7月在徐州申宁羊业有限公司选择体重40kg，体况中等，3～4岁的经产健康母羊28只。按体重随机分成3组：R组（$n=11$），C组（$n=6$）和S组（$n=11$），饲喂体重维持需要量（M）日粮（表1）。预饲7天后孕酮海绵栓同期发情处理12天，发情结束后第6天分别按0.5M，1M和1.5M饲喂6天，第12天屠宰，每组各屠宰6头，剩下的湖羊1M饲喂，观察发情，分别在放栓、拆栓、不同营养水平饲喂和屠宰时空腹称重。

1.2 试验日粮

参照国内肉羊饲养标准（2004），按照其中推荐的体重为40kg的空怀母羊每只每天维持需要量（ME=6.69MJ/d，CP=67g/d）设计饲料配方（表1），由连云港舜润公司制成全价颗粒饲料（TMR），备用。

1.3 饲养管理

半封闭式羊舍单栏饲养（单栏长2.55m，宽1.27m），自由饮水，自然光照。每天分别于9点和17点饲喂两次，每组饲喂量不同，C组每次饲喂520g TMR，R组每次饲喂260g TMR，S组每次饲喂780g TMR。

1.4 血液的采集

不同营养水平处理时（第0天），第1、2、4和6天每天6、8、10、12、14和16点采血,血液放入肝素钠抗凝管,抗凝血3 000 r/min,离心20min,取等量血浆混合制成血浆池 -20℃保存备用。血液采自拟屠宰的湖羊,R组5只,C组5只,S组6只。

1.5 指标分析

采用分光光度计法测定血液尿酸,总胆固醇,尿素,乳酸脱氢酶,谷草转氨酶,谷丙转氨酶,游离脂肪酸,血氨,甘油三酯,高密度脂蛋白和低密度脂蛋白指标,试剂盒购自南京建成生物工程研究所。

1.6 卵巢处理

同期发情结束后第12天16点后颈静脉放血屠宰,取卵巢于冰预冷的D-PBS中,参考Somchit等的方法[9],分离不小于2.0mm的卵泡,分别计算每头羊卵巢2.0~2.5mm,2.5~3.5mm和≥3.5mm卵泡数。

表1 饲料配方和营养成分(风干基础)
Table 1 The composition and nutrient contents of diet (as-fed basis)

项目	含量 Content (% of DM)
原料 Ingredients (g)	
小麦秸 Wheat straw	66.85
木薯酒糟 Cassava lees	13.04
豆粕 Soybean meal	4.12
麸皮 Wheat bran	1.23
玉米 Corn	27.3
石粉 Limestone	0.86
过磷酸钙 CaHPO$_4$	0.37
食盐 Salt	0.65
预混料^A Premix[1]	0.27
营养水平^B Nutrient level[2]	
ME (MJ/d)	6.70
CP (g/d)	67.20
Ca (g/d)	4.50
P (g/d)	2.30

[1] 每千克预混料中微量成分含量:铁19.26g,铜4.30g,锰9.29g,锌11.94g,钴0.08mg,硫0.93mg,硒0.07mg,钠67.11mg,维生素A$_1$ 779.18 IU,维生素D$_3$ 90.85 IU,维生素E 7.96 IU;[2] 体重维持需要量

[1] Composition per kilogram: 19.26g of Fe, 4.30g of Cu, 9.29g of Mn, 11.94g of Zn, 0.08mg of Co, 0.93mg of S, 0.07mg of Se, 67.11mg of Na, 779.18 IU of vitamin A$_1$, 90.85 IU of vitamin D$_3$, 7.96 IU of vitamin E; [2] Based on intake at 1× maintenance

1.7 统计分析

SPSS13.0 软件统计分析数据,数据结果以"平均值±标准误"表示,体重和血液理化指标数据采用重复测量的线性混合模型分析,Bonferroni 修正法多重比较,同一时期不同营养处理的体重和理化指标数据以及同一营养处理不同时期的理化指标数据采用一维方差分析,Duncan 法多重比较;不同大小卵泡数和分布差异采用卡方分析的 Fisher's 精确检验;t 检验分析发情周期差异。

2 结果

2.1 饲喂不同营养水平日粮对湖羊体重的影响

试验期湖羊体重数据见表2,整个试验过程中,不同营养水平短期饲喂没有显著性引起体重的变化,屠宰时 S 组平均体重高于 R 组平均体重,可能是滞留的肠道内容物增多[12]。

表2　3组羊的平均体重
Table 2　The average body weight in three treatment groups

体重 Body weight (kg)	R ($n=11$)	C ($n=6$)	S ($n=11$)
放栓 Pessary insertion	42.6±1.1	41.1±0.4	41.2±1.2
拆栓 Pessary removal	42.2±1.2	41.7±0.5	41.3±1.1
营养处理 Nutritional treatment	42.9±1.1	41.7±0.5	40.9±1.2
屠宰 Killing	40.8±1.2^b	41.1±0.6^{ab}	43.0±1.0^a

注:同行不同上标表示差异显著($P<0.05$)。下同
note: Values with different superscripts with rows differ significantly ($P<0.05$). The same as below

2.2 饲喂不同营养水平日粮对湖羊卵泡发育的影响

饲喂不同营养水平日粮对卵泡发育的影响见表3。3 种营养水平饲喂不影响≥2.0mm 和 2.0~2.5mm 卵泡数,但随着营养水平提高,≥3.5mm 卵泡数显著增加($P<0.05$),2.5~3.5mm 卵泡数显著下降($P<0.05$)。R 组湖羊出现发情征兆时间显著推迟[($P<0.05$,R=5,平均发情周期:(17.7±1.1) d;S=5,平均发情周期:(15.8±0.27) d]。

表3　不同营养水平饲喂后湖羊卵巢卵泡分布
Table 3　Number and size distribution of follicles classified by diameter (mm) from paired ovaries from three groups of Hu Sheep fed with different nutrition levels

卵泡分类(直径,mm) Follicle class (diameter, mm)	R ($n=6$)	C ($n=6$)	S ($n=6$)
≥3.5	0.17±0.17^b	0.5±0.34^{ab}	1.17±0.40^a
2.5~3.5	2.67±0.42^a	1.83±0.40^{ab}	1.67±0.33^b
2.0~2.5	2.33±0.72	2.00±0.37	3.33±0.72
≥2.0	5.17±0.87	4.33±0.88	6.17±0.60

2.3 饲喂不同营养水平日粮对血液蛋白质代谢指标的影响

饲喂不同营养水平日粮对血液尿酸，尿素和血氨含量的影响见表 4。混合模型的重复测量分析结果表明血液尿素含量具有组间效应（$P<0.05$），随着营养水平提高，血液尿素含量下降；血液尿酸和血氨含量具有时间效应（$P<0.05$），尿酸在发情周期第 8 天最低，以后升高，而血氨在发情周期第 8 天和第 12 天较低。

2.4 饲喂不同营养水平日粮对血液脂肪代谢指标的影响

饲喂不同营养水平日粮对血液胆固醇，游离脂肪酸，甘油三酯，高密度脂蛋白和低密度脂蛋白含量的影响见表 4。混合模型的重复测量分析结果表明血液胆固醇，游离脂肪酸，甘油三酯含量具有组间效应（$P<0.05$），随着营养水平提高，血液胆固醇和游离脂肪酸含量下降（$P<0.05$），血液甘油三酯含量升高（$P<0.05$）；血液低密度脂蛋白具有时间效应（$P<0.05$），发情周期第 12 天含量最低。发情周期第 7 天 S 组血液甘油三酯显著高于 R 组（$P<0.05$）。发情周期第 10 天 S 组血液胆固醇和低密度脂蛋白显著低于 C 和 R 组（$P<0.05$）；R 组血液游离脂肪酸显著高于 C 和 S 组（$P<0.05$），甘油三酯显著低于 C 和 S 组（$P<0.05$）。发情周期第 12 天 R 组胆固醇显著高于 C 和 S 组（$P<0.05$），甘油三酯显著低于 C 和 S 组（$P<0.05$）；R 组游离脂肪酸显著高于 S 组（$P<0.05$）；R 组高密度脂蛋白显著高于 C 组（$P<0.05$）。

表 4 不同营养水平饲喂对湖羊血液理化指标的影响
Table 4 Effects of different feeding levels on plasma physiochemical indexes in Hu Sheep

代谢指标 (Metabolic indexes)			Day 7	Day 8	Day 10	Day 12	Total
蛋白质代谢指标 (Metabolic indexes of protein)	尿酸 Uric acid (μmol/L)	R	27.89+1.33	27.35+0.82	29.10+0.87	30.87+1.54	28.80+0.82
		C	26.72+0.95^B	26.72+1.45^B	29.55+0.70^{AB}	31.13+0.45^A	28.53+0.82
		S	27.74+1.48^B	22.86+2.65^B	30.93+1.81^A	32.79+2.22^A	28.58+0.75
		Total	27.45+0.76^B	25.64+1.13^{BC}	29.86+0.77^{AB}	31.60+0.98^A	28.63+0.54
	尿素 Urea (mmol/L)	R	5.59+0.46^a	5.78+0.37^a	5.39+0.39	5.19+0.24	5.49+0.23^a
		C	3.98+0.23^b	5.37+0.47^{ab}	5.00+0.84	5.01+0.55	4.84+0.23^{ab}
		S	4.07+0.32^b	4.13+0.50^b	4.52+0.32	5.03+0.43	4.44+0.21^b
		Total	4.55+0.20	5.09+0.27	4.97+0.31	5.08+0.25	4.89+0.14
	血氨 Plasma ammonia (μmol/L)	R	103.78+17.31	91.48+9.21	120.07+8.21	89.51+13.05	101.21+4.58
		C	100.47+9.20^B	85.43+7.56^B	114.71+11.57^A	85.63+4.94^B	96.56+4.58
		S	107.80+6.88^A	97.71+4.40^A	113.08+2.89^A	79.85+6.19^B	99.61+4.18
		Total	104.02+6.64^{AB}	91.54+4.07^B	115.96+4.55^A	85.00+4.94^B	99.16+2.81

（续表）

代谢指标 (Metabolic indexes)			Day 7	Day 8	Day 10	Day 12	Total
脂类代谢指标 (metabolic indexes of lipids)	胆固醇 Cholesterol (mmol/L)	R	1.19+0.18	1.16+0.15	1.25+0.07^a	1.25+0.10^a	1.21+0.06^a
		C	0.98+0.14	0.98+0.12	1.01+0.09^{ab}	0.87+0.12^b	0.96+0.06^b
		S	1.15+0.12^A	0.80+0.14^B	0.89+0.10^{bAB}	0.70+0.05^{bB}	0.88+0.06^b
		Total	1.10+0.09	0.98+0.08	1.05+0.05	0.94+0.05	1.01+0.04
	游离脂肪酸 NEFA (mmol/L)	R	0.38+0.06	0.45+0.1	0.45+0.07^a	0.46+0.05^a	0.44+0.03^a
		C	0.30+0.03	0.35+0.04	0.31+0.04^b	0.33+0.06^{ab}	0.32+0.03^b
		S	0.31+0.05	0.26+0.04	0.25+0.02^b	0.31+0.03^b	0.28+0.02^b
		Total	0.33+0.03	0.36+0.04	0.34+0.03	0.36+0.03	0.34+0.02
	甘油三酯 TG (mmol/L)	R	0.95+0.16^b	0.85+0.07	0.84+0.05^b	0.85+0.05^b	0.87+0.08^b
		C	1.20+0.10^{ab}	1.35+0.17	1.45+0.06^a	1.19+0.09^a	1.30+0.08^a
		S	1.60+0.20^a	1.40+0.24	1.33+0.18^a	1.12+0.13^a	1.36+0.07^a
		Total	1.25+0.10	1.20+0.11	1.21+0.07	1.05+0.06	1.19+0.05
	高密度脂蛋白 HDL-C (mmol/L)	R	1.22+0.18	1.29+0.07	1.40+0.04	1.39+0.05^a	1.33+0.05
		C	1.15+0.13	1.19+0.12	1.26+0.11	1.08+0.07^b	1.17+0.05
		S	1.36+0.08	1.32+0.08	1.38+0.09	1.22+0.07^{ab}	1.32+0.05
		Total	1.25+0.08	1.27+0.05	1.35+0.05	1.23+0.04	1.28+0.03
	低密度脂蛋白 LDL-C (mmol/L)	R	0.64+0.13^A	0.61+0.06^A	0.62+0.04^{aA}	0.32+0.04^B	0.55+0.04
		C	0.48+0.10	0.47+0.08	0.48+0.07^{ab}	0.29+0.07	0.43+0.04
		S	0.68+0.03^A	0.46+0.05^B	0.39+0.05^{bB}	0.37+0.05^B	0.47+0.03
		Total	0.60+0.05^A	0.51+0.04^A	0.50+0.03^A	0.33+0.03^B	0.48+0.02
酶活指标 (Indexes of enzyme activities)	乳酸脱氢酶 LDH (U/L)	R	409.94+56.64	404.92+29.21	385.12+27.30	360.26+28.38	390.06+15.37^{ab}
		C	368.68+40.01	377.40+23.10	361.74+23.90	335.36+21.36	360.80+15.37^b
		S	429.70+23.95	414.83+19.91	424.03+26.04	396.92+26.28	416.37+14.03^a
		Total	402.77+23.43	399.05+13.85	390.30+15.03	364.18+14.92	390.78+8.56
	谷丙转氨酶 ALT (U/L)	R	5.32+0.51	4.83+0.48	4.27+0.32	4.81+0.31	4.81+0.36
		C	5.45+0.83	4.72+0.43	5.09+0.95	5.09+0.93	5.09+0.36
		S	5.19+0.79	4.81+0.60	4.43+0.86	4.23+0.66	4.66+0.33
		Total	5.32+0.43	4.78+0.30	4.60+0.45	4.71+0.40	4.84+0.19
	谷草转氨酶 AST (U/L)	R	12.33+1.16^A	12.09+0.80^A	11.68+0.78^{AB}	9.46+0.21^B	11.39+0.43
		C	11.43+1.38	11.65+0.37	10.40+0.89	9.79+0.80	10.82+0.43
		S	13.30+0.71^A	12.32+0.71^{AB}	12.36+0.90^{AB}	10.72+0.73^B	12.17+0.39
		Total	12.36+0.62^A	12.02+0.38^A	11.48+0.50^{AB}	9.99+0.38^B	11.51+0.26

注：表中同一指标同行比较用大写字母来标注，同列比较用小写字母来标注，含不同字母表示差异显著（$P<0.05$），含相同字母或不含字母表示差异不显著（$P>0.05$）

Note: The significant difference were indicated with capital letters in the same row and small letters in the same column each indexe, different letters mean significant difference（$P<0.05$）, the same letter or no letter means no significant difference（$P>0.05$）. The same as below

2.5 饲喂不同营养水平日粮对血液酶活性指标的影响

饲喂不同营养水平日粮对乳酸脱氢酶、谷丙转氨酶和谷草转氨酶活性的影响见表4。混合模型的重复测量分析结果表明血液乳酸脱氢酶活性具有组间效应（$P<0.05$），S组显著高于C组（$P<0.05$）；血液谷草转氨酶活性具有时间效应（$P<0.05$），发情周期第12天活性最低（$P<0.05$）。

3 讨论

3.1 不同营养水平对湖羊体重和卵泡发育的影响

绵羊体重与卵泡发育存在相关性，体重大的绵羊大卵泡数增多，排卵率高[13]，本试验中，绵羊体重没有显著差异，保证了卵泡发育的变化仅是由于不同营养水平饲喂的结果。长期限饲导致家畜乏情[4]，本试验发现黄体期短期限饲引起湖羊发情延迟。与Alexander等[18]研究结果类似，本试验结果表明短期限饲抑制了卵泡发育，而随着饲喂水平的提高，卵泡发育能力增强。

3.2 不同营养水平对血液蛋白质代谢指标的影响

不同饲喂水平下，机体会依据自身营养状态启动适应性调节系统，维持正常的生命活动。饲喂低营养水平日粮引起瘤胃挥发性脂肪酸吸收减少，糖异生能力下降[19]，导致血液葡萄糖浓度下降[20]，造成能量负平衡。当机体处于低糖水平时，多数氨基酸通过脱氨基作用，沿异生途径合成葡萄糖，满足机体对葡萄糖的需要。尿素氮和尿酸浓度升高表明氨基酸的分解增多，进入蛋白质合成代谢的氨基酸量减少，蛋白质利用率降低。在蛋白质加速分解的过程中，氨基酸脱下的氨增多，相应地增加血中尿素氮的含量。本试验中，随着营养水平的降低，尿素含量显著提高，R组尿素浓度显著高于S组，其中发情周期第7天和第8天差异显著，而第10天和第12天差异不显著，表明低营养水平饲喂母羊蛋白质分解能力增强，合成能力降低，但机体的自调节系统使低营养水平组尿素浓度恢复正常水平。虽然血浆尿酸和血氨不随营养水平改变而改变，但C组和S组尿酸和血氨浓度在黄体期具有时间效应，说明黄体期不同生理时期机体对含氮化合物代谢具有不同的特点，而低营养水平改变了这种特性。因此，不同营养水平引起的繁殖性能变化与不同营养水平引起的蛋白质代谢的改变有关。

3.3 不同营养水平对血液脂肪代谢指标的影响

对于脂类代谢，当机体摄入的能量低于需要时，机体反馈性引起脂肪合成降低，脂解增加，引起NEFA升高，升高的NEFA，一方面抑制了血中葡萄糖合成糖原，另一方面，抑制血中葡萄糖合成体脂，进而抑制血中葡萄糖浓度的降低，同时，外源性脂肪合成降低，能量贮备减少[19]。动物血浆NEFA的变化和能量平衡之间有很强的相关性，是一种能够迅速用于生命活动的高效热量源[4]，然而，升高的NEFA降低反刍动物繁殖性能[21,22]。本试验中，随着营养水平的降低，NEFA含量显著提高，R组显著高于S组，其中发情周期第10天和第12天差异显著；而随着营养水平的降低，TG含量显著降低，R

组显著低于 S 组,其中仅发情周期第 8 天差异不显著,说明机体对低营养水平饲喂具有短暂的耐受性,主要的原因是机体优先分解糖原和蛋白质供能[19]。低营养水平导致脂肪动用的同时,也引起了血液胆固醇含量改变。与 NEFA 含量变化一致,随着营养水平的降低,胆固醇含量显著提高,R 组显著高于 S 组。胆固醇是细胞膜和胆汁酸的主要组成成分,参与类固醇激素和维生素 D 的合成[23],是否低营养水平引起升高的胆固醇促进了类固醇激素合成的改变,则须从母羊生殖轴组织器官分子水平进一步研究验证。本试验没有发现高密度脂蛋白和低密度脂蛋白随营养水平变化的显著差异,但低密度脂蛋白含量在黄体期不同生理时期具有时间差异性。因此,低营养水平引起的繁殖性能降低与低营养水平引起脂类代谢的改变存在联系。

3.4 不同营养水平日粮对血液酶活性指标的影响

血浆酶活性变化反映肝脏营养代谢状态[24],LDH 主要催化体内丙酮酸和乳酸之间的氧化还原反应,是糖无氧酵解及糖原异生的重要酶系之一,而 AST 和 ALT 活性反映蛋白质代谢,氨基酸利用水平。本试验中,虽然不同营养水平饲喂不显著影响 AST 和 ALT 活性,但 S 组的活性高于 R 和 C 组,且 S 组 LDH 活性显著高于 C 组。AST 活性在黄体期具有时间效应,发情第 12 天显著高于发情第 7 和第 8 天,说明黄体期不同生理阶段机体具有不同的营养需求和营养代谢特点。

4 结论

①绵羊黄体期短期补饲促进≥3.5mm 卵泡发育;限饲抑制≥3.5mm 卵泡发育,延迟发情。
②黄体期血液尿酸、血氨和低密度脂蛋白含量和谷草转氨酶活性具有时间效应。
③黄体期限饲提高血液尿素,胆固醇和游离脂肪酸水平,降低血液甘油三酯水平。
④黄体期限饲抑制卵泡发育与蛋白质和脂类合成能力降低,分解能力增强有关

参考文献

[1] Scaramuzzi R J, Campbell B K, Downing J A, et al. A review of the effects of supplementary nutrition in the ewe on the concentrations of reproductive and metabolic hormones and the mechanisms that regulate folliculogenesis and ovulation rate [J]. Reprod Nutr Dev, 2006, 46 (4): 339 - 354.

[2] Koyuncu M, Canbolat O. Effect of different dietary energy levels on the reproductive performance of Kivircik sheep under a semi-intensive system in the South-Marmara region of Turkey [J]. Journal of Animal and Feed Sciences, 2009, 18: 620 - 627.

[3] Kiyma Z, Alexander B M, Van Kirk E A, et al. Effects of feed restriction on reproductive and metabolic hormones in ewes [J]. J Anim Sci, 2004, 82 (9): 2 548 - 2 557.

[4] Tanaka T, Fujiwara K, Kim S, et al. Ovarian and hormonal responses to a progesterone-releasing controlled internal drug releasing treatment in dietary-restricted goats [J]. Anim Reprod Sci, 2004, 84 (1 - 2): 135 - 146.

[5] van Barneveld R J. Understanding the nutritional chemistry of lupin (Lupinus spp.) seed to improve livestock production efficiency [J]. Nutr Res Rev, 1999, 12 (2): 203 - 230.

[6] Teleni E, Rowe J B, Croker K P, et al. Lupins and energy-yielding nutrients in ewes. II. Responses in ovulation rate in ewes to increased availability of glucose, acetate and amino acids [J]. Reprod Fertil Dev, 1989, 1 (2): 117 - 125.

[7] Downing J A, Scaramuzzi R J. Nutrient effects on ovulation rate, ovarian function and the secretion of gonadotrophic and metabolic hormones in sheep [J]. J Reprod Fertil Suppl, 1991, 43: 209 - 227.

[8] Downing J A, Joss J, Connell P, et al. Ovulation rate and the concentrations of gonadotrophic and metabolic hormones in

ewes fed lupin grain [J]. J Reprod Fertil, 1995, 103 (1): 137-145.

[9] Somchit A, Campbell B K, Khalid M, et al. The effect of short-term nutritional supplementation of ewes with lupin grain (Lupinus luteus), during the luteal phase of the estrous cycle on the number of ovarian follicles and the concentrations of hormones and glucose in plasma and follicular fluid [J]. Theriogenology, 2007, 68 (7): 1 037-1 046.

[10] Munoz-Gutierrez M, Blache D, Martin G B, et al. Folliculogenesis and ovarian expression of mRNA encoding aromatase in anoestrous sheep after 5 days of glucose or glucosamine infusion or supplementary lupin feeding [J]. Reproduction, 2002, 124 (5): 721-731.

[11] Williams S A, Blache D, Martin G B, et al. Effect of nutritional supplementation on quantities of glucose transporters 1 and 4 in sheep granulosa and theca cells [J]. Reproduction, 2001, 122 (6): 947-956.

[12] Viñoles C, Forsberg M, Martin G B, et al. Short-term nutritional supplementation of ewes in low body condition affects follicle development due to an increase in glucose and metabolic hormones [J]. Reproduction, 2005, 129 (3): 299-309.

[13] Viñoles C. Effect of Nutrition on Follicle Development and Ovulation Rate in ewe [D]. Doctoral Thesis, 2003: 109.

[14] Scaramuzzi R, J,, Brown H, M,, Dupont. Nutritional and metabolic mechanisms in the ovary and their role in mediating the effects of diet on folliculogenesis: a perspective [J]. Reprod Dom Anim, 2010, 45 (Suppl. 3): 32-41.

[15] Sutton-McDowall M L, Gilchrist R B, Thompson J G. The pivotal role of glucose metabolism in determining oocyte developmental competence [J]. Reproduction, 2010, 139 (4): 685-695.

[16] Campbell B K, Kendall N R, Onions V, et al. The effect of systemic and ovarian infusion of glucose, galactose and fructose on ovarian function in sheep [J]. Reproduction, 2010, 140 (5): 721-732.

[17] Munoz-Gutierrez M, Blache D, Martin G B, et al. Ovarian follicular expression of mRNA encoding the type I IGF receptor and IGF-binding protein-2 in sheep following five days of nutritional supplementation with glucose, glucosamine or lupins [J]. Reproduction, 2004, 128 (6): 747-756.

[18] Alexander B M, Kiyma Z, McFarland M, et al. Influence of short-term fasting during the luteal phase of the estrous cycle on ovarian follicular development during the ensuing proestrus of ewes [J]. Anim Reprod Sci, 2007, 97 (3-4): 356-363.

[19] Chilliard Y, Bocquier F, Doreau M. Digestive and metabolic adaptations of ruminants to undernutrition, and consequences on reproduction [J]. Reprod Nutr Dev, 1998, 38 (2): 131-152.

[20] 高峰, 侯先志, 刘迎春. 妊娠后期限饲母羊血液理化指标变化对其胎儿生长发育的影响 [J]. 中国科学 (C辑: 生命科学), 2007, 37 (5): 562-567.

Gao F, Hou X Z. Effect of maternal undernutrition during late pregnancy on ovine fetal growth and development. *Agricultural Sciences in China*, 2007, 40 (6): 1 260-1 264. (in Chinese)

[21] Bender K, Walsh S, Evans A C, et al. Metabolite concentrations in follicular fluid may explain differences in fertility between heifers and lactating cows [J]. Reproduction, 2010, 139 (6): 1 047-1 055.

[22] Canfield R W, Butler W R. Energy balance and pulsatile LH secretion in early postpartum dairy cattle [J]. Domest Anim Endocrinol, 1990, 7 (3): 323-330.

[23] Miller W L, Auchus R J. The molecular biology, biochemistry, and physiology of human steroidogenesis and its disorders [J]. Endocr Rev, 2011, 32 (1): 81-151.

[24] Arai T, Inoue A, Takeguchi A, et al. Comparison of enzyme activities in plasma and leukocytes in dairy and beef cattle [J]. J Vet Med Sci, 2003, 65 (11): 1 241-1 243.

原文发表于《中国农业科学》, 2012, 45 (8): 1 606-1 612.

营养水平对波杂羔羊产肉性能和羊肉品质的影响*

王锋**,孙永成,王子玉,江琳琳,赵雪萍,李中原

(南京农业大学羊业科学研究所,南京 210095)

摘 要:本研究以波尔山羊与睢宁白山羊杂交后的波杂羔羊为研究对象,采用不同营养水平的育肥方法,对育肥后波杂羔羊的体尺增加、屠宰指标、理化性状、羊肉组织学性状和氨基酸含量进行分析测定。结果表明,提高育肥强度能显著增加波杂羔羊的产肉性能;育肥后肉品的肉色、熟肉率和眼肌面积有显著或极显著的改善和提高,而pH值、失水率、剪切力和肌纤维直径没有显著变化;波杂羔羊肉蛋白质中氨基酸种类齐全,含量丰富,必需氨基酸的含量高于标准模式。

关键词:波杂羔羊;营养水平;理化性状;蛋白质

The Effect of Nutrition Level on the Property and Quality of Meat of Crossbreed Kidlet of Boer Goat and Xuhuai White Goat

Wang Feng*, Sun Yongcheng, Wang Ziyu,
Jiang Linlin, Zhao Xueping, Li Zhongyuan

(Institute of Sheep and Goat Science, Nanjing Agricultural University, Nanjing 210095)

Abstract: To determine the effect of nutrition level on the property and quality of meat of the crossbreed kidlet of Boer goat and Xuhuai White goat, 100 2-to-3-month-old kidlet which are the first generation of crossbreed were fed on diets as 5 different nutrition levels separately and the bodily form, the performance of slaughtering and meat and the contents of amino acid. The results indicated that the nutritional level had significant or very significant effect on the growth speed, meat color, cooked meat% and the ribeye area. There have no significant difference on the pH, water loss%, shear force. The type and contents of amino acid in crossbreed goat are rich, and the contents essential amino

---

* 基金项目:国家肉羊产业技术体系项目(nycytx-39);
** 通讯作者:王锋(1963—),博士,教授,博导,国家肉羊产业技术体系岗位科学家,主要从事动物胚胎工程与草食动物生产研究。Email: caeet@njau.edu.cn

acids are higher than the standard pattern.

Key words：crossbreed kidlet of Boer goat and Xuhuai White goat；nutrion level；physical characteristic；protein

随着经济发展和人们健康意识的增强，膳食结构不断地发生改变，"健康饮食"日益成为时尚。羊肉，尤其是羔羊肉，因其鲜嫩多汁、蛋白多、脂肪少、膻味轻、味鲜美、容易消化吸收等优点而备受消费者青睐。虽然近20年来羊肉产量逐步增加，但远不能满足国内外市场需求，并且优质羊肉产量很低。由于中国的国情，山羊一直都是放养，没有完善的育肥方案，也没有系统的优质羊肉生产程序。而且目前营养水平对羊肉品质影响研究还不够深入，资料报道不多。本试验选用断奶后2～3月龄的波杂羔羊，采用五种不同的营养水平进行舍饲育肥，寻找营养水平与羊肉品质间的关系，为优质羔羊肉生产提供借鉴和指导。

1 试验材料与方法

1.1 试验羊的选择

试验选购体况中等、健康无病的2～3月龄波杂羔羊100只作为试验羊。预饲10天后随机分为5组，每组20只，性别平均分配，平均体重约18kg，组间差异不显著（$P>0.05$）。育肥结束后每组选择4只接近平均体重的羊，共20只进行屠宰试验。

1.2 试验时间和地点

整个育肥试验分育肥前期和后期两个阶段，共40天。整个育肥和屠宰过程在江苏省睢宁波尔种畜场内进行。

1.3 试验羊的饲养管理

5组羊分别按不同的营养水平饲喂，其中A组为对照组，B组提高蛋白和能量，C组在B组的基础上提高蛋白水平，D组在C组的基础上提高能量水平，E组在D组的基础上提高蛋白水平。每组试验羊的前20天蛋白能量水平见表1，后20天的蛋白能量水平见表2，其中，精料I的饲料配方为玉米71%、大豆饼7%、棉饼8%、麸皮12%、磷酸氢钙1%、食盐1%，精料II饲料配方为玉米59%、大豆饼8%、棉饼24%、麸皮7%、磷酸氢钙1%、食盐1%，粗料为粉碎的风干黄豆秸秆，不足的钙磷由舔砖提供。饲养标准参照美国（1981）山羊营养需要量。

1.4 测定项目

育肥结束后屠宰，屠宰前测量体尺、体重以及屠宰后的胴体重，试验羊于屠宰后45min内取腰部背最长肌，肉品的嫩度按标准方法处理后用C-LM型肌肉嫩度计进行剪切力值的测定；肉品其他理化性状（肉色、pH值、熟肉率、失水率）的测定按参照猪肉质研究的统一方法进行[1,2]；氨基酸分析使用日立835-50型氨基酸自动分析仪，测得羊肉鲜样中的氨基酸含量。

1.5 数据处理

用SPSS10.0进行单尾方差分析,并用LSD进行多重比较。

表1 试验羊前20天蛋白质能量水平
Table 1 Energy and protein level of diets in the earlier 20 days stage of fattening

组别	精料/只 (kg)	粗料/只 (kg)	消化能 (kJ)	蛋白质 (g)	精粗比	干物质 含量(kg)
A	0.25(配方Ⅰ)	0.75	8.45	60.40	2.5/7.5	0.86
B	0.4(配方Ⅰ)	0.6	9.55	75.64	4/6	0.86
C	0.4(配方Ⅱ)	0.6	9.55	91.00	4/6	0.86
D	0.55(配方Ⅰ)	0.45	10.20	90.88	5.5/4.5	0.86
E	0.55(配方Ⅱ)	0.45	10.20	103.25	5.5/4.5	0.86

表2 试验羊后20天蛋白质能量水平
Table 2 Energy and protein level of diets in the later 20 days stage of fattening

组别	精料/只 (kg)	粗料/只 (kg)	消化能 (kJ)	蛋白质 (g)	精粗比	干物质 含量(kg)
A	0.4(配方Ⅰ)	0.75	10.58	80.89	3.5/6.5	0.99
B	0.55(配方Ⅰ)	0.6	11.57	96.13	4.8/5.2	0.99
C	0.55(配方Ⅱ)	0.6	11.57	117.25	4.8/5.2	0.99
D	0.75(配方Ⅰ)	0.45	13.23	118.20	6.3/3.7	1.03
E	0.75(配方Ⅱ)	0.45	13.23	147.00	6.3/3.7	1.03

2 结果

2.1 不同试验组波杂羔羊体尺测量

表3数据统计结果表明,日粮营养水平对体高、体长和胸深有显著影响。试验D组和E组与A组的体高有显著差异;D组和E组的体长极显著高于A组,E组体长显著高于B组;D组胸深显著高于A组,E组胸深极显著高于A组,显著高于B组。

2.2 宰前活重、胴体重和屠宰率

经过不同强度育肥后,试验羊的宰前活重和胴体重差异比较大。对宰前活重而言,在中等能量水平下,如表3的B组和C组,适度提高蛋白质水平能显著提高波杂羔羊的生长速度,宰前活重差异显著($P<0.05$)。但在高能量水平下,提高蛋白质水平对生长速度影响不大,宰前活重差异不显著($P>0.05$)。胴体重有相似的变化趋势。

B组的屠宰率显著高于对照组,并且适度提高蛋白质和能量后能极显著提高屠宰率,但高能量水平下再提高蛋白质对屠宰率没有显著影响。

表3 各试验组屠宰指标

Table 3 Comparison of slaughter indexes

项目	A组	B组	C组	D组	E组
体高（cm）	51.32±0.82a	52.53±1.19	52.79±0.96	54.00±0.64b	54.58±1.00b
体长（cm）	46.21±0.83A	47.53±1.06a	48.68±0.84	50.05±1.02B	50.42±0.90Bb
胸深（cm）	26.42±0.51Aa	27.42±0.61ab	27.74±0.61	28.32±0.54b	29.16±0.38Bc
宰前活重（kg）	20.09±0.14A	21.25±0.32ABa	22.75±0.37BCb	23.90±0.56C	24.00±0.79C
胴体重（kg）	7.90±0.22Aa	8.91±0.18ABb	9.95±0.25Bc	11.60±0.44C	11.65±0.47C
屠宰率（%）	39.33±1.02Aa	41.93±0.21ABb	43.72±0.40B	48.49±0.82C	48.50±0.38C

2.3 波杂羔羊羊肉理化性状分析

表4的数据统计结果表明，pH值、失水率和剪切力没有显著差异；而试验组的肉色均显著好于对照组，并且高能量高蛋白质组（E组）的肉色极显著优于对照组；熟肉率高能量中蛋白质组显著高于对照组，高蛋白质高能量组显著高于对照组和B组。

表4 各试验组羊肉质量指标测定值

Table 4 Comparison of meat quality indexes

项目	A组	B组	C组	D组	E组
肉色	3.375±0.24Aa	4.00±0.20b	4.00±0.00b	4.00±0.41b	4.12±0.25B
pH值	6.34±0.08	6.45±0.12	6.32±0.10	6.39±0.01	6.40±0.08
熟肉率（%）	81.44±3.08Aa	84.19±2.12ab	86.73±1.02	89.00±2.54b	91.67±0.65Bc
失水率（%）	24.93±1.36	23.19±2.25	22.39±1.60	22.05±2.28	20.23±1.04
剪切力（kg）	6.75±0.13	6.43±0.48	6.39±0.75	5.72±0.33	5.43±0.31

2.4 波杂羔羊羊肉组织学性状分析结果

由表5可见，肌纤维直径在各组之间没有显著差异，而眼肌面积之间有差异，D组和E组的眼肌面积显著高于对照组。

表5 波杂羔羊羊肉组织学性状测定值

Table 5 Comparison of histology indexes

项目	A组	B组	C组	D组	E组
眼肌面积（mm^2）	582.25±50.88a	681.12±71.98	706.50±52.91	844.25±4.03b	852.00±131.22b
肌纤维直径（mm）	26.12±0.87	25.19±1.36	26.64±1.10	27.56±0.68	25.98±0.89

2.5 波杂羔羊羊肉中蛋白质的氨基酸组成与含量

波杂羔羊羊肉蛋白质主要由17种氨基酸组成，色氨酸含量极低，本试验所用仪器检测不到（见表6）。从表6可看出，波杂羔羊羊肉中所含氨基酸种类齐全，各组之间氨基酸总和的差异显著，中等和高等能量水平下，提高饲料中的蛋白水平均能够显著提高羊肉中的氨基酸含量，高蛋白高能量组的羊肉中氨基酸总含量极显著高于对照组；而在同一蛋白水平下，提高能量水平不能影响羊肉中的氨基酸总含量。从表7可看出，随着日粮中蛋白水平增加，精氨酸含量增加，除精氨酸外，各试验组中组成蛋白质的氨基酸比例没有显著差异。

表6 羊肉中氨基酸的种类与含量
Table 6 Types and contents of amino acids

项目	A组	B组	C组	D组	E组
天门冬氨酸	1.73±0.04Aa	1.84±0.02b	1.88±0.04B	1.88±0.02B	1.96±0.03Bc
苏氨酸	0.86±0.02Aa	0.91±0.01b	0.92±0.02b	0.93±0.01b	0.96±0.02B
丝氨酸	0.75±0.02Aa	0.78±0.01A	0.82±0.03b	0.81±0.01b	0.86±0.02Bc
谷氨酸	3.23±0.09Aa	3.37±0.06a	3.50±0.08b	3.46±0.04b	3.62±0.06Bb
甘氨酸	1.03±0.08	0.99±0.03	1.39±0.24	1.03±0.06	1.40±0.24
丙氨酸	1.05±0.02a	1.05±0.03a	1.22±0.08b	1.10±0.03	1.26±0.07b
胱氨酸	0.08±0.05	0.09±0.02	0.09±0.06	0.10±0.03	0.09±0.06
缬氨酸	0.97±0.02Aa	1.03±0.02	1.06±0.02b	1.06±0.02B	1.07±0.02B
蛋氨酸	0.53±0.02a	0.58±0.01b	0.55±0.01	0.56±0.01	0.56±0.02
异亮氨酸	0.89±0.03a	0.96±0.01b	0.93±0.02	0.98±0.01b	0.96±0.03b
亮氨酸	1.54±0.05Aa	1.66±0.02b	1.65±0.03b	1.68±0.01B	1.71±0.03B
酪氨酸	0.54±0.03	0.58±0.03	0.58±0.02	0.59±0.01	0.61±0.02
苯丙氨酸	0.70±0.02Aa	0.73±0.01	0.74±0.02	0.75±0.01b	0.77±0.01B
赖氨酸	1.62±0.05Aa	1.73±0.02b	1.74±0.03b	1.77±0.02B	1.80±0.03B
组氨酸	0.59±0.05a	0.61±0.04	0.68±0.04	0.69±0.02	0.71±0.03b
精氨酸	1.45±0.05a	1.40±0.07	1.26±0.03	1.25±0.03b	1.22±0.10b
脯氨酸	0.67±0.08	0.66±0.02	0.74±0.06	0.80±0.10	0.80±0.12
色氨酸	0.00	0.00	0.00	0.00	0.00
氨基酸总和	18.34±0.39Aa	18.85±0.37a	19.74±0.52bc	19.67±0.44b	20.38±0.38Bc

注：氨基酸含量为鲜肉样重量百分含量

表7 羊肉中氨基酸的构成比较
Table 7 Comparison of the constitution of amino acids

项目	A组	B组	C组	D组	E组	标准氨基酸
异亮氨酸	4.94±0.10	5.00±0.06	4.74±0.16	5.02±0.05	4.74±0.19	4.0

（续表）

项目	A组	B组	C组	D组	E组	标准氨基酸
亮氨酸	8.53 ± 0.14	8.66 ± 0.08	8.38 ± 0.16	8.67 ± 0.07	8.43 ± 0.22	7.0
赖氨酸	8.90 ± 0.17	9.06 ± 0.06	8.80 ± 0.20	9.09 ± 0.05	8.81 ± 0.24	5.5
蛋氨酸+胱氨酸	3.36 ± 0.02	3.46 ± 0.05a	3.21 ± 0.08b	3.35 ± 0.06	3.19 ± 0.10b	3.5
苯丙氨酸+酪氨酸	6.74 ± 0.13	6.78 ± 0.10	6.61 ± 0.14	6.79 ± 0.04	6.68 ± 0.20	6.0
苏氨酸	4.73 ± 0.08	4.77 ± 0.04	4.68 ± 0.06	4.73 ± 0.09	4.74 ± 0.11	4.0
缬氨酸	5.39 ± 0.09	5.48 ± 0.14	5.21 ± 0.09	5.44 ± 0.04	5.26 ± 0.15	5.0
天门冬氨酸	9.55 ± 0.08	9.65 ± 0.05	9.56 ± 0.10	9.59 ± 0.17	9.64 ± 0.19	
丝氨酸	4.13 ± 0.04	4.12 ± 0.03	4.18 ± 0.03	4.11 ± 0.09	4.23 ± 0.03	
谷氨酸	17.64 ± 0.19	17.84 ± 0.06	17.75 ± 0.15	17.59 ± 0.24	17.78 ± 0.20	
甘氨酸	5.56 ± 0.49	5.31 ± 0.21	7.01 ± 1.07	5.26 ± 0.29	6.82 ± 1.07	
丙氨酸	5.70 ± 0.17	5.60 ± 0.14	6.15 ± 0.28	5.60 ± 0.19	6.15 ± 0.23	
精氨酸	7.88 ± 0.23A	7.43 ± 0.28ABa	6.43 ± 0.17BCb	6.44 ± 0.13BCb	5.96 ± 0.41C	
脯氨酸	3.67 ± 0.46	3.49 ± 0.14	3.72 ± 0.26	4.12 ± 0.51	3.91 ± 0.55	
色氨酸	0.00	0.00	0.00	0.00	0.00	

注：氨基酸构成为各氨基酸之间的比例

3 讨论

①经过不同强度的育肥，各试验组屠宰前的体尺、体重和屠宰后的胴体重、屠宰率等有显著的差异，说明在日粮营养水平较高的条件下，波杂羔羊生长较快较充分。因此，根据生产目的，在育肥期适时调整、提高日粮营养水平，可以增加产出，提高经济效益。

②从波杂羔羊各项肉质理化指标测定结果来看，pH值没有显著差异，失水率和剪切力依次降低，差异也不显著，但经过高能量高蛋白质水平的育肥后，波杂羔羊的肉品色泽鲜艳，熟肉率高；与对照组相比具有较为理想的外观要求和肉品质量。

③肉品的质地、嫩度、风味和多汁性是重要的食用品质特性[3]。其中，肌肉肌纤维的组织学特性与肉品的质地和嫩度直接相关。各实验组的肌纤维直径没有显著差异，而眼肌面积则是高能量高蛋白质组明显高于对照组，说明肌纤维之间脂肪含量增加，肉品中脂肪的含量与分布是肉质细嫩多汁而味美的物质基础，能够减轻结缔组织中纤维成分的物理强度，使肌束容易分离，肌肉即变得柔软细嫩，适口性强并易于咀嚼。因此，提高日粮营养水平有利于提高优质羊肉的产量。

④氨基酸的组成和含量是评定蛋白质品质的重要指标。从表7计算得出，必需氨基酸的含量占氨基酸总含量的42.60%，必需氨基酸与非必需氨基酸的比值为0.742，分别高于FAO/WHO标准规定的40%和0.6[4]，可以提供优质蛋白质。波杂羔羊羊肉中富含天冬氨酸和谷氨酸，这两种氨基酸的含量分别为9.62%和17.75%。天冬氨酸与谷氨酸与氯化钠反应生成天冬氨酸钠和谷氨酸钠（味精），是食物中的重要鲜味物质。谷氨酸还能在人体内与血氨结合，形成对人体无害的谷氨酰胺，解除人体代谢中产生的游离的氨的积累，参与肝脏、

肌肉及大脑等组织中的解毒作用，并参与脑组织代谢，使脑机能活跃，而且其也是组成胰岛素的重要成分。天冬氨酸还可以延缓骨骼和牙齿的破坏，同时作用于肺部和呼吸作用。谷氨酸和天冬氨酸都具有增强记忆的功能[5,6]。精氨酸对调节血管张力、调整血压和血流量有重要作用，同时参与巨噬细胞对细菌的吞噬和杀灭功能[7]。因此波杂羔羊羊肉的营养价值较高。

综上所述，采用高强度的集中育肥能够快速提高波杂羔羊的产肉性能，并且生产出的羊肉肉质细嫩，蛋白质含量高，氨基酸种类齐全，含量丰富，其中必需氨基酸高于标准氨基酸模式中的含量。

参考文献

[1] 孙玉民. 罗朋 畜禽肉品学 [M]. 济南：山东科学技术出版社，1993：254－256，284－288.
[2] 陈清明. 王连纯 现代养猪生产 [M]. 北京：中国农业大学出版社，1997：352－357.
[3] Lawrie R A. Meat science. 4th edition [M]. Oxford, UK: Pergamon Press, 1985: 182－207.
[4] FAO/WHO Energy and protein requirements [M]. FAO Nutrition Meeting Report series, FAO, 1793: 52－63.
[5] 郭蔼光. 基础生物化学 [M]. 北京：高等教育出版社，2002：253.
[6] 余传隆. 氨基酸与人类健康 [J]. 氨基酸和生物资源，1999，21：4－8.
[7] 何志谦. 人类营养学 [M]. 北京：人民卫生出版社，2000：45.

原文发表于《江苏农业学报》，2010，26（6）：1 288－1 292.

不同采食量水平对杜湖 F_1 代羊肉品质的影响[*]

聂海涛[**]，王子玉，应诗家，何东洋，王昌龙，
宋 辉，张艳丽，王 锋[***]

（南京农业大学羊业科学研究所，南京 210095）

摘 要：本文旨在研究不同采食量水平对杜泊-湖羊 F_1 代杂交羊肉质和屠宰性能的影响，为肉用绵羊的高效养殖及生产高品质羊肉提供理论依据。选择18只日龄在60d左右、体重约20kg的杜湖 F_1 代公羔羊，随机分为3组，采食量分别为自由采食、70%自由采食、50%自由采食，经过62d限饲或自由采食后进行屠宰测定，并取背最长肌进行肉质分析。结果表明：①3组间背最长肌的pH值、亮度、红度、黄度、滴水失度、剪切力等肉质指标差异均不显著，但70%采食量组较其他两个营养水平下肉质pH值、红度和系水力都有升高的趋势，剪切力有减小的趋势（$P>0.05$），表明该采食量水平下，羊肉的肉色和嫩度有所改善；在熟肉率方面，自由采食组极显著高于50%自由采食组。氨基酸分析结果表明：70%采食组除了组氨酸之外的其他氨基酸含量都高于其他两个采食量组（$P>0.05$）。表明该营养水平下的背最长肌的氨基酸组成要优于其他两个营养水平组。②3个试验组羊屠宰率差异不显著，宰前活重随着采食量的增加极显著提高（$P<0.01$），自由采食组的眼肌面积和净肉率显著高于50%采食量组（$P<0.01$）。70%自由采食量的采食量水平有使羊肉品质改善的趋势。

关键词：采食量；肉质；杂交；湖羊；杜泊羊

湖羊是分布在江苏和浙江等太湖流域的、多胎和全年发情的地方优良绵羊品种，杜泊羊是由南非引进的、具有抗逆性好、增重快、板皮质量好等优秀生产性状的肉皮兼用性绵羊品种[1]。不少地区通过引进杜泊羊杂交改良湖羊，能够明显提高其生长速度，有的地方则利用杂交育种技术培育肉羊新品种。然而，随着人民生活水平的提高及近几年肉羊产业迅猛的发展，消费者对羊肉从数量的要求渐渐转向对羊肉品质方面上的要求，对肉羊产业提出了更高的标准，因此，寻求肉质改善的方法可以提高肉羊养殖的效益。迄今为止，国内羊肉品质改善方面的研究主要集中在改变饲料精粗比、饲喂脂肪酸、减少应激反应或屠宰后的再加工等方面[2]，还没有不同采食量水平对羊肉品质影响的报道。本试验旨在研究不同采食量水平对羊肉品质及屠宰性能的影响，为肉用绵羊的高效养殖及生产高品质羊肉提供参考。

---

* **基金项目**：国家肉羊产业体系项目（编号：nycytx-39）；
** **作者简介**：聂海涛（1986— ），男，硕士研究生，汉族，安徽省蚌埠人，主要从事反刍动物营养研究，Tel：13770738117；Email：niehaitao_2005@126.com；
*** **通讯作者**：王锋，教授，博导，主要从事羊业科学和动物胚胎工程技术研究，Tel：（025）84395381；Email：caeet@njau.edu.cn

1 材料与方法

1.1 试验动物

选 18 只日龄约为 60d，健康无疾病、体重为 （21.02±0.32） kg 杜湖杂交 F_1 代公羔羊，采用随机原则分为 3 组，分别为自由采食组（ad libitum intake 简写为 ad）、70% 自由采食组（70% ad，简称低限饲组）和 50% 自由采食组（50% ad，简称高限饲组），使得 3 组试验羊的目标日增重分别为 300g/d，100g/d 和 0g/d。所有试验羊均单栏饲养，自由饮水。

1.2 试验设计与饲养管理

试验羊日粮配制参照 NRC 中肉用绵羊饲养标准，制成 TMR 颗粒饲料（配方及营养水平见表1）。试验羊驱虫后单栏饲养，预饲 10d，正试期 52d，自由饮水，自然光照，每周称重一次。每日在 8：00 称量自由采食组的剩料量（以剩料量约为采食量的 10% 为最佳），通过投喂量以及剩料量计算得到自由采食组的采食量，并以自由采食组采食量的 70% 和 50% 投喂量对其他两组进行饲喂。

表 1 TMR 组成及其营养水平（干物质%）

项目	成分
原料（%）	
黄豆秸秆	29.44
花生壳粉	15
大麦	5
豆粕	10.6
玉米	38.6
石粉	0.26
食盐	0.50
磷酸氢钙	0.38
硫酸钠	0.1
预混料	0.12
合计	100.00
营养水平	
消化能（MJ/kg）	13.60
代谢能（MJ/kg）	11.20
粗蛋白质（%）	13.81
粗脂肪（%）	1.95
钙（%）	1.53
磷（%）	0.70

1) 预混料每吨颗粒饲料添加 0.12kg 的一水硫酸亚铁，0.08kg 无水硫酸铜，0.19kg 一水硫酸锰，0.19kg 一水硫酸锌，含 I 5% 预混剂 0.05kg，含 Se 1% 预混剂 0.005kg，含 Co 5% 预混剂 0.005kg，牛羊专用复合维生素 0.2kg，超浓缩源康宝 0.25kg，2% 莫能霉素 0.15kg

1.3 屠宰与取样

试验结束后,对 18 只试验羊进行静脉放血屠宰,测定 pH 值、嫩度、滴水损失、熟肉率等指标,屠宰后取 12~13 肋骨间背最长肌用于肉质品质以及化学成分测定,同时对不同采食量水平下的实验羊的屠宰性能进行记录和比较。

1.4 肉质化学成分测定

依据 GB/T 5009.3—2003、GB/T 5009.6—2003 以及 GB/T 5009.5—2003 对背最长肌中的水分含量、粗脂肪含量以及粗蛋白质含量进行测定[3],采用日立 L-8900 全自动氨基酸分析仪测定氨基酸含量。

1.5 肉质品质测定

参照韩玲的方法[4]分别测定背最长肌肉色、嫩度、滴水损失、熟肉率以及屠宰后 45min、24h 的背最长肌 pH 值。

1.6 屠宰性能的测定

屠宰性能是反映肉羊产肉性能的最直接的指标,本试验选择了宰前活重、屠宰率、净肉率等指标进行屠宰性能的比较分析。

1.7 数据分析

数据用 SAS6.12 软件包进行单因素方差分析,Duncan's 法进行多重比较。

2 结果

屠宰测定及生产效益结果见表 2。3 个采食组的宰前活重差异极显著,自由采食组最高,低限饲组其次,高限饲组最低($P<0.01$);在眼肌面积方面,自由采食组眼肌面积显著高于高限饲组($P<0.05$),其他组之间差异不显著($P>0.05$);在屠宰率方面,3 组的屠宰率差异不显著($P>0.05$),在净肉率方面,自由采食组极显著高于高限饲组($P<0.01$),其他组之间差异不显著($P>0.05$)。

表 2 屠宰性能测定

指标	采食量水平		
	Ad	70% ad	50% ad
宰前活重(kg)	34.82 ± 1.20^A	27.25 ± 1.68^B	22.45 ± 0.71^C
眼肌面积(cm^2)	13.67 ± 2.94^a	10.67 ± 3.01^{ab}	9.62 ± 1.34^b
屠宰率(%)	44.18 ± 3.81^a	44.33 ± 2.51^a	42.14 ± 2.18^a
净肉率(%)	30.9 ± 2.27^A	28.8 ± 1.48	26.4 ± 2.07^B
日增重(kg)	0.28 ± 0.0868^A	0.13 ± 0.090^B	0.031 ± 0.082^C
日采食量(g)	1 310	850	605

(续表)

指标	采食量水平		
	Ad	70% ad	50% ad
日代谢能摄入（MJ）	14.67	9.52	6.78
日蛋白质摄入（g）	181	117	84
日消耗成本（元）	1.96	1.27	0.91
日利润（元）	0.94	0.08	-0.6

注：表中同行肩标大写字母不同表示差异极显著（$P<0.01$），小写字母不同表示差异显著（$P<0.05$），没有标注表示差异不显著，下表同。

2.1 背最长肌肉质品质

背最长肌肉质品质测定结果见表3。低限饲组背最长肌的pH值（屠宰后45 min 和屠宰后24 h）高于其他两个采食量水平组（$P>0.05$），高限饲组背最长肌的亮度和黄度最高（$P>0.05$），低限饲组背最长肌的滴水失度和剪切力值低于其他两个采食量水平；3个采食量水平在熟肉率上差异显著（$P<0.05$）：高限饲组＞自由采食组＞低限饲组。

表3 肉质品质测定

指标	采食量水平		
	Ad	70% ad	50% ad
屠宰45min后pH值	6.44 ± 0.14	6.60 ± 0.18	6.50 ± 0.143
屠宰24h后pH值	5.58 ± 0.067	5.63 ± 0.065	5.59 ± 0.050
亮度	34.02 ± 2.48	35.17 ± 1.59	36.40 ± 1.65
红度	14.12 ± 1.43	14.23 ± 1.48	14.10 ± 1.61
黄度	5.03 ± 0.39	5.72 ± 0.29	5.88 ± 1.34
滴水损失（%）	0.15 ± 0.070	0.14 ± 0.053	0.17 ± 0.068
熟肉率（%）	0.76 ± 0.027	0.81 ± 0.035	0.85 ± 0.023
剪切力（kg）	29.61 ± 3.92	24.6 ± 4.44	27.62 ± 6.24

2.2 背最长肌营养成分

背最长肌营养成分测定结果见表4。3组的背最长肌内蛋白质以及水分含量差异均不显著（$P>0.05$），高限饲组＞自由采食组＞低限饲组。3个采食量组的肌内脂肪含量差异也不显著（$P>0.05$）：高限饲组＞低限饲组＞自由采食组。氨基酸含量分析结果表明：70%采食量组除组氨酸之外其他所有的15种氨基酸的含量都要高于另外两个采食组，差异情况见表4。

表 4 背最长肌肉质营养成分

指标	采食量水平		
	ad	70% ad	50% ad
水分（%）	70.32±3.68	70.93±3.45	71.47±3.27
粗蛋白质（%）	23.58±1.82	23.81±1.45	24.12±3.02
粗脂肪（%）	7.82±3.15	8.46±2.79	9.23±3.23
丙氨酸（%）	1.98±0.20	2.35±0.19	2.14±0.10
精氨酸（%）	1.83±0.12[a]	2.34±0.18[b]	2.18±0.10[ab]
天冬氨酸（%）	2.59±0.17[a]	3.24±0.22[b]	2.11±0.16[c]
半胱氨酸（%）	0.23±0.01	0.27±0.02	0.24±0.02
谷氨酸（%）	4.70±0.34	5.64±0.34	5.39±0.27
甘氨酸（%）	1.40±0.12	1.91±0.30	1.53±0.07
组氨酸（%）	0.93±0.06[a]	1.12±0.08[ab]	1.19±0.05[b]
亮氨酸（%）	2.35±0.15[a]	2.95±0.20[b]	2.83±0.14[ab]
赖氨酸（%）	2.13±0.17[a]	2.79±0.19[b]	2.69±0.13[b]
蛋氨酸（%）	0.75±0.09[a]	1.02±0.07[b]	0.99±0.05[b]
苯丙氨酸（%）	1.40±0.09[a]	1.72±0.11[b]	1.70±0.08[b]
丝氨酸（%）	1.04±0.08	1.26±0.09	1.20±0.06
苏氨酸（%）	1.13±0.26	1.33±0.10	1.27±0.08
酪氨酸（%）	1.46±0.08	1.52±0.08	1.48±0.06
缬氨酸（%）	1.44±0.09[a]	1.81±0.13[b]	1.74±0.08[ab]
异亮氨酸（%）	1.39±0.09[a]	1.70±0.11[b]	1.64±0.08[ab]

3 讨论

3.1 不同采食量水平对背最长肌肉品质的影响

陈代文等研究发现，营养水平的改变对肌肉水分和失水率有显著影响，高营养水平虽然可以显著增加肌肉脂肪的含量并在一定水平上可以改善肉质，但同时会使得肌肉的失水率增加，肌肉纤维增粗，对肉质改善有负面的作用；降低营养水平可以显著增加肌肉的含水量，降低肉质的滴水失度，从而起到改善肉质的效果[5]。同时有文献也报道了随着宰后肌肉 pH 值的降低肌肉的滴水失度逐渐升高[6]，并探讨了 pH 值和滴水失度相互影响所存在的作用机制。本试验在 pH 值和滴水损失上也表现出了与上述研究相符的变化趋势，低限饲组背最长肌的滴水损失小于其他两个采食量组（$P > 0.05$），pH 值高于其他两个采食量组（$P > 0.05$），肉质得到了改善。在猪上的研究表明，高蛋白质饲料可以提高猪肉瘦肉率，降低肌肉内脂肪水平，使肉的嫩度下降，降低猪肉的品质，与之相反低蛋白质水平的饲粮可以提高猪肉的品质改善肉的嫩度，其原因可能是肌肉内脂肪含量升高和低蛋白质饲料促使体内蛋白质周转加快引起的[7]；同时，通过增加杂交羔羊日粮中的能量使得羔羊肉剪切力降低，肉的嫩度得到了改善[8]。本试验通过控制试验动物的采食量，从而从蛋白质和能量摄入量两个方面对肉质的调控影响进行研究。结果显示，70%采食量组在嫩度指标上优于其他两个采食量组。综合考虑各个指标，低限饲水平组的羊肉肉质在宰后pH值、滴水失度、嫩度、肉色指标都优于其他两个采食量水平，这与猪[9]和牛[10]上的文献报道相似，即过量饲喂以及过度限饲都会使得肉品质有下降的趋势。

3.2 不同采食量水平对背最长肌营养成分的影响

羊肉是一种氨基酸含量丰富脂肪含量较少的优质肉类，味美浓香，肉的鲜味主要与次黄嘌呤核苷酸、琥珀酸、谷氨酸以及某些鲜味肽有关，其中，天冬氨酸和谷氨酸是羊肉中的重要的鲜味来源，本试验对3个试验组背最长肌氨基酸含量进行测定，结果表明：低限饲组中谷氨酸（$P>0.05$）、天冬氨酸含量高于其他两个采食量水平（$P<0.05$），此外，该组中人体所需的必需氨基酸含量也高于其他两个采食量水平（$P>0.05$），鲜味氨基酸和必需氨基酸较其他两个采食量水平都有升高的趋势。

3.3 不同采食量水平对生产性能的影响

3个采食量水平组的能蛋摄入量分别为14.67MJ/d、181g/d；9.52MJ/d、117g/d；6.78MJ/d、84g/d。日增重随着采食量的增加而极显著升高（$P<0.01$），分别达到了（0.28±0.087）kg/d、（0.13±0.090）kg/d和（0.031±0.082）kg/d，基本上达到了日粮设计时的目标日增重。3个采食量水平试验羊的屠宰率差异不显著，均小于周卫东所报道的4月龄杜湖杂交一代（54.07±0.6）%的屠宰率[11]，这可能是由于本试验所使用的试验羊的月龄（2月龄）较小的原因所致。另外在生产效益方面（见表2），自由采食组日增重快的优势使得该组产生的效益最好，但是该表中的日利润是以3组羊肉统一价格出售来进行计算的，但是70%采食量组由于肉质最优，售价较其他两个采食量水平组应相对较高，70%采食量组的效益也应当有所提高，应用到生产实践中各个养殖场应该综合考虑当时的饲料原料价格和出栏羊肉市场需求情况合理制定出栏计划以求效益最大化。

4 结论

3个采食量水平下的绵羊肉质没有显著性的差异，但是综合背最长肌的营养成分含量测定以及肉品质品质测定的结果，自由采食量70%投喂量组有肉质的改善的趋势，过高或者过低的采食量水平都会对肉质产生不利的影响。在追求高增重高产量的同时，畜产品的质量也应当受到重视。

参考文献

[1] 梁志峰，辛彩霞，稽道仿等．杜泊绵羊和湖羊杂交一代的生产性能研究[J]．新疆农垦科技，2007（5）：38-39．

[2] 赵国芬，赵志恭，敖长金等．沙葱和油料籽实对羊肉品质常规指标的影响[J]．饲料工业，2007，28（15）：39-42．

[3] 食品卫生检验方法：理化部分[S]．北京：中国标准出版社，2003．

[4] 韩玲. 白牦牛产肉性能及肉质测定分析 [J]. 中国食品学报, 2002, 2 (4): 30-35.

[5] 陈代文, 张克英, 余冰等. 不同饲养方案对猪生产性能及猪肉品质的影响 [J]. 四川农业大学学报, 2002, 20 (1): 1-6.

[6] 刘显军, 陈静, 郭文信等. 乙酸镁对育肥猪肌肉 pH 值和滴水损失的影响 [J]. 河南农业科学, 2008 (9): 119-122.

[7] 张克英, 陈代文, 罗献梅等. 饲粮理想蛋白水平对猪肉品质的影响 [J]. 四川农业大学学报, 2002, 20 (1): 12-16.

[8] 宋杰, 张英杰, 刘月琴等. 不同能量水平对杂交羔羊肉品质的影响 [J]. 中国农学通报, 2010, 26 (2): 26-29.

[9] 欧秀琼, 郭宗义. 不同营养水平与饲养方式对商品猪肉质的影响 [J]. 养猪, 1995 (4): 24-25.

[10] 李石友, 徐英, 李琦华等. 营养水平对牛肉品质的影响研究 [J]. 中国畜牧兽医, 2007, 34 (11): 132-134.

[11] 周卫东, 姜俊芳, 宋雪梅等. 湖羊和杜湖杂交一代羊肉用性能比较研究 [J]. 黑龙江畜牧兽医, 2010 (7): 61-62.

原文发表于《江苏农业科学》, 2012, 30 (1): 188-190.

日龄对20~50kg杜湖杂交F_1代母羊维持和生长能量需要量的影响*

聂海涛[1,a]，万永杰[2,a]，游济豪[1]，王子玉[1]，
兰　山[1]，樊懿萱[1]，王　锋[1,2]**

(1. 江苏省肉羊产业工程技术研究中心，南京农业大学，南京　210095；
2. 海门山羊研发中心，南京农业大学，南京　210095)

摘　要：此研究的目的是确定20~50kg体重阶段杜泊羊和湖羊杂交F_1母羔的能量需要量参数，并进一步研究日龄因素对本研究试验对象能量需要量参数的影响。在比较屠宰试验中，30只试验动物被随机分成3个采食量饲喂组（自由采食组，$N=18$；低限饲组，$N=6$；高限饲组，$N=6$），并分为基线屠宰组，中期屠宰组和末期屠宰组3批次进行屠宰，通过测定体化学组成最终计算其能量沉积量。在消化率试验中，12母羊圈养在单独的代谢笼中，并随机分配到与比较屠宰试验的设计相同的3个采食量水平处理组，以评估其在不同采食量水平饲喂水平下的能量消化代谢率。本研究的数据表明，随着日龄的增加，维持净能需要量（NE_m）由260.62±13.21下降至（250.61±11.79）$kJ/kg^{0.75}$ of SBW/d，维持代谢能需要量（ME_m）从401.99±20.31下降至（371.23±17.47）$kJ/kg^{0.75}$ of SBW/d。不同日龄试验动物的代谢能维持利用效率（k_m, 0.65 vs 0.68）和代谢能生长利用效率（k_g, 0.42 vs 0.41）差异不显著（$P>0.05$），在平均日增重相同的情况下，试验动物在育肥后期（35~50kg）的生长净能需要量（NE_g）和生长代谢能需要量（ME_g）分别比育肥前期（35~50kg）对应的值高3%和25%。总之，本研究所得到的日龄对能量需要量参数的影响与前人的研究所得的结论类似，杜湖杂交F_1代母羊育肥期的生长能量需要量（NE_g和ME_g），介于NRC（2007）所提出的早熟型和晚熟型绵羊品种的能量需要量推荐值之间。

关键词：比较屠宰；净能需要量；代谢能需要量；日龄；育肥期；母羔

---

* 基金项目：国家肉羊产业技术体系（CARS-39）；公益性行业（农业）科研专项（201303143&2014031144）。
[a] 同等贡献作者；
** 通讯作者：王锋，教授，博士生导师，E-mail：caeet@njau.edu.cn

表1 20~50kg杜湖杂交F_1代生长净能能量需要量

ADG (g/d)	SBW (kg)						
	20	25	30	35	40	45	50
100	1.25	1.35	1.44	1.51	1.64	1.75	1.86
150	1.87	2.02	2.16	2.27	2.47	2.63	2.78
200	2.50	2.70	2.87	3.03	3.29	3.51	3.71
250	3.12	3.37	3.59	3.79	4.11	4.38	4.64
300	3.75	4.05	4.31	4.55	4.94	5.26	5.57

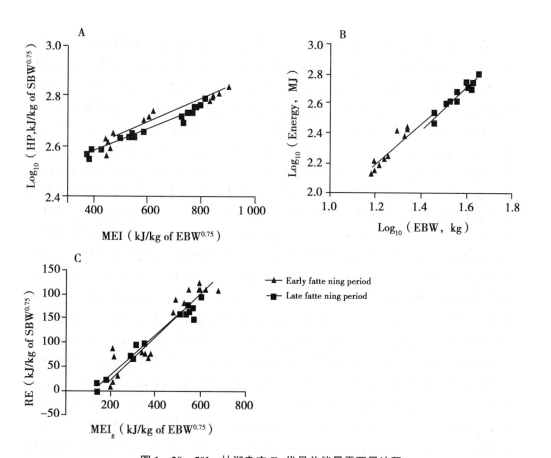

图1 20~50kg杜湖杂交F_1代母羔能量需要量注释

（A）维持净能需要量 （B）生长代谢能需要量 （C）代谢能生长利用效率；三角形和虚线表示育肥前期（体重范围从20~35kg）母羊相应的参数；育肥后期（体重范围从35~50kg）母羊相应的参数由正方形和实线所示的参数。

原文发表于《Asian-Australasian Journal of Animal Science》，2015，28（8）：1 140-1 149.

杜湖杂交 F_1 代羔羊能量、蛋白质需要量的确定及性别因素对营养需要量的影响*

聂海涛[1]a，张 浩[1]a，游济豪[1]，王 锋[1,2],**

(1. 江苏省肉羊产业工程技术研究中心，动物科技学院，南京农业大学，南京 210095；
2. 海门山羊研发中心，南京农业大学，南京 210095)

摘 要：本研究的旨在通过研究确定杜湖杂交 F_1 代羔羊育肥期的能量和蛋白质需要量，并评价性别对该杂交肉用品系绵羊营养需要量参数的影响。试验选择52只杜湖杂交 F_1 代母羔（18.60±1.57）kg和42只杜湖杂交 F_1 代公羔（18.30±1.28）kg。从公、母羔群体中随机选择公羔和母羔各30只用于比较屠宰试验，以公羔为例，30只试验羊随机分成自由采食量组（ad libitum, AL, $N=18$）、低限饲组（Low restriction, LR, $N=6$）和高限饲组（High Restriction, HR, $N=6$）三种采食量组，当AL组试验羊的体重分别达到20kg、28kg和35kg时分3批次进行屠宰，每批次各6只，LR和HR组试验羊在末期屠宰时一并屠宰，所得数据用于测定试验羊的能量和氮沉积量。从公、母羔群体选择公羔（18.01±1.66）kg和母羔（18.43±1.17）kg各12只用于消化代谢试验，以公羔为例，将12只试验羊参照比较屠宰试验设计分为3个采食量水平组，以评估其在不同采食量水平饲喂水平下的能量消化代谢率。结果表明：维持代谢能需要量[（400.61±20.31）$kJ/kg^{0.75}$ vs （427.24±18.70）$kJ/kg^{0.75}$ of SBW]，代谢能维持利用效率（k_m；0.64±0.02 vs 0.65±0.03），代谢能生长利用效率（k_g；0.42±0.03 vs 0.44±0.02），和维持净蛋白质需要量[NP_m；（1.83±0.17）$g/kg^{0.75}$ vs （1.99±0.28）$g/kg^{0.75}$ of SBW]在不同性别试验对象间差异均不显著（$P>0.05$），虽然没有统计学差异，但本研究所得到公羔的维持净能需要量[NE_m，（274.16±11.99）$kJ/kg^{0.75}$ of SBW]，比母羔的 NE_m [（260.62±13.21）$kJ/kg^{0.75}$ of SBW] 高5%，此外，在相同的体重（BW）和平均日增重（ADG）情况下，公羔有较大的生长净蛋白质需要量（NP_g，15.94~44.32 g/d）高于母羊（13.07~32.95 g/d）。综上所述，本研究研究所得的杜湖杂交肉羊 F_1 代肉羊的生长能量和蛋白质需要量的结果介于NRC（2007）所提出的早熟型和晚熟型绵羊品种的能量需要量推荐值之间，性别对能量需要量的影响趋势与前人的研究所得的结论类似，但不同性别间营养需要量差别略小。

关键词：能量需要量；蛋白质需要量；生长；维持；羔羊；性别

---

* 基金项目：国家肉羊产业技术体系（CARS-39）；公益性行业（农业）科研专项（201303143 & 201303144）；
a 共同第一作者；
** 通讯作者：王锋，教授，E-mail：caeet@njau.edu.cn

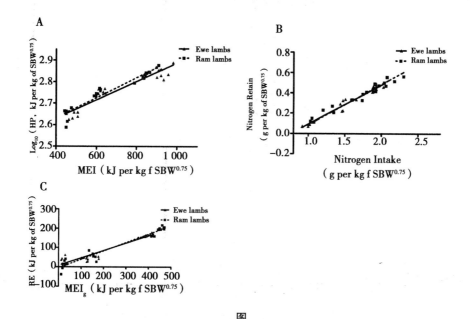

图

图注：A：维持能量需要量的计算；B. 维持净蛋白质需要量的计算；C. 代谢能生长利用效率；

三角形和实线（▲和—）表示的母羔相应的参数；公羔的参数由正方形和虚线（■和− −）表示。

原文发表于《Tropical Animal Health and Production》，2015，47（5）：841－853.

杜湖杂交羊微量元素净维持和生长需要量及其在主要体组织的分布情况

张 浩[1,a]，聂海涛[1,a]，王 强[1]，王子玉[1]，
张艳丽[1]，郭日红[1]，王 锋[1,2]**

(1. 南京农业大学羊业科学研究所，南京 210095；
2. 南京农业大学动物胚胎工程中心，南京 210095)

摘 要：本研究采用比较屠宰法，来确定微量元素在20~35kg杜湖杂交羊F_1代主要体组织浓度和分布，及其维持和生长需要量。每个性别选取35只，20kg左右，2月龄左右，健康无病的杜湖杂交羊。试验开始时，每个性别的7只羔羊被随机选出，进行屠宰，作为试验的起始组，计算体成分的初始值。自由采食的情况下，当体重达到28kg左右时，每个性别随机选取另外7只羊，进行屠宰试验，作为试验的中间组。每个性别剩余的21只羊，随机分为3组，每组7只羊。分别为自由采食组，70%限饲组和40%限饲组。当自由采食组的羊只体重达到35kg时，每个性别的这3组都进行屠宰。屠宰后，计算各体组织的微量元素浓度，分布及空腹体中的微量元素的含量。自由采食组的3个体重阶段，根据生长需要量的计算方程，得出微量元素生长需要量。根据每个性别的3个采食量组数值，计算出微量元素的维持需要量。结果：Fe, Mn, Cu主要分布在内脏（包含血液）组织中，而锌主要分布在肌肉和骨骼组织中。对于公羔和母羔，微量元素净维持需要量分别为Fe: 356.1μg/kg和164.1μg/kg EBW（空腹体重）；Mn: 4.3和3.4μg/kg EBW；Cu: 42.0μg/kg和29.8μg/kg EBW；Zn: 83.5和102.0μg/kg EBW。对于公羔，微量元素（Fe、Mn、Cu）净生长需要量，随着体重增加逐渐降低：65.67~7.27 Fe, 0.35~0.25 Mn, and 3.45~2.82 Cu mg/kg EBWG（单位空腹体增重），而净Zn生长需要量则随着体重增加而增加，为26.36~26.65 Zn mg/kg EBWG。对于母羔，微量元素（Fe、Mn、Cu、Zn）净生长需要量随着体重增加而降低，分别为30.66~22.14 Fe、0.43~0.32 Mn、2.86~2.18 Cu和27.71~25.83 Zn mg/kg EBWG。结果表明：20~35kg杜湖杂交F_1代的微量元素净维持和生长需要量可能与其他纯种或其他品种的羊不同，更多品种羊的营养需要数据需要完善。

关键词：比较屠宰法；浓度；分布；生长；维持；微量元素

---

* 基金项目：国家肉羊产业技术体系（CARS-39）；公益性行业（农业）科研专项（201303143）& 江苏省三新工程（XGC2014306）；
a 共同第一作者；
** 通讯作者：王锋，E-mail：caeet@njau.cn

表1 杜湖杂交羊微量元素净生长需要量（mg/d）

体重（kg）	日增重（g/d）	净需要量（mg/d）			
		Fe	Mn	Cu	Zn
20	100	5.66	0.030	0.30	2.27
	200	11.32	0.060	0.60	4.54
	300	16.98	0.090	0.90	6.81
25	100	5.36	0.027	0.27	2.28
	200	10.72	0.054	0.54	4.57
	300	16.08	0.081	0.81	6.85
30	100	5.13	0.023	0.26	2.29
	200	10.26	0.046	0.52	4.58
	300	15.39	0.069	0.78	6.87
35	100	4.94	0.022	0.24	2.30
	200	9.88	0.044	0.48	4.60
	300	14.82	0.066	0.72	6.90

原文发表于《Journal of Animal Science》，2015，93：1-11.

限饲对未性成熟雌性绵羊卵巢发育、RFRP-3 以及下丘脑-垂体-卵巢轴的影响[*]

李卉[1]，宋辉[2]，黄明睿[1]，聂海涛[1]，王子玉[1]，王锋[1,2]**

(1. 江苏省肉羊产业工程技术研究中心，南京农业大学，南京 210095；
2. 江苏省家畜胚胎工程实验室，南京农业大学，南京 210095)

摘 要：RF 酰胺相关肽-3（RFRP-3）是促性腺激素抑制激素（GnIH）在哺乳动物体内的同系物，它有调控动物繁殖与营养平衡的作用。本试验旨在研究限饲的幼年绵羊卵巢发育过程中 RFRP-3 的生理作用。结果证明限饲显著抑制幼年绵羊的卵巢发育和卵泡生长。下丘脑-垂体-卵巢轴的荧光定量 PCR 结果表明，限饲显著提高 *RFRP-3* 基因的表达。相反，限饲显著抑制了 *GnRHR*、*FSHR* 和 *LHR* 基因的表达。免疫组化结果显示 RFRP-3 可能对卵泡发育有调节作用。以上结果暗示 RFRP-3 可能通过调节下丘脑-垂体-卵巢轴参与限饲对卵巢发育的抑制作用。

关键词：RFRP-3；限饲；卵巢；绵羊；下丘脑-垂体-卵巢轴

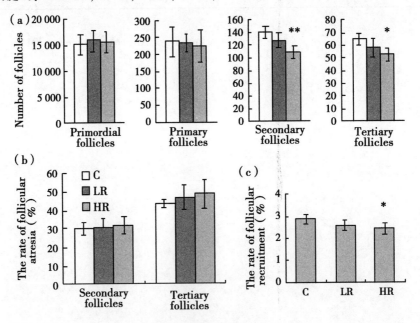

图1 卵泡的生长发育

(a) 不同发育阶段的卵泡数量；(b) 卵泡闭锁率；(c) 卵泡募集率；C/对照组；LR/低限饲组；HR/高限饲组；结果表示为平均数±标准误；* 代表差异显著，** 代表差异极显著

---

[*] 基金项目：国家肉羊产业技术体系（CARS-39）；公益性行业（农业）科研专项（201303143）；
** 通讯作者：王锋，教授，博士生导师，E-mail：caeet@njau.edu.cn

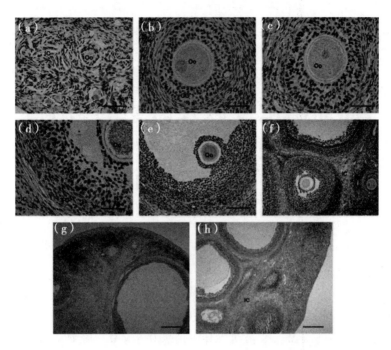

图2 不同卵泡发育阶段的 RFRP-3 免疫组化结果

(a) 原始和初级卵泡;(b 和 c) 次级卵泡;(d 和 e) 三级卵泡;(a) 对照组; Oo/卵母细胞,GC/颗粒细胞,TC/卵泡膜细胞,IC/间质细胞. 比例尺:50μm (a, b, c, d and e), 200μm (f) 和 500um (g and h)

原文发表于《Reproduction in Domestic Animals》,2014,49:831-838.

短期饲喂对湖羊黄体期卵泡发育、卵泡液和血浆中乳酸脱氢酶、葡萄糖浓度以及激素的影响[*]

应诗家[1,2]，王子玉[1,2]，王昌龙[1,2]，聂海涛[1,2]，
何东洋[1,2]，贾若欣[1,2]，吴勇聪[1,2]，万永杰[1,2]，
周峥嵘[1,2]，闫益波[1,2]，张艳丽[1,2]，王 锋[1,2]**

(1. 南京农业大学羊业科学研究所，南京 210095；
2. 南京农业大学胚胎工程技术中心，南京 210095)

摘 要：本试验旨在研究短期限饲或补饲对卵泡发育、血浆及卵泡内代谢物和激素浓度的影响。试验湖羊母羊随机分为3组：采用孕酮海绵栓进行同期发情，同期发情结束后从第6d开始，对照组（C）饲喂体重维持需要量日粮（$1.0 \times M$），补饲组（S）饲喂$1.5 \times M$，限制组（R）饲喂$0.5 \times M$。同期发情结束后第7~12d，分别采集母羊血液样本，第12d屠宰后采集母羊的卵巢卵泡和卵泡液。试验结果表明，与R组相比，短期补饲可以缩短发情周期，降低了2.5~3.5mm卵泡数和雌二醇（E_2）浓度，提高了>3.5mm卵泡数和血浆葡萄糖、胰岛素和胰高血糖素浓度，并显著增加>2.5mm卵泡平均体积。S组和R组母羊卵泡内胰岛素水平相似，但高于对照组。与≤2.5mm卵泡相比，>2.5mm卵泡内葡萄糖、E_2浓度显著提高，睾酮、胰岛素、胰高血糖素浓度和乳酸脱氢酶（LDH）活性降低，但仅在R组≤2.5mm卵泡液和>2.5mm卵泡液中LDH活性和睾酮浓度差异不显著。综上所述，短期限饲抑制卵泡发育可能涉及卵泡发育后期卵泡内E_2、睾酮和LDH水平提高的应答机制，可见，卵泡内代谢产物和激素间具有显著的相关性，共同参与调节卵泡发育。

关键词：短期限饲；补饲；卵泡发育；卵泡液；激素；湖羊

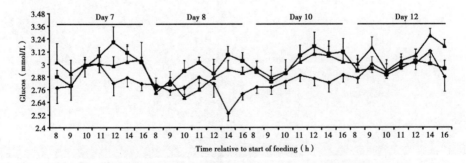

图1 不同饲喂量处理期间葡萄糖（GLU）浓度变化规律

---

[*] 基金项目：国家肉羊产业技术体系（CARS-39）& 江苏省高校重点实验室开放基金（YDKT0801）；
** 通讯作者：王锋，E-mail：caeet@njau.edu.cn

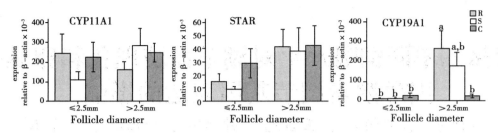

图 2 不同饲喂水平对卵泡细胞类固醇激素合成酶基因表达的影响

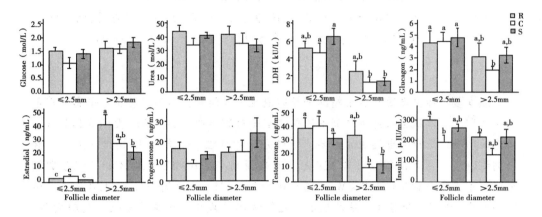

图 3 不同饲喂水平对≤2.5mm 和 >2.5mm 卵泡内葡萄糖、尿素、LDH、胰高血糖素、E2、孕酮、睾酮和胰岛素浓度和活性的影响

原文发表于《Reproduction》,2011,142：699-710.

黄体期不同饲喂水平对湖羊血液理化和卵巢类固醇激素调节基因表达的影响

应诗家[1,2]，肖慎华[3]，王昌龙[1]，钟部帅[1]，张国敏[1]，王子玉[1]，
何东洋[1]，丁晓麟[1]，邢慧君[1]，王 锋[1]**

(1. 南京农业大学羊业科学研究所，南京 210095；2. 江苏省农业科学院动物科学研究所，南京 210014；3. 南京农业大学动物科技学院，南京 210095)

摘 要：卵巢类固醇激素精细调控卵泡生长和闭锁，而不同营养水平影响绵羊的卵泡发育。本试验研究黄体期不同饲喂水平对湖羊卵巢类固醇激素调节相关基因表达的影响。选择体重接近的湖羊，随机分为对照组（C组）、限饲组（R组）和补饲组（S）。孕酮海绵栓处理12d后，在发情周期第6~12d C、R和S组分别饲喂体重维持需要量日粮 $1.0 \times M$、$0.5 \times M$ 和 $1.5 \times M$。发情周期第7~12d采血；第12d屠宰，取卵巢和器官。结果显示：随饲喂水平减少，血液尿素氮、总胆固醇、低密度脂蛋白、NEFA、FSH和雌二醇浓度增加，而甘油三酯、T3浓度下降。与S组相比，R组增加了脾脏重量和脾脏指数、降低了肝脏和小肠重量以及肝脏和瘤胃指数。R组降低了直径 > 2.5mm 卵泡 $CYP17A1$ 和 $ESR1$ 基因表达、提高了 $CYP19A1$ 基因表达。不同大小卵泡影响极低密度脂蛋白受体、$ESR2$、$FSHR$、$CYP17A1$ 和 $CYP19A1$ 基因表达。结果表明黄体期能量负平衡可能通过提高外周血尿素和脂代谢干扰了生殖激素分泌稳态和卵泡 $CYP17A1$、$CYP19A1$ 和 $ESR1$ 基因表达，进而影响湖羊卵泡发育。

关键词：卵泡发育；湖羊；血脂；限饲；固醇调节基因

---

* 基金项目：国家肉羊产业技术体系（CARS-39）；
** 通讯作者：王锋，E-mail：caeet@njau.edu.cn

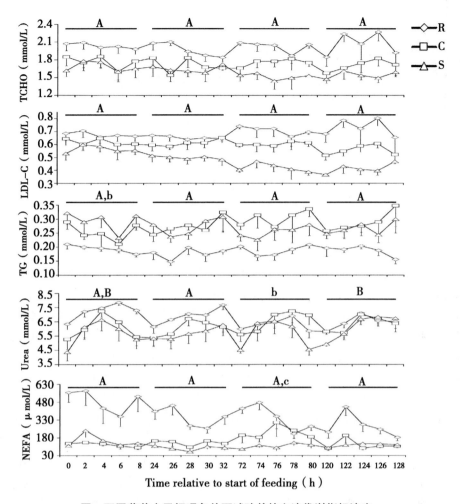

图 不同营养水平饲喂条件下试验羊的血液代谢指标浓度

注：0.5×维持营养需要量饲喂组（R；菱形；$N=6$），对照组（维持营养需要量饲喂组）（C；正方形；$N=6$），补饲组（1.5×维持营养需要量饲喂组）（S；三角形；$N=6$）。TCHO=总胆固醇；TG=甘油三酯；LDLC=低密度脂蛋白胆固醇。值是平均值±SEM。A=营养水平效应差异极其显著（$P<0.01$）；B=时间效应差异极其显著（$P<0.01$）；b=时间效应差异显著（$P<0.05$）；C=时间及营养水平间交互效应差异显著（$P<0.05$）

原文发表于《Journal of Animal Science》，2013，91：5 229－5 239.

营养水平对不同RFI（剩余采食量）组母羊生长性能、血液代谢指标和生长轴基因表达量的影响*

聂海涛[1]，王子玉[1]，兰 山[1]，张 浩[1]，万永杰[1]，
樊懿萱[1]，张艳丽[1]，王 锋[1,2]**

(1. 江苏省肉羊产业工程技术研究中心，南京农业大学，南京 210095；
2. 海门山羊研发中心，南京农业大学，南京 210095)

摘 要：本研究的旨在通过研究剩余采食量（RFI）表型和营养水平处理对肉羊生长性能、血液代谢指标和生长轴相关基因表达量的交互效应。52只杜湖杂交F_1代母羔 [(17.5±0.5) kg] 给予其63天的自由采食饲喂处理，依据实验动物的体尺及生长状况得到的预测采食量与实际采食量对试验动物进行RFI分类。随后，选择高、低RFI组母羔各15只，按采食量水平随机分为自由采食组（AL）、低限饲组（LR）和高限饲组（HR）3组（每组10只，其中高、低RFI各5只）。在营养水平分组处理期间（第64天到138天）颈部静脉采血测定血液代谢指标浓度和激素水平，采集下丘脑、垂体、肝脏和背最长肌组织样，利用RT-PCR检测生长轴相关基因的mRNA表达。结果显示：低RFI组母羔背最长肌GHR mRNA表达量有升高的趋势（$P=0.09$），但在限饲处理组中差异不显著（$P>0.05$）；在HR处理条件下，低RFI组母羔有较快的生长速度，同时伴随着较低的SSTR-2 mRNA表达量（$P<0.05$）、血浆NEFA浓度（$P<0.05$）结论及较高的甘油三酯浓度（$P<0.05$）。本研究发现：低RFI母羔对能量负平衡有着较优的抗逆性可能与其在限饲模式下出较弱的脂肪动员强度有关，上述生理特征可能与低RFI组母羔SSTR-2 mRNA表达量的降低有关。

关键词：母羔；生长性能；营养处理；血液代谢指标和激素；剩余采食量；生长轴

---

* 基金项目：国家肉羊产业技术体系（CARS-39）；公益性行业（农业）科研专项（201303143）；
** 通讯作者：王锋，E-mail: caeet@njau.edu.cn

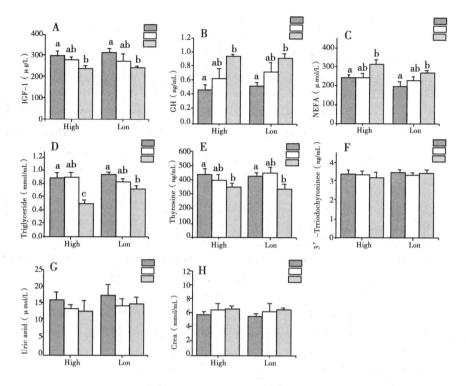

图 1　不同 RFI 组试验羊在不同营养水平饲喂条件下的血液代谢指标

注释：不同字母上标表示同 RFI 值组内不同营养处理组间差异显著（$P < 0.05$）；*表示同营养处理组内不同 RFI 值组间差异显著；AL = 自由采食量组，LR = 低限饲组，HR = 高限饲组，下图同。

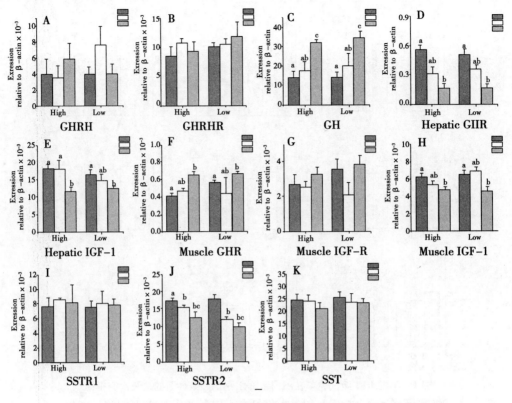

图2 不同 RFI 组试验羊在不同营养水平饲喂条件下的生长轴基因表达量

注释：(A) 生长激素释放激素；(B) 生长激素释放激素受体；(C) 生长激素；(D) 肝脏生长激素受体；(E) 肝脏类胰岛素样生长因子；(F) 肌肉生长激素受体；(G) 肌肉类胰岛素样生长因子受体；(H) 肌肉类胰岛素样生长因子；(I) 垂体生长抑制素受体-1；(J) 垂体生长抑制素受体-2；(K) 下丘脑生长抑制素；不同字母上标表示同 RFI 值组内不同营养处理组间差异显著（$P<0.05$）；*表示同营养处理组内不同 RFI 值组间差异显著

原文发表于《Animal Production Science》，DIO：http://dx.doi.org/10.1071/AN14700.

采食量水平对杜湖杂交 F_1 代羔羊骨骼肌 MSTN、IGF-I 和 IGF-II 基因表达量的影响[*]

邢慧君[#]，王子玉[#]，钟部帅，应诗家，聂海涛，
周峥嵘，樊懿萱，王　锋[**]

（江苏省肉羊产业工程技术研究中心，南京农业大学，南京　210095）

摘　要：MSTN、IGF-Ⅰ和 IGF-Ⅱ是骨骼肌生长发育的关键因子。本研究探讨了饲喂水平不同对骨骼肌的影响。体重接近35kg的6只杜泊羊×湖羊F_1代杂交公羊，随机分为3组，每组6只绵羊，以2.15 M、1.4 M和M 3种不同饲喂水平处理。颈静脉采集血液样本后，经颈静脉放血屠宰，取背最长肌、半腱肌、半膜肌、腓肠肌、比目鱼肌和胸肌，以RT-PCR的方法检测MSTN、IGF-Ⅰ和IGF-Ⅱ的表达，对血浆尿素、生长激素和胰岛素数据也进行了检测。对肌肉组织肌纤维直径和横切面积进行了相关切片分析。结果表明，随着饲喂水平的升高，MSTN mRNA 的表达呈下降的趋势，IGF-Ⅰ mRNA 的表达呈波动上升的趋势，IGF-Ⅱ mRNA 的表达呈波动下降的趋势。随着饲喂水平的升高，肌纤维直径和横切面积均有增加。

关键词：MSTN 基因；IGF-Ⅰ基因；IGF-II 基因；不同饲喂水平；骨骼肌；绵羊

---

[*] 基金项目：国家肉羊产业技术体系（CARS-39）；公益性行业（农业）科研专项（201303143）；
[#] 共同第一作者通讯作者；
[**] 通讯作者：王锋，教授，博士生导师，E-mail：caeet@njau.edu.cn

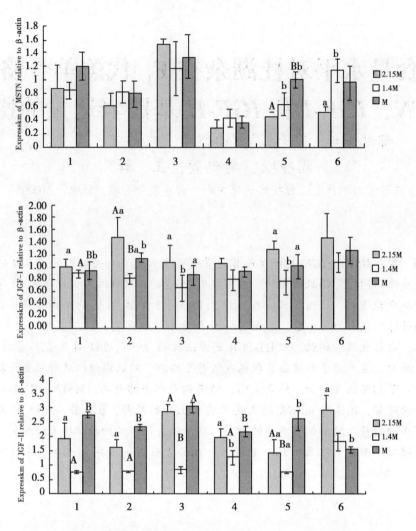

图1 骨骼肌中 MSTN，IGF-I 和 IGF-II 的基因表达量

注：不同的大写字母表示差异极显著（$P<0.01$），不同小写字母表示差异显著（$P<0.05$）；X 轴上的数字分别代表：1. 背最长肌；2. 半腱肌，3. 半膜肌，4. 腓肠肌，5. 比目鱼肌，6. 胸肌

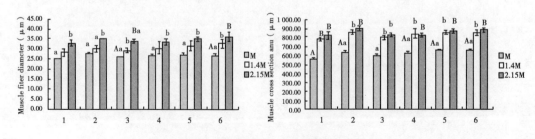

图2 肌纤维直径和截面面积的测量

注：不同的大写字母表示差异极显著（$P<0.01$），不同小写字母表示差异显著（$P<0.05$）

原文发表于《Genetic and Molecular Research》，2014，13（3）：5258-5268.